高等院校信息技术系列教材

数据结构（Python版）

乔国荣　编著

清華大学出版社
北 京

内容简介

本书内容主要包括绪论，线性表，栈与队列，串、数组和广义表，树，图，查找，排序，以及项目设计指导。每章开始都给出本章导读和教学目标，使学生在学习之前就能明白要重点掌握的内容；章后附有习题及实训，以便学生巩固所学知识。项目设计指导一章给出了几种设计题目及设计的思想供学生选择，有助于教师指导学生完成小型项目设计任务。

本书可作为高等普通本科院校，高等职业本科、专科学校，成人高等学校计算机类专业或信息类相关专业的教材，也可作为非计算机专业学生的选修教材，还可作为计算机应用人员和工程技术人员的自学参考书。

图书在版编目（CIP）数据

数据结构：Python版/乔国荣编著．—北京：清华大学出版社，2022.10
高等院校信息技术系列教材
ISBN 978-7-302-61528-6

Ⅰ．①数… Ⅱ．①乔… Ⅲ．①数据结构—高等学校—教材 ②软件工具—程序设计—高等学校—教材 Ⅳ．①TP311.12 ②TP311.561

中国版本图书馆CIP数据核字(2022)第144408号

责任编辑：郭　赛　常建丽
封面设计：常雪影
责任校对：焦丽丽
责任印制：沈　露

出版发行：清华大学出版社
网　　址：http://www.tup.com.cn，http://www.wqbook.com
地　　址：北京清华大学学研大厦A座　　**邮　　编**：100084
社 总 机：010-83470000　　**邮　　购**：010-62786544
投稿与读者服务：010-62776969，c-service@tup.tsinghua.edu.cn
质量反馈：010-62772015，zhiliang@tup.tsinghua.edu.cn
课件下载：http://www.tup.com.cn，010-83470236
印 装 者：三河市天利华印刷装订有限公司
经　　销：全国新华书店
开　　本：185mm×260mm　　**印　　张**：19.75　　**字　　数**：455千字
版　　次：2022年11月第1版　　**印　　次**：2022年11月第1次印刷
定　　价：59.50元

产品编号：096950-01

前言 Foreword

“数据结构”是计算机学科的核心课程，也是计算机专业的一门重要专业基础课。这门课程主要研究如何合理地组织数据；怎样在计算机中有效地表示数据和处理数据。这门课程的教学要求是：使学生学会分析、研究计算机加工的数据结构的特性，以便选择适当的逻辑结构、存储结构及相应的算法，并初步掌握算法的时间分析和空间分析技术。另外，学习本课程也是复杂程序设计的训练过程，训练学生编写的程序结构清楚、正确易读，符合软件工程的规范，为后续课程的学习打下良好的基础。人工智能时代，数据结构的知识在各种知识图谱、算法模型设计中的作用越来越突出。

本书共9章。第1章介绍数据结构和算法的基本概念和常用术语；第2～6章介绍基本的数据结构，分别讨论线性表，栈与队列，串、数组和广义表，树和图几种结构类型数据的逻辑结构和存储结构，以及相应的算法；第7章和第8章介绍了几种常用的查找和排序方法；第9章是本书的特色，增加了项目设计指导的内容，使学生在学完基本知识的同时，能够综合利用所学知识完成一些实际课题的设计与制作。另外，为了便于教学，章后还配有习题和实训。本书概念表述清楚、简洁，内容由浅入深，强调实践环节，利于教学和自学。

本书采用Python语言作为数据结构和算法的描述语言，之所以选择Python语言作为全书的描述语言，是因为Python语言在人工智能中广泛应用，书中的全部程序学生上机就可以按照操作步骤运行。全代码实现考虑程序设计语言学习环节相对薄弱的同学，以使他们也能学会数据结构，而不为编写程序所难倒，从而放弃该门课程的学习。

本书可作为高等普通本科院校，高等职业本科、专科学校，成人高等学校计算机类专业或信息类相关专业的教材，也可作为非计算机专业学生的选修教材，还可作为计算机应用人员和工程技术人员的自学参考书。

本书由乔国荣编著。本书作者讲授的“数据结构”课程在2009年获得辽宁省精品课。

在本书的编写过程中得到了作者所在单位领导与同事的大力支持,在此一并表示衷心的感谢。

由于编者水平有限,书中难免有不足之处,恳请读者批评指正。

编　者

2022年9月

目录 Contents

第1章 chapter 1

绪　　论

本章导读

在深入学习数据结构之前，首先须了解学习数据结构的意义、基本术语及一些相关概念等，这对学习后面的内容有很大的帮助。本章介绍的数据结构研究对象和有关概念包括数据、数据元素、数据类型、逻辑结构、存储结构、算法描述(Python语言描述)和算法分析等。

教学目标

本章要求掌握以下内容：

- 理解和熟悉数据结构中的基本概念。
- 理解和掌握线性结构、树形结构和图形结构的概念。
- 熟悉算法评价的一般规则，算法时间复杂度、空间复杂度的概念和数量级的表示方法。

1.1　数据结构的基本概念

1.1.1　数据结构的定义

计算机是一种数据处理装置。用计算机处理实际问题时，一般要先对具体问题进行抽象化，建立起实际问题的求解模型，然后设计出相应的算法，编写程序并上机调试，直至得到最终结果。

在计算机处理数据过程中，大批量的数据并不是彼此孤立、杂乱无章的，它们之间有某种内在的联系。只有利用这些内在的联系，把所有数据按照某种规则有机组织起来，才能对数据进行有效的处理。因此，要设计出一个结构好、效率高的程序，必须研究数据的特性、数据间的相互关系及其对应的存储表示，并利用这些特性和关系设计出相应的算法和程序。

下面举几个例子，说明什么是数据结构。

例 1.1 学生成绩检索问题,见表 1-1。

表 1-1 学生成绩表

学号	姓名	性别	视频技术	C程序设计	网页设计	多媒体制作工具
2002001	李丽	女	76	88	78	80
2002002	乔丽娜	女	77	82	67	77
2002003	王龙龙	男	84	76	76	67
2002004	李琳	女	85	87	88	78
2002005	朱宏利	男	88	90	78	69

这个学生成绩表是一个二维表格,每一行表示一个学生的全部信息,每一列数据的类型相同。整个二维表形成学生成绩的一个线性序列,每个学生的信息按照学号次序存放,各学生之间形成一种线性关系。这是一种典型的数据结构,我们称这种数据结构为线性表。对这种线性表的主要操作是,当给出学生的姓名时,能在该表中快速找到学生每门课程的成绩,还有就是对该表如何添加一个新的学生,如何删除已经退学的学生,如何修改表中的数据等操作。这就是数据结构要研究的内容。

例 1.2 某高校的专业设置情况,如图 1-1 所示。

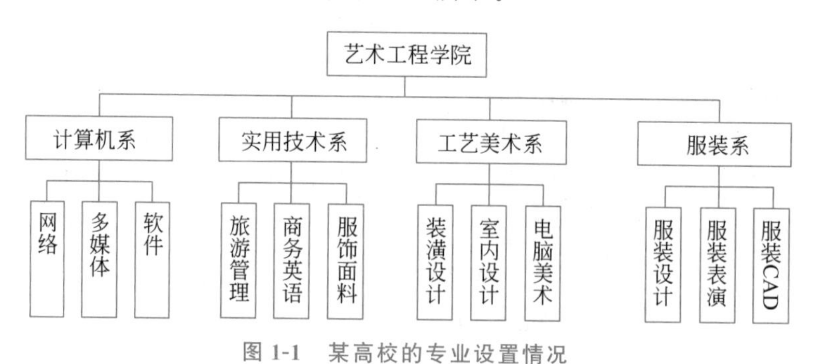

图 1-1 某高校的专业设置情况

在图 1-1 中,艺术工程学院分 4 个系,每个系设 3 个专业。在这种数据结构中,数据之间的关系是一对多的非线性关系。这也是常用的一种数据结构,我们称之为树形结构。

例 1.3 城镇之间的公路网,如图 1-2 所示。

在城镇公路网中,每个顶点代表一个城镇,边表示城镇之间的道路。在这种数据结构中,数据之间的关系是多对多的非线性关系,通常称这种数据结构为图形结构。

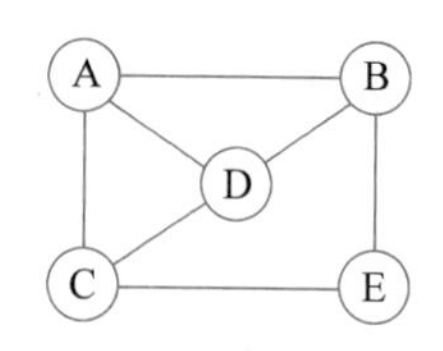

图 1-2 城镇之间的公路网

综合 3 个例子可见,数据结构是相互之间存在一种或多种特定关系的数据元素的集合,是一门研究非数值计算的程序设计中,计算机的操作对象及它们之间的关系和操作的学科。

1.1.2 数据的逻辑结构及存储结构

1. 数据的逻辑结构

数据的逻辑结构与数据在计算机中的存储无关，因此，数据的逻辑结构可以看成从具体的问题中抽象出来的数学模型。根据数据元素之间关系的不同特性，数据的逻辑结构可划分为下面4种。

1）集合

结构中各数据元素之间不存在任何关系。这是数据结构的一种特殊情况，不在本书讨论范围之内。

2）线性结构

该数据结构中的数据元素存在一对一的关系。

3）树形结构

该数据结构中的数据元素存在一对多的关系。

4）图形或网状结构

该数据结构中的数据元素存在多对多的关系。

上述4种基本数据结构如图1-3所示。

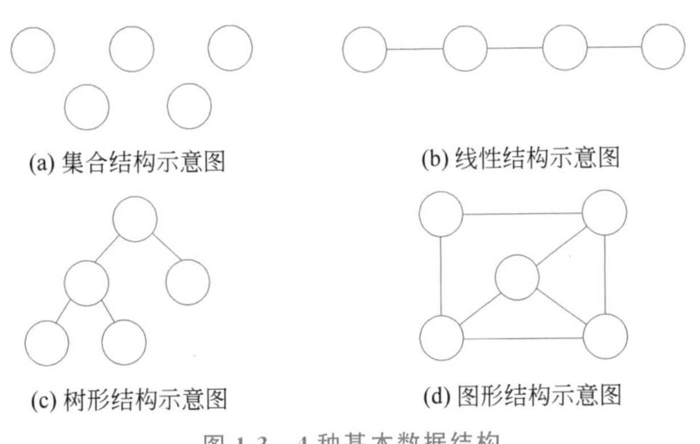

图 1-3 4种基本数据结构

2. 数据的存储结构

数据的逻辑结构需要用计算机处理，要存入计算机的存储单元中。数据的逻辑结构在计算机中的表示称为数据的存储结构，又称数据的物理结构。讨论数据结构时，不但要讨论数据的逻辑结构，还要讨论数据的存储结构。通常，计算机内的数据元素用一组连续的位串表示，这个位串称为结点。数据元素之间的关系，又称结点之间的关系。计算机内有以下4种存储数据元素的表示方法。

1）顺序存储方法

该方法是将逻辑上相邻的结点存储在物理位置上也相邻的存储单元中，结点之间的逻辑关系由存储单元的邻接关系表示。用这种方法存储数据元素时，只存储结点的值，不存储结点之间的关系,这种存储表示称为顺序存储结构,主要应用于线性的数据结构;非线性的数据结构也可以通过某种线性化的过程后进行存储。

2) 链式存储方法

链式存储方法不要求逻辑上相邻的结点在物理位置上也相邻,结点间的关系由附加的指针表示。通过指针指向结点的邻接结点,将所有结点串联在一起,这称为链式存储结构。也就是说,链式存储方法不仅存储结点的值,还存储结点之间的关系。所以,链式存储方法中的结点由两部分组成:一个是存储结点本身的值,称为数据域;另一个是存储该结点的各后继结点的存储单元地址,称为指针域(可包含一个或多个指针)。

3) 索引存储方法

索引存储方法是在存储结点信息的同时,再建立一个附加的索引表,然后利用索引表中索引项的值确定结点的实际存储单元地址。索引表中的每一项称为索引项,索引项的一般形式为(关键字,地址),关键字能唯一标识一个结点。

4) 哈希存储方法

哈希存储方法的基本思想是根据结点的关键字直接计算出结点的存储地址。方法是:把结点的关键字作为自变量,通过一个称为哈希函数(Hash)的计算规则,确定出该结点的确切存储单元地址。

上面这4种方法既可以单独使用,也可以组合起来对数据结构进行存储。同一种逻辑结构采用不同的存储方法,可以得到不同的存储结构。选取哪种存储结构表示相应的逻辑结构视具体情况而定,具体要考虑数据的运算是否方便,以及相应算法的时间复杂度和空间复杂度的要求。

1.1.3 数据结构有关概念及术语

1. 数据(Data)

数据是指能够输入计算机中,并能被计算机处理的一切对象。对计算机科学而言,数据的含义极为广泛,如整数、实数、字符、文字、图形、图像和声音等都是数据。

2. 数据元素(Data Element)

数据元素是数据的基本单位,在计算机程序中通常作为一个整体进行考虑和处理。例如,在表1-1中,学生成绩表中的一行就是一个数据元素。数据元素还可以分割成若干个具有不同属性的项(字段),它一般由一个或多个数据项组成。

3. 数据项(Data Item)

数据项是具有独立意义的最小数据单位,是对数据元素属性的描述。在表1-1中,每个数据元素由7个数据项组成,其中“学号”数据项描述了顺序,“姓名”数据项描述了成绩所有者的名字,其他几项描述了学生的具体成绩。

4. 数据类型(Data Type)

数据类型是一组性质相同的值的集合及定义于这个集合上的一组操作的总称。每个数据项都属于某一确定的基本数据类型。在表1-1中,“学号”为数值型,“姓名”为字符型。

5. 数据对象(Data Object)

数据对象是性质相同的数据元素的集合,是数据的一个子集。例如,整数数据对象的集合是{0,±1, ±2,…};字符数据对象的集合是{'A','B','C',…,'Z'}。

1.2 算法和算法描述

1.2.1 算法

算法是对某一特定问题求解步骤的一种描述。在计算机系统中,算法是由若干条指令组成的有穷序列,其中每一条指令表示计算机的一个或多个操作。算法满足以下5个性质:

- 输入:一个算法可以有零个或多个输入量,在算法执行之前提供给算法。
- 输出:一个算法的执行结果要有一个或多个输出量,它是算法对输入数据处理的结果。
- 有穷性:一个算法必须在执行有穷步骤之后结束,即必须在有限时间内完成。
- 确定性:算法中的每一步都有明确的含义,没有二义性。
- 可行性:算法中的每一步都必须是可行的,算法中描述的操作的每一步都能在有限次、有限时间内得以实现。

对于同一个问题,可以有很多种不同的算法,这就需要对算法有一个总的设计要求。一般来说,一个算法必须具有以下几个基本特征。

1. 正确性

正确性是设计一个算法的首要条件,所设计的算法要满足具体问题的要求。在给算法输入合理的数据后,能在有限的时间内得出正确的结果。

2. 可读性

算法是对特定问题求解步骤的一种描述,它能转变成计算机可执行的程序,同时必须可以供他人使用。为了使所设计的算法能让他人看懂,在算法或程序中可以增加一些注释来提高可读性。

3. 健壮性

当输入的数据不符合要求时,算法应能判断出数据的非法性,并能进行适当的处理,比如暂停或终止程序的执行、显示错误信息等。算法不允许产生不可预料的结果。

4. 高效性

算法的效率是指算法执行的时间和占用的存储空间。如果对于同一个问题有多个算法可供选择,应尽可能选择执行时间短、占用空间少的算法。

1.2.2 算法描述

算法的描述方法有很多。根据描述算法语言的不同,可将算法描述分为以下4种。

1. 框图算法描述

框图算法描述是采用传统流程图或N-S图等方式来描述算法,在算法研究的早期很流行。它的优点是直观、易懂,但用来描述比较复杂的算法时就显得不太方便,也不够清晰。

2. 自然语言描述

自然语言描述就是用人类自然语言(如中文、英文等),同时使用一些程序设计语言中的语句来描述算法。

3. 伪语言算法描述

如使用类C语言进行算法描述。这种算法不能直接在计算机上运行,但专业设计人员经常使用类C语言来描述算法,因为它容易编写、易阅读、有统一的格式。

4. 计算机语言描述

这是可以在计算机上运行并获得结果的算法,通常这种算法也称为程序。本书中的大部分算法都是用Python语言描述的,并且在Jupyter Lab环境下调试通过,而且尽可能给出一个完整的Python语言程序。在本书所有实训的参考答案中,也给出一个完整的Python语言程序,以方便学生上机参考。

1.3 算法分析

求解一个给定的问题,往往可以设计出若干个算法。那么,如何评价这些算法的优劣呢?首先,正确性是评价一个算法的首要条件,一个正确的算法是指在合法的数据输入下,能在有限的运行时间内得出正确的结果;此外,主要考虑执行算法所耗费的时间和执行算法所占用的存储空间。

1.3.1 空间复杂度

空间复杂度是指执行算法所需要的存储空间,包括算法本身所占用的存储空间、输入数据占用的存储空间及算法在运行过程中的工作单元和实现算法所需要的辅助空间。空间复杂度可以用 $S(n)=O(F(n))$ 表示。算法在运行过程中临时占用的辅助存储空间随算法的不同而异,有的算法只需占用少量的临时工作单元,而且不随问题规模的大小而改变;有的算法需要占用的临时工作单元数随着问题规模 n 的增大而增大,此时要按最坏情况来分析。

1.3.2 时间复杂度

一个程序在计算机上运行时所耗费的时间由下列因素决定。

- 程序运行时所需要输入的数据总量。
- 对源程序进行编译所需的时间。
- 计算机执行每条指令所需的时间。
- 程序中的指令重复执行的次数。

前三条取决于实现算法的计算机软、硬件系统;习惯上常常把语句重复执行的次数作为算法运行时间的相对量度,称为算法的时间复杂度。若解决一个问题的规模为 n,那么算法的时间复杂度就是 n 的一个函数,通常记为 $T(n)$;同时,一般情况下,算法中基本操作重复执行的次数也是问题规模 n 的某个函数,通常记为 $f(n)$,因此,把算法的时间复杂度记为 $T(n)=O(f(n))$。该式表示随问题规模 n 的增大,算法执行时间的增长率和 $f(n)$的增长率相同,其中 $f(n)$和 $T(n)$是同数量级的函数,大写字母 O 表示 $f(n)$同 $T(n)$是倍数关系。时间复杂度往往不是精确的执行次数,而是估算的数量级,它着重体现的是随着问题规模 n 的增大,算法执行时间的变化趋势。

例如,在下列 3 个程序段中:

```
(1) x=x+1
(2) for i in range(1,n+1):
        x=x+1
(3) for i in range(1,n+1):
        for j in range(1,n+1):
            x=x+1
```

这 3 个程序段中,语句 x=x+1 的执行次数分别为 1、n、n^2。第一个程序段的时间复杂度可记为 $O(1)$;在第二个程序段中,因为赋值语句在 for 循环中,所以要执行 n 次,其执行时间和 n 成正比,时间复杂度应记为 $O(n)$;在第三个程序段中,赋值语句要执行 n^2 次,其执行时间和 n^2 成正比,则时间复杂度应记为 $O(n^2)$。

其他常见的时间复杂度还有 $O(n^k)$、$O(\log_2 n)$、$O(n\log_2 n)$、$O(2^n)$等。算法的时间复杂度越大,算法的执行效率越低。因为算法是由人设计的,而算法的执行是由计算机实现的,所以如果要研究提高算法的效率,就要投入更多的人力。

上面只讨论了对算法的分析,而没有注意人工的费用。随着计算机性能的不断提高,计算机的速度和存储器容量都有明显的提高和增大,计算机的价格不断下降,而人工费用却大幅上升。因此,在真正设计程序时,应该考虑到人工支出。

1.4 本章小结

(1) 数据结构研究的是数据的表示形式和数据之间的相互关系。数据的逻辑结构有4种:集合、线性结构、树形结构和图形结构。

(2) 集合的数据元素之间不存在任何关系;线性结构的数据元素之间存在一对一的线性关系;树形结构的数据元素之间存在一对多的非线性关系;图形结构的数据元素之间存在多对多的非线性关系。

(3) 算法的评价指标主要有正确性、可读性、健壮性和高效性4个方面。在高效性方面,又包括算法执行的时间效率和所占用的空间效率。

(4) 评价一个算法的好坏要用时间复杂度和空间复杂度来衡量。一个算法的时间复杂度和空间复杂度越低,算法的执行效率就会越高。

习题 1

一、选择题

1. 算法的计算量大小称为计算的(　　)。
   A. 效率　　B. 复杂度
   C. 现实性　　D. 难度
2. 算法的时间复杂度取决于(　　)。
   A. 问题的规模　　B. 待处理数据的初态
   C. A 和 B　　D. 解题方案的准确度
3. 从逻辑上,可以把数据结构分为(　　)两大类。
   A. 动态结构、静态结构　　B. 顺序结构、链式结构
   C. 线性结构、非线性结构　　D. 初等结构、构造型结构
4. 连续存储数据时,存储单元的地址(　　)。
   A. 一定连续　　B. 一定不连续
   C. 不一定连续　　D. 部分连续,部分不连续
5. 以下属于逻辑结构的是(　　)。
   A. 顺序表　　B. 哈希表
   C. 有序表　　D. 链表

二、判断题

1. 数据元素是数据的最小单位。(　　)
2. 记录是数据处理的最小单位。(　　)
3. 数据的逻辑结构是指数据的各数据项之间的逻辑关系。(　　)
4. 程序一定是算法。(　　)

5. 在顺序存储结构中，有时也存储数据结构中元素之间的关系。 （ ）

6. 顺序存储方式的优点是存储密度大，且插入、删除运算效率高。 （ ）

7. 数据的逻辑结构说明数据元素之间的顺序关系，它依赖计算机的存储结构。 （ ）

三、填空题

1. 数据的物理结构包括__(1)__的表示和__(2)__的表示。

2. 对于给定的 n 个元素，可以构造出的逻辑结构有__(1)__、__(2)__、__(3)__、__(4)__四种。

3. 数据的逻辑结构是指________。

4. 一个数据结构在计算机中的________称为存储结构。

5. 抽象数据类型的定义仅取决于它是一组__(1)__，与__(2)__无关，即不论其内部结构如何变化，只要它的__(3)__不变，都不影响其外部使用。

6. 数据结构中评价算法的两个重要指标是________。

7. 数据结构是研讨数据的__(1)__和__(2)__，以及它们之间的相互关系，并针对与这种结构定义相应的__(3)__设计出相应的__(4)__。

8. 一个算法具有 5 个特性：__(1)__、__(2)__、__(3)__、有零个或多个输入、有一个或多个输出。

四、应用题

1. 数据结构是一门研究什么内容的学科？

2. 数据类型和抽象数据类型是如何定义的？它们两者有何相同和不同之处？抽象数据类型的主要特点是什么？使用抽象数据类型的主要好处是什么？

3. 回答下列问题：

(1) 在数据结构课程中，数据的逻辑结构、数据的存储结构及数据的运算之间存在着怎样的关系？

(2) 若逻辑结构相同但存储结构不同，则为不同的数据结构。这种说法对吗？举例说明。

(3) 在给定的逻辑结构及其存储表示上可以定义不同的运算集合，从而得到不同的数据结构。这种说法对吗？举例说明。

(4) 评价各种不同数据结构的标准是什么？

4. 评价一个好的算法，可以从哪几方面考虑？

5. 根据数据元素之间的逻辑关系，一般有哪几类基本的数据结构？

6. 对于一个数据结构，一般包括哪 3 方面的讨论？

7. 分析下面语句段执行的时间复杂度。

```
(1) for i in range(1,n+1):
        for j in range(1,n+1):
            x=x+1
```

```
(2) for i in range(1,n):
        for j in range(i,n):
            s=s+1
(3) for i in range(1,n+1):
        for j in range(1,i):
            s=s+1
```

第 2 章 chapter 2

线　性　表

本章导读

线性表是最简单且最常用的一种数据结构。本章首先介绍线性表的逻辑结构和物理结构，其次重点讨论不同物理结构线性表的插入和删除运算，最后讨论应用线性表的典型实例。

教学目标

本章要求掌握以下内容：

- 线性表的定义及基本操作。
- 线性表的顺序存储结构及基本操作。
- 线性链表的顺序存储结构及基本操作。
- 循环链表和双向循环链表的基本操作。

2.1 线性表的逻辑结构

本章研究线性结构。线性结构的特点是：在数据元素的非空有限集中，存在唯一的一个被称为“第一个”的数据元素；存在唯一的一个称为“最后一个”的数据元素；除第一个数据元素外，集合中的每一个数据元素均只有一个直接前驱；除最后一个数据元素外，集合中的每一个元素都只有一个直接后继。

2.1.1 线性表的定义

线性表是一种最简单、最基本的数据结构，它的使用非常广泛。这种数据结构的数据元素之间是一对一的关系，即线性关系，故称为线性表。

以下是几个线性表的例子。

例 2-1 (1,2,3,4,5)是一个线性表，其中的数据元素是数字，该线性表中共有 5 个数据元素。

例 2-2 (A,B,C,…,Z)是一个线性表。其中的数据元素是英文大写字母，该线性表中共有 26 个数据元素。

例 2-3 表 2-1 所示的学生成绩表也是一个线性表,其中的数据元素是每个学生所对应的信息,由学生的学号、姓名、性别、成绩 4 个数据项组成。通常把这种数据元素称为记录,含有大量记录的线性表又称为文件。

表 2-1 学生成绩表

学 号	姓 名	性 别	成 绩
200001	刘名	男	78
200002	陈华	女	89
200003	李天月	女	88
200004	王辉	男	94

综合上述 3 个例子,可对线性表做如下描述。

一个线性表是 n 个数据元素 $a_1, a_2, \cdots, a_n$ 的有限序列。表中每个数据元素,除第一个和最后一个外,有且仅有一个直接前驱和一个直接后继。也就是说,线性表可写成如下形式:

```
(a₁, a₂, …, aᵢ, …, aₙ)
```

其中,a_i 是属于某个数据对象的元素。线性表中所有元素的性质是相同的。a_1 是第一个数据元素,a_n 是最后一个数据元素,数据元素在表中的位置只取决于它自身的序号。数据元素之间的相邻关系是线性的,即 a_{i-1} 领先于 a_i,a_i 领先于 a_{i+1},通常称 a_{i-1} 是 a_i 的直接前驱元素,a_{i+1} 是 a_i 的直接后继元素。线性表中的数据元素个数 $n(n \geqslant 0)$ 定义为线性表的长度,$n=0$ 时称为空表。

2.1.2 线性表的基本操作

线性表是一个非常灵活的数据结构,它的长度可以根据问题的需要增加或减少,对数据元素可以进行访问、插入和删除等一系列基本操作。下面是线性表在逻辑结构上的基本操作。

- 置空表:将线性表置为空表。
- 求长度:确定线性表中元素的个数。
- 存取:读取线性表中的第 i 个元素,检查或更新某个数据项值。
- 定位:确定数据元素在表中的位序。
- 插入:在线性表的指定位置插入一个新的数据元素。
- 删除:删除线性表中的第 i 个元素。
- 合并:将两个或两个以上的线性表合并成一个线性表。
- 分解:将一个线性表拆成多个线性表。
- 排序:对线性表中的数据元素按其中一个数据项的值递增或递减的次序重新排列。

2.2 线性表的顺序存储结构

本节讨论线性表的顺序存储结构及算法，包括插入运算和删除运算。

2.2.1 线性表的顺序存储——顺序表

线性表的顺序存储结构简称为顺序表（Sequential List）。线性表的顺序存储方式是将线性表中的数据元素按其逻辑顺序依次存放在内存中一组地址连续的存储单元中，即把线性表中相邻的元素存放在相邻的内存单元中。

假定线性表中每个元素占用 L 个存储单元，并以所占的第一个单元的地址作为数据元素的存储位置，则线性表中第 $i+1$ 个数据元素的存储位置 $\mathrm{LOC}(a_{i+1})$ 和第 i 个数据元素的存储位置 $\mathrm{LOC}(a_i)$ 之间存在下列关系：

$$\mathrm{LOC}(a_{i+1})=\mathrm{LOC}(a_i)+L$$

设线性表中第一个数据元素 a_1 的存储位置为 $\mathrm{LOC}(a_1)$，它是线性表的起始位置，则线性表中第 i 个元素 a_i 的存储位置为

$$\mathrm{LOC}(a_i)=\mathrm{LOC}(a_1)+(i-1)\times L$$

顺序结构存储的特点是：在线性表中逻辑关系相邻的数据元素，在计算机内存中的物理位置也是相邻的，若要访问数据元素 a_i，则可根据上面的地址公式直接求出其存储单元地址 $\mathrm{LOC}(a_i)$。

线性表的顺序存储结构示意图如图 2-1 所示。由图 2-1 可知，对于顺序存储方式，只要确定存储线性表的起始位置，线性表中任一数据元素都可随机存取，所以线性表的顺序存储结构是一种随机存取的存储结构。

存储地址	内存状态	元素在线性表中的位序
$\mathrm{LOC}(a_1)$	a_1	1
$\mathrm{LOC}(a_2)$	a_2	2
…	…	…
$\mathrm{LOC}(a_i)$	a_i	i
…	…	…
$\mathrm{LOC}(a_n)$	a_n	n

图 2-1　线性表的顺序存储结构示意图

2.2.2 顺序表基本操作的实现

定义顺序表的存储结构之后，就可以讨论在这种结构上如何实现有关数据运算的问题了。在这种存储结构下，某些线性表的运算很容易实现，如求线性表长度、取第 i 个数据元素及求直接前驱和直接后继等运算。下面着重讨论线性表数据元素的插入运算和删除运算。

1. 插入运算

线性表的插入运算是指在具有 n 个元素的线性表的第 $i(1 \leqslant i \leqslant n)$ 个元素之前或之后插入一个新元素 x。由于顺序表中的元素在内存中是连续存放的,若要在第 i 个元素之前插入一个新元素,就必须把第 n 个到第 i 个之间的所有元素依次向后移动一个位置,空出第 i 个位置后,再将新元素 x 插到第 i 个位置,也就是在长度为 n 的线性表$(a_1,\cdots,a_{i-1},a_i,\cdots,a_n)$的第 i 个位置插入元素 x,变为长度为 $n+1$ 的线性表$(a_1,\cdots,a_{i-1},x,a_i,\cdots,a_n)$。

顺序表的插入算法示意图如图 2-2 所示。

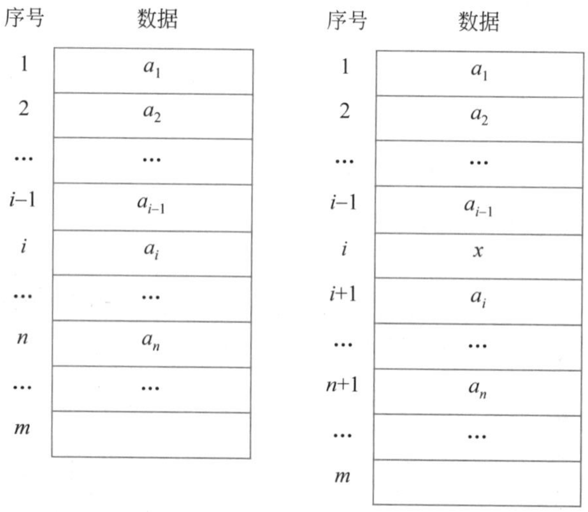

序号	数据
1	a_1
2	a_2
…	…
$i-1$	a_{i-1}
i	a_i
…	…
n	a_n
…	…
m	

序号	数据
1	a_1
2	a_2
…	…
$i-1$	a_{i-1}
i	x
$i+1$	a_i
…	…
$n+1$	a_n
…	…
m	

图 2-2 顺序表的插入算法示意图

假设一线性表中所存储的元素为整数,则用 Python 语言描述的顺序表的插入算法如下。

例 2-4

```
#a是列表,pos是要插入的位置,key是要插入的数据
#n代表列表中已有的有效数据长度
def insert(a,pos,key,n):
    i=n
    while i>=pos:
        a[i+1]=a[i]
        i=i-1
    a[pos]=key
    return n+1                                  #返回删除元素后的表格长度
if __name__=='__main__':
    #生成列表a,其中数据为空
    a=[None]*10
    #n用于统计输入到列表中的有效数据个数
    n=int(input("请输入有效数据个数n:"))
    #for循环用于向列表中输入有效数据
    for i in range(0,n):
```

```
        print("请输入第 %d 数据给列表 a:"%(i+1),end=' ')
        num=int(input())
        a[i]=num
        #输出列表中的 n 个有效数据
    print("插入前列表为:")
    print(a[:n])
    pos=int(input("请输入要插入的位置:"))
    key=int(input("请输入要插入的数据:"))
    listlen=insert(a,pos,key,n)
    #输出插入数据后列表中的 n+1 个有效数据
    print("插入后列表为")
    print(a[:listlen])
```

例如,输入的顺序表的数据为{1,2,3,4,5,6,7,8},想在第 3 个元素前插入元素“25”,则调用插入函数的结果为{1,2,25,3,4,5,6,7,8}。

执行上述程序,结果如下所示。

```
请输入有效数据个数 n:8
请输入第 1 数据给列表 a: 1
请输入第 2 数据给列表 a: 2
请输入第 3 数据给列表 a: 3
请输入第 4 数据给列表 a: 4
请输入第 5 数据给列表 a: 5
请输入第 6 数据给列表 a: 6
请输入第 7 数据给列表 a: 7
请输入第 8 数据给列表 a: 8
插入前列表为:
[1, 2, 3, 4, 5, 6, 7, 8]
请输入要插入的位置:2
请输入要插入的数据:25
插入后列表为
[1, 2, 25, 3, 4, 5, 6, 7, 8]
```

特别提醒:为什么插入的位置是 2 而形式上看到的是第 3 个位置?那是因为列表的下标是从 0 开始的,所以第 3 个元素的下标位置是 2。

由上述可知,插入运算的主要执行时间都耗费在移动数据元素上,而移动元素的个数取决于插入或删除元素的位置。设在第 i 个数据元素之前插入一个数据元素的概率是 p_i,则在长度为 n 的线性表上插入一个数据元素时,需要移动数据元素的平均次数为

$$E_i = \sum_{i=1}^{n+1} p_i(n-i+1) \tag{2-1}$$

按机会均等考虑,可能的插入位置有 $i=1,2,\cdots,n+1$,共 $n+1$ 个,则 $p_i=1/(n+1)$。由此,式(2-1)可化简为

$$E_i = \frac{1}{n+1}\sum_{i=1}^{n+1}(n-i+1) = \frac{1}{n+1}\sum_{i=1}^{n} i = \frac{1}{n+1}\,\frac{n(n+1)}{2} = \frac{n}{2} \tag{2-2}$$

由此可见,在顺序表中插入一个数据元素时,平均要移动表中一半的数据元素,即平

均时间复杂度是 $O(n)$。所以，当 n 很大时，插入算法的效率是很低的。

2. 删除运算

删除运算是指从具有 n 个元素的线性表中删除其中的第 $i(1\leqslant i\leqslant n)$ 个元素，使表的长度减 1。若要删除表中的第 i 个元素，则必须把表中的第 $i+1$ 个到第 n 个元素之间的所有元素依次向前移动一个位置，以覆盖前一个位置上的内容，也就是删除长度为 n 的线性表 $(a_1,a_2,\cdots,a_{i-1},a_i,a_{i+1},\cdots,a_n)$ 中的元素 a_i 后，变为长度为 $n-1$ 的线性表 $(a_1,a_2,\cdots,a_{i-1},a_{i+1},\cdots,a_n)$。

顺序表的删除算法示意图如图 2-3 所示。

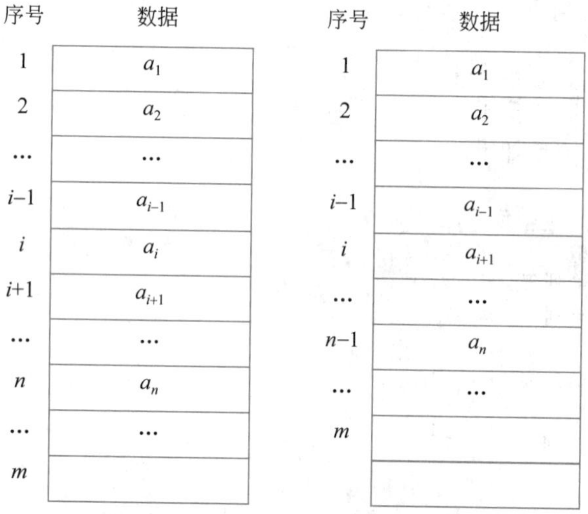

序号	数据
1	a_1
2	a_2
…	…
$i-1$	a_{i-1}
i	a_i
$i+1$	a_{i+1}
…	…
n	a_n
…	…
m	

序号	数据
1	a_1
2	a_2
…	…
$i-1$	a_{i-1}
i	a_{i+1}
…	…
$n-1$	a_n
…	…
m	

图 2-3　顺序表的删除算法示意图

假设一线性表中所存储的元素为整数，则 Python 语言描述的顺序表的删除算法如下。

例 2-5

```
#a 是列表,pos 是要插入的位置,key 是要插入的数据
#n 代表列表中已有的有效数据长度
def dellist(a,pos,n):
    i=pos
    while i<n:
        a[i]=a[i+1]
        i=i+1
    return n-1                                  #返回删除元素后的表格长度
if __name__=='__main__':
    #生成列表 a ,其中数据为空
    a=[None]*10
    #n 用于统计输入到列表中的有效数据个数
    n=int(input("请输入有效数据个数 n:"))
    #for 循环用于向列表中输入有效数据
    for i in range(0,n):
```

```
        print("请输入第 %d 数据给列表 a:"%(i+1),end=' ')
        num=int(input())
        a[i]=num
        #输出列表中的 n 个有效数据
    print("删除前列表为:")
    print(a[:n])
    pos=int(input("请输入要删除的位置:"))
    listlen=dellist(a,pos,n)
    #输出插入数据后列表中的 n+1 个有效数据
    print("删除后列表为")
    print(a[:listlen])
```

例如,所输入的顺序表的数据为{1,2,3,4,5,6,7,8},想删除第 3 个元素,则调用函数后的结果为{1,2,4,5,6,7,8}。

执行上述程序,结果如下所示。

```
请输入有效数据个数 n:8
请输入第 1 数据给列表 a: 1
请输入第 2 数据给列表 a: 2
请输入第 3 数据给列表 a: 3
请输入第 4 数据给列表 a: 4
请输入第 5 数据给列表 a: 5
请输入第 6 数据给列表 a: 6
请输入第 7 数据给列表 a: 7
请输入第 8 数据给列表 a: 8
删除前列表为:
[1, 2, 3, 4, 5, 6, 7, 8]
请输入要删除的位置:2
删除后列表为
[1, 2, 4, 5, 6, 7, 8]
```

可以看出,从线性表的顺序存储结构的删除算法可见,当将顺序表中某个位置上的数据元素删除时,其时间主要花费在移动元素上,而移动元素的个数取决于删除元素的位置。当 $i=1$ 时,从第 2 个元素到第 n 个元素之间的元素依次向前移动一位。当 $i=n$ 时,不需要移动任何元素。假设 q_i 是删除第 i 个元素的概率,则在长度为 n 的线性表中删除一个元素时所需移动数据元素的平均次数为

$$E_d=\sum_{i=1}^{n}q_i(n-i) \tag{2-3}$$

按机会均等考虑,可能删除的位置有 $i=1,2,\cdots,n$,共 n 个,则 $q_i=1/n$。由此,上式可化简为

$$E_d=\frac{1}{n}\sum_{i=1}^{n}q_i(n-i)=\frac{1}{n}\sum_{i=1}^{n-1}i=\frac{1}{n}\frac{n(n-1)}{2}=\frac{n-1}{2} \tag{2-4}$$

由此可见,在顺序表中删除一个数据元素时,平均要移动表中一半的数据元素,平均时间复杂度是 $O(n)$。所以,当 n 很大时,删除算法的效率也是很低的。

2.2.3 顺序表的应用举例

本节将以一个实例讲解顺序表的应用。

例 2-6 将两个有序表进行合并。

设有用户输入数据建立的两个表 la 和 lb，其数据值分别如下。

```
la={5,11,22,24,29,35,61,72},lb={ 3,7,12,21,34,56,61}
```

编写算法，将上述两个有序表合并成一个新的递增有序的顺序表 lc。在 lc 中，值相同的元素均保留，即 lc 表长＝la 表长＋lb 表长。运行算法后，lc 顺序表的数据值如下。

```
lc={3,5,7,11,12,21,22,24,29,34,35,56,61,61,72}
```

输入的 la 和 lb 表中数据元素值递增有序，而且合并后新的顺序表 lc 中元素也递增有序。合并两个有序表的 Python 语言描述如下。

```
#两个有序表合并函数
def loop_merge_sort(l1, l2):
    #合并后产生的新表是 tmp
    tmp = []
    #如果 l1 表的长度和 l2 表的长度均大于 0,那么开始循环进行表的合并
    while len(l1) > 0 and len(l2) > 0:
        #如果 l1 表中的第一个元素小于 l2 表中的第一个元素,就把 l1 表中的第一个元素添
        #加到新表 tmp 中,并从 l1 表中删除该元素
        if l1[0] < l2[0]:
            tmp.append(l1[0])
            del l1[0]
        else:
            #否则就把 l2 表中的第一个元素添加到新表 tmp 中,并从 l2 表中删除该元素
            tmp.append(l2[0])
            del l2[0]
    #循环结束后,若还有剩余元素的有序表,就将其添加到新表的末尾
    tmp.extend(l1)
    tmp.extend(l2)
    return tmp

if __name__ == '__main__':
    #给两个有序表赋值
    la=[5,11,22,24,29,35,61,72]
    lb=[3,7,12,21,34,56,61]
    #给两个有序表排序
    la.sort()
    lb.sort()
    #调用 loop_merge_sort 函数完成有序表 la,lb 的合并,将合并后的结果放在 lc 表中
    lc=loop_merge_sort(la,lb)
    print(lc)
```

执行上述程序，结果如下所示。

```
[3, 5, 7, 11, 12, 21, 22, 24, 29, 34, 35, 56, 61, 61, 72]
```

上述算法的时间主要花在有序表的合并上。设 la 线性表有 n 个元素，lb 线性表有 m 个元素，如果 $n>m$，则算法的时间复杂度为 $O(n)$，否则为 $O(m)$。

2.3 线性表的链式存储结构

线性表的特点是逻辑上相邻的两个元素在物理位置上也相邻，可以用一个简单的公式计算出某一元素的存放位置，因此对线性表的存取是很容易的。但是，对线性表进行插入或删除操作时，需移动大量元素，消耗时间较多。另外，线性表是用数组存放线性表中各元素的，由于线性表最大长度较难确定，必须按线性表最大可能长度分配空间。此时若线性表长度变化较大，则存储空间不能得到充分利用；如果存储空间分配过小，则有可能导致溢出。为了克服上述缺点，本节介绍线性表的另一种存储方式，即链式存储结构。因为它不要求逻辑上相邻的元素在物理位置上也相邻，这样就避免了顺序存储结构所具有的弱点。

2.3.1 线性表的链式存储——链表

线性表的链式存储结构是用一组任意存储单元存放表中的数据元素，这组存储单元可以是连续的，也可以是不连续的。为了表示每个元素与其直接后继元素之间的关系，除存储元素本身的信息外，还需存储一个指示其直接后继存储位置的信息。这两部分信息组成一个结点，表示线性表中的一个数据元素。因此，存放数据元素的空间(称为结点)至少包括两个域：一个域存放该元素的值，称为数据域；另一个域存放后继结点的存储地址，称为指针域或链域，如图 2-4 所示。

数据域	指针域
数据	指针

图 2-4 线性链表的结点结构图

在 Python 语言中，由于没有动态分配存储空间的函数，因此用如下类的定义表示链表中的结点。

```
class Node(object):
    def __init__(self, item):
        #表示结点的数据域
        self.element = item
        #表示结点的指针域,初始状态为空
        self.next = None
```

线性链表是通过结点指针域中的指针表示各结点之间的线性关系的。表示方式是：把链表画成用箭头相连接的结点序列，结点之间的箭头表示链域中的指针。由于最后一个结点的指针域的指针没有指向任何结点，因此将该指针置为空指针，用^或 None 表示。另外，每个链表还需要一个表头指针，以指示链表中的第一个结点的存储地址。当链表为空时，则表头指针为空。

设线性表(5,8,9,21,4)采用线性链表结构存储，其逻辑结构如图 2-5(a)所示，空表如图 2-5(b)所示。

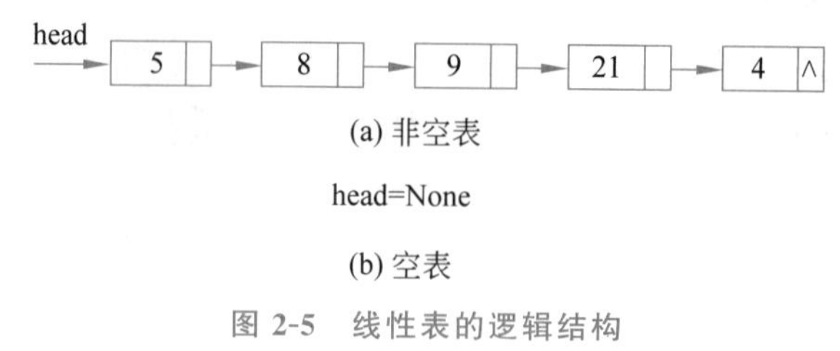

图 2-5　线性表的逻辑结构

下面讨论线性表的物理存储结构。因为线性表的每个结点都有一个链接指针，所以不要求链表中的结点必须按照结点先后次序存储在一个地址连续的存储区中。在链式存储结构中，线性表中数据元素的逻辑关系是用标识元素存储位置的指针表示的。图 2-6 所示是线性表(5,8,9,21,4)的链式存储结构。

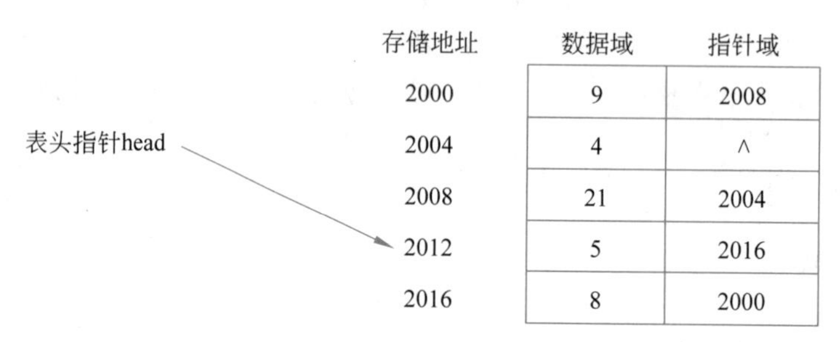

存储地址	数据域	指针域
2000	9	2008
2004	4	∧
2008	21	2004
2012	5	2016
2016	8	2000

图 2-6　线性表(5,8,9,21,4)的链式存储结构

有时为了操作方便，在线性链表的第一个结点之前增加一个附加结点，该结点称为表头结点(其他结点称为表中结点)。表头结点的结构与表中结点的结构相同，表头结点的数据域可以不存储任何信息，也可以存储如线性表的长度等附加信息；表头结点的指针域存放指向第一个结点的指针，如图 2-7(a)所示，线性链表的表头指针指向表头结点。若线性表为空表，则表头结点的指针域为"空"，如图 2-7(b)所示。

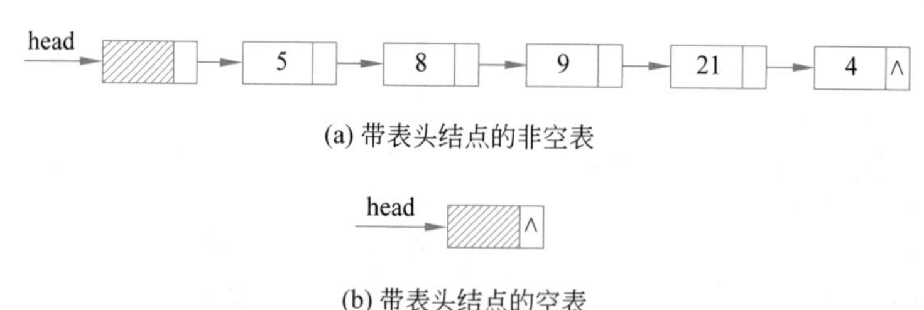

图 2-7　带表头结点的线性链表

在链表中插入或删除数据元素比在顺序表中容易得多，但是链表结构花费的存储空间较大。链表在插入结点时，需根据结点的类型向系统申请一个结点的存储空间；当删除一个结点时，就将该结点的存储空间释放，还给系统。顺序表是一种静态存储结构，而

链表是一种动态存储结构。

2.3.2 单链表

一般情况下，线性链表中的每个结点可以包含若干个数据域和若干个指针域。如图 2-8 所示，$data_i$ ($1 \leqslant i \leqslant m$)为数据域，$link_j$ ($1 \leqslant j \leqslant n$)为指针域。

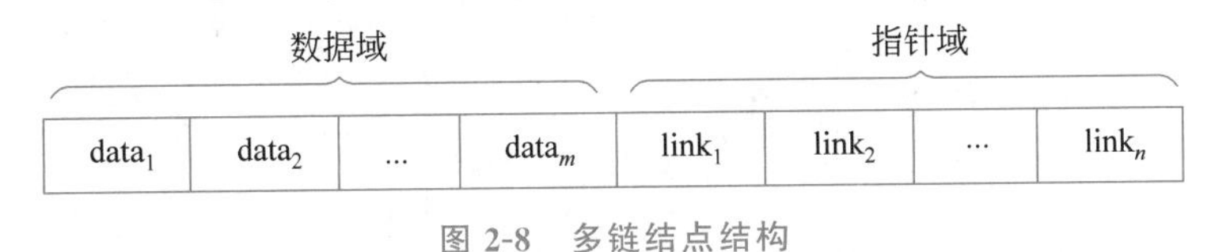

图 2-8 多链结点结构

在线性链表中，如果每个结点只含有一个指针域，这样的线性链表称为单链表。前面举例所述的都是单链表。

下面介绍单链表的建立、插入、删除和输出等操作。

1. 建立带表头结点的单链表

建立链表时，首先要建立表头结点(此时为空链表)，然后将新的结点逐一增加到链表中，这里有两种方法完成建立链表的过程：一种是在表头位置插入数据完成链表的建立；另一种是在表尾位置插入数据完成链表的建立，两种方法建立链表的过程如下。

(1) 建立表头结点类。

(2) 建立单链表类，定义两种方法完成单链表的建立。

(3) 建立菜单，从中选择用哪种方法完成单链表的建立。

(4) 选择数字 1，选用在链表的表尾处完成单链表的建立，并显示已经建成的链表。

(5) 选择数字 2，选用在链表的表头处完成单链表的建立，并显示已经建成的链表。

(6) 选择数字 0，退出单链表的建立。

重复以上步骤，直到输入数字 0 退出链表建立为止。

建立单链表的 Python 语言算法描述如下。

例 2-7

```
#建立数据结点类
class Node(object):
    def __init__(self, data):
        self.data = data
        self.next = None


#创建单链表类
class SLinkList(object):
    def __init__(self):
        self.head = None
        self.length = 0
```

```
    #判断是否为空
    def is_empty(self):
        if self.head == None:
            return True
        else:
            return False
    #在链表头部插入数据
    def add(self, p):
        if self.is_empty():
            self.head = p
        else:
            p.next = self.head
            self.head = p
        self.length += 1
    #在链表尾部插入数据
    def append(self, p):
        q = self.head
        if self.is_empty():
            self.add(p)
        else:
            while (q.next != None):
                q = q.next
            q.next = p
            self.length += 1
    #输出链表当前链接结点数据的状态
    def travel(self):
        q = self.head
        if self.length == 0:
            print("目前链表没有数据!")
        else:
            print("目前链表里面的元素有:", end=" ")
            for i in range(self.length):
                print("%s-> " % q.data, end="")
                q = q.next
            print("\n")
def main():
    #创建一个结点对象
    q = Node(1)
    #创建一个单链表对象
    s = SLinkList()#实例化
    print('''

        0.结束所有操作
        1.从尾部插入数值建立单链表
        2.从头部插入数值建立单链表

    ''')
    while True:
```

```
        number=eval(input("——请输入 0、1 或者 2,进行下一步操作——:"))

        if (number == 1):
            print("目前的链表状态。")
            s.travel()
            print("正在尾部插入数值:")
            p = Node(eval(input("输入要插入的值:")))
            s.append(p)
            print("操作后链表的状态。")
            s.travel()
        elif (number == 2):
            print("目前的链表状态。")
            s.travel()
            print("正在从头部插入数值:")
            q=Node(eval(input("输入要插入的值:")))#从头部插入数值
            s.add(q)
            print("操作后链表的状态。")
            s.travel()
        elif number==0:
            break
if __name__ == '__main__':
    main()
```

上机执行该程序,执行过程如下所示。

```
            0.结束所有操作
            1.从尾部插入数值建立单链表
            2.从头部插入数值建立单链表
——请输入 0、1 或者 2,进行下一步操作——: 1
目前的链表状态。
目前链表没有数据!
正在尾部插入数值:
输入要插入的值: 5
操作后链表的状态。
目前链表里面的元素有: 5->
——请输入 0、1 或者 2,进行下一步操作——: 1
目前的链表状态。
目前链表里面的元素有: 5->
正在尾部插入数值:
输入要插入的值: 8
操作后链表的状态。
目前链表里面的元素有: 5-> 8->
——请输入 0、1 或者 2,进行下一步操作——: 1
```

```
目前的链表状态。
目前链表里面的元素有：5-> 8->
正在尾部插入数值：
输入要插入的值：9
操作后链表的状态。
目前链表里面的元素有：5-> 8-> 9->
——请输入 0、1 或者 2,进行下一步操作——：1
目前的链表状态。
目前链表里面的元素有：5-> 8-> 9->
正在尾部插入数值：
输入要插入的值：21
操作后链表的状态。
目前链表里面的元素有：5-> 8-> 9-> 21->
——请输入 0、1 或者 2,进行下一步操作——：1
目前的链表状态。
目前链表里面的元素有：5-> 8-> 9-> 21->
正在尾部插入数值：
输入要插入的值：4
操作后链表的状态。
目前链表里面的元素有：5-> 8-> 9-> 21-> 4->
——请输入 0、1 或者 2,进行下一步操作——：0
```

2. 查找单链表中的结点

查找单链表中是否存在结点 x（数据域值为 x 的结点）的过程是：若有结点 x，则返回数据域值为 x 的结点位置，否则返回 x 不在链表中的提示。由于在单链表中，每个数据元素的存储位置都包含在其直接前驱结点的指针域中，因而要查找结点 x，只能从表头指针指向的第一个结点开始，顺着链表逐个比较数据域值，直至找到结点 x 或查到表尾。算法描述如下。

例 2-8

```
#建立数据结点类
class Node(object):
    def __init__(self, data):
        self.data = data
        self.next = None


#创建单链表类
class SLinkList(object):
    def __init__(self):
        self.head = None
        self.length = 0
```

```
#判断链表是否为空
def is_empty(self):
    if self.head == None:
        return True
    else:
        return False
#在链表头部插入数据
def add(self, p):
    if self.is_empty():
        self.head = p
    else:
        p.next = self.head
        self.head = p
    self.length += 1
#在链表尾部插入数据
def append(self, p):
    q = self.head
    if self.is_empty():
        self.add(p)
    else:
        while (q.next != None):
            q = q.next
        q.next = p
        self.length += 1
#查找链表中是否包含该数据,若包含,则返回数据所在位置的下标
def find(self, num):
    contain = 0
    q = self.head
    for i in range(self.length):
        if q.data == num:
            #i+1是在一般人认为的位置处,程序员一般从0开始算起
            print("%d在链表中%d处\n" % (num, i+1))
            contain = 1
        q = q.next
    if contain == 0:
        print("%d不在链表中\n" % num)

#输出链表当前链接结点数据的状态
def travel(self):
    q = self.head
    if self.length == 0:
        print("目前链表没有数据!")
```

```
        else:
            print("目前链表里面的元素有:", end=" ")
            for i in range(self.length):
                print("%s-> " % q.data, end="")
                q = q.next
            print("\n")
def main():
    #创建一个结点对象
    q = Node(1)
    #创建一个单链表对象
    s = SLinkList()#实例化
    print('''

        0.结束所有操作
        1.从尾部插入数值建立单链表
        2.从头部插入数值建立单链表
        3.查找键盘上输入的数据是否在链表中

    ''')
    while True:
        number=eval(input("——请输入 0、1、2 或者 3,进行下一步操作——:"))

        if (number == 1):
            print("目前的链表状态。")
            s.travel()
            print("正在尾部插入数值:")
            p = Node(eval(input("输入要插入的值:")))
            s.append(p)
            print("操作后链表的状态。")
            s.travel()
        if (number == 2):
            print("目前的链表状态。")
            s.travel()
            print("正在从头部插入数值:")
            q=Node(eval(input("输入要插入的值:")))#从头部插入数值
            s.add(q)
            print("操作后链表的状态。")
            s.travel()
        if (number == 3):
            print("目前的链表状态。")
            s.travel()
            print("正在查找一个结点是否在链表中:")
            x=input("输入要验证的数:")
```

```
            s.find(eval(x))
        elif number==0:
            break
if __name__ == '__main__':
    main()
```

运行上述程序，结果如下所示。

```
            0.结束所有操作
            1.从尾部插入数值建立单链表
            2.从头部插入数值建立单链表
            3.查找键盘上输入的数据是否在链表中
——请输入 0、1、2 或者 3,进行下一步操作——: 1
目前的链表状态。
目前链表没有数据!
正在尾部插入数值:
输入要插入的值: 5
操作后链表的状态。
目前链表里面的元素有: 5->
——请输入 0、1、2 或者 3,进行下一步操作——: 1
目前的链表状态。
目前链表里面的元素有: 5->
正在尾部插入数值:
输入要插入的值: 8
操作后链表的状态。
目前链表里面的元素有: 5-> 8->
——请输入 0、1、2 或者 3,进行下一步操作——: 1
目前的链表状态。
目前链表里面的元素有: 5-> 8->
正在尾部插入数值:
输入要插入的值: 9
操作后链表的状态。
目前链表里面的元素有: 5-> 8-> 9->
——请输入 0、1、2 或者 3,进行下一步操作——: 1
目前的链表状态。
目前链表里面的元素有: 5-> 8-> 9->
正在尾部插入数值:
输入要插入的值: 21
操作后链表的状态。
目前链表里面的元素有: 5-> 8-> 9-> 21->
——请输入 0、1、2 或者 3,进行下一步操作——: 1
目前的链表状态。
目前链表里面的元素有: 5-> 8-> 9-> 21->
```

```
正在尾部插入数值:
输入要插入的值: 4
操作后链表的状态。
目前链表里面的元素有: 5-> 8-> 9-> 21-> 4->
——请输入 0、1、2 或者 3,进行下一步操作——: 3
目前的链表状态。
目前链表里面的元素有: 5-> 8-> 9-> 21-> 4->
正在查找一个节点是否在链表中:
输入要验证的数: 21
21 在链表中 4 处
——请输入 0、1、2 或者 3,进行下一步操作——: 0
```

3. 单链表上的插入运算

在顺序表中进行插入运算时，将会有大量元素向后移动。而在单链表中插入一个结点不需要移动元素，只修改指针即可。如图 2-9 所示是在头指针为 head 的线性链表中，在结点 p 后面插入新结点 q 的处理过程。

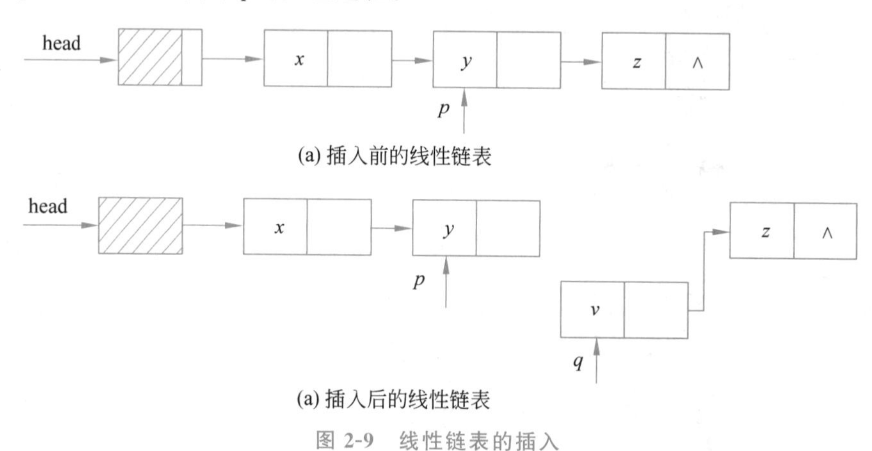

图 2-9　线性链表的插入

可以用下面的程序代码实现如图 2-9 所示的插入过程。

```
#循环找到要插入的位置
for i in range(1, index - 1):
    q = q.next
#要插入的结点指针指向找到位置结点的下一个结点
p.next = q.next
#断开当前指针与其下一个结点的链接,指向新插入的结点
q.next = p
#链表的长度加 1
self.length += 1
```

下面为一个线性表的插入实例。设线性表$(a_1, a_2, \cdots, a_i, \cdots, a_n)$，用线性链表进行存储，表头指针设为 head。要求在输入的指定位置插入一个新的结点 p。设 q 指向待插

入结点的前一个位置，先修改 p 的指针域，让其指向 q 指针域所指向的结点，然后修改 q 的指针域，让其指向 p 结点。这种插入操作只改变了两个指针域的值，并未对数据元素做任何移动。线性链表($a_1,a_2,\cdots,a_i,\cdots,a_n$)执行上述操作前后的逻辑状态如图 2-10 所示。

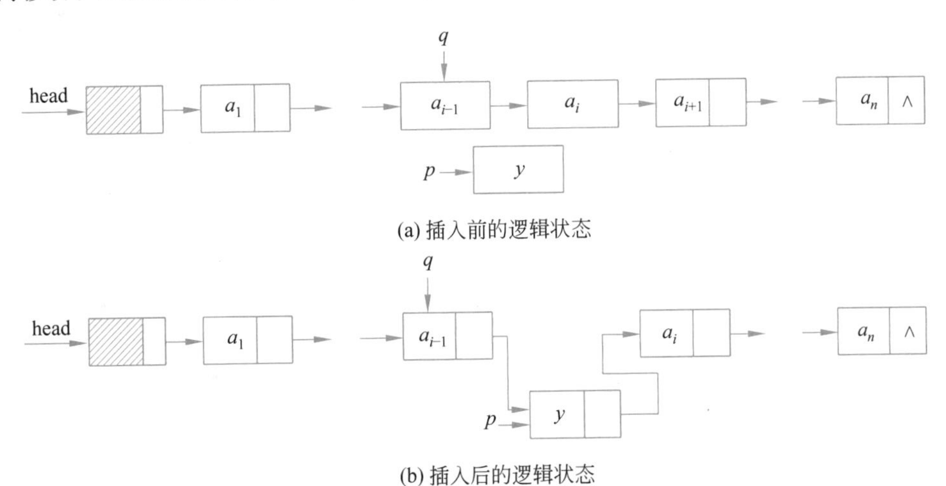

图 2-10 线性表插入操作逻辑状态图

一般情况下的插入操作有以下 4 种情况。

(1) 插入位置在表中第一个结点之前，则插入结点为新的头结点。

(2) 插入位置在表的中间。

(3) 新结点插入在表尾，作为新的表尾结点。

(4) 输入的插入位置不存在。

单链表插入结点的示意图如图 2-11 所示。

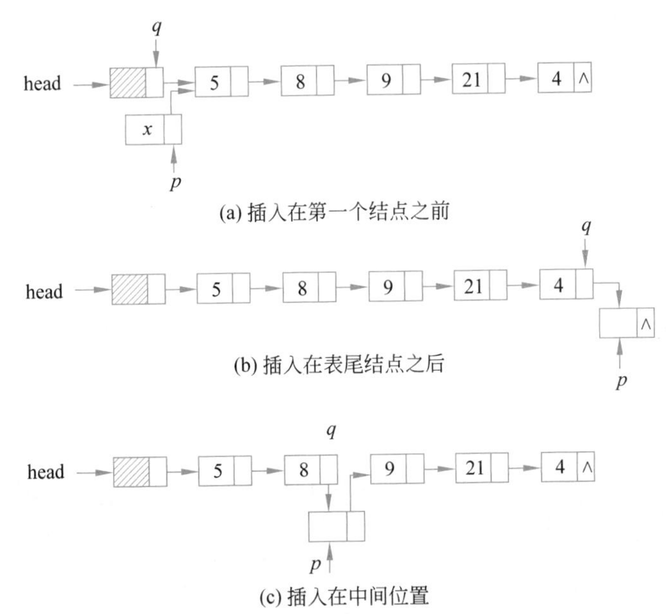

图 2-11 单链表插入结点的示意图

描述上述操作的算法如下。

```
#建立数据结点类
class Node(object):
    def __init__(self, data):
        self.data = data
        self.next = None
#创建单链表类
class SLinkList(object):
    def __init__(self):
        self.head = None
        self.length = 0
    #判断链表是否为空
    def is_empty(self):
        if self.head == None:
            return True
        else:
            return False
    #在链表头部插入数据
    def add(self, p):
        if self.is_empty():
            self.head = p
        else:
            p.next = self.head
            self.head = p
        self.length += 1
    #在链表尾部插入数据
    def append(self, p):
        q = self.head
        if self.is_empty():
            self.add(p)
        else:
            while (q.next != None):
                q = q.next
            q.next = p
            self.length += 1
    #在指定位置插入数据
    def insert(self, p, index):
        q = self.head
        if index > self.length + 1 or index <= 0:
            while(index > self.length + 1 or index <= 0):
                print("你要插入的位置不对,请重选位置:")
                index = eval(input())
```

```
        if index == 1:
            self.add(p)
        else:
            for i in range(1, index - 1):
                q = q.next
            p.next = q.next
            q.next = p
            self.length += 1
    #输出链表当前链接结点数据的状态
    def travel(self):
        q = self.head
        if self.length == 0:
            print("目前链表没有数据!")
        else:
            print("目前链表里面的元素有:", end=" ")
            for i in range(self.length):
                print("%s-> " % q.data, end="")
                q = q.next
            print("\n")
def main():
    #创建一个结点对象
    q = Node(1)
    #创建一个单链表对象
    s = SLinkList()#实例化
    print('''

            0.结束所有操作
            1.从尾部插入数值建立单链表
            2.从头部插入数值建立单链表
            3.查找键盘上输入的数据是否在链表中

    ''')
    while True:
        number=eval(input("——请输入 0、1、2 或者 3,进行下一步操作——:"))
        if (number == 1):
            print("目前的链表状态。")
            s.travel()
            print("正在尾部插入数值:")
            p = Node(eval(input("输入要插入的值:")))
            s.append(p)
            print("操作后链表的状态。")
            s.travel()
        elif (number == 2):
            print("目前的链表状态。")
```

```
            s.travel()
            print("正在从头部插入数值:")
            q=Node(eval(input("输入要插入的值:")))#从头部插入数值
            s.add(q)
            print("操作后链表的状态。")
            s.travel()
        elif (number == 3):
            print("目前的链表状态。")
            s.travel()
            print("正在按指定位置插入数值:")
            p = Node(eval(input("输入插入的数:")))
            position=eval(input("输入要插入的位置为:"))
            s.insert(p, position)
            print("操作后链表的状态。")
            s.travel()

        elif number==0:
            break

if __name__ == '__main__':
    main()
```

上述程序的运行结果如下。

```
          0.结束所有操作
          1.从尾部插入数值建立单链表
          2.从头部插入数值建立单链表
          3.在指定位置插入结点数据
——请输入 0、1、2 或者 3,进行下一步操作——: 1
目前的链表状态。
目前链表没有数据!
正在尾部插入数值:
输入要插入的值: 5
操作后链表的状态。
目前链表里面的元素有: 5->
——请输入 0、1、2 或者 3,进行下一步操作——: 1
目前的链表状态。
目前链表里面的元素有: 5->
正在尾部插入数值:
输入要插入的值: 8
操作后链表的状态。
目前链表里面的元素有: 5-> 8->
——请输入 0、1、2 或者 3,进行下一步操作——: 1
目前的链表状态。
```

```
目前链表里面的元素有：5-> 8->
正在尾部插入数值：
输入要插入的值：9
操作后链表的状态。
目前链表里面的元素有：5-> 8-> 9->
——请输入 0、1、2 或者 3，进行下一步操作——：1
目前的链表状态。
目前链表里面的元素有：5-> 8-> 9->
正在尾部插入数值：
输入要插入的值：21
操作后链表的状态。
目前链表里面的元素有：5-> 8-> 9-> 21->
——请输入 0、1、2 或者 3，进行下一步操作——：1
目前的链表状态。
目前链表里面的元素有：5-> 8-> 9-> 21->
正在尾部插入数值：
输入要插入的值：4
操作后链表的状态。
目前链表里面的元素有：5-> 8-> 9-> 21-> 4->
——请输入 0、1、2 或者 3，进行下一步操作——：3
目前的链表状态。
目前链表里面的元素有：5-> 8-> 9-> 21-> 4->
正在按指定位置插入数值：
输入插入的数：56
输入要插入的位置为：3
操作后链表的状态。
目前链表里面的元素有：5-> 8-> 56-> 9-> 21-> 4->
——请输入 0、1、2 或者 3，进行下一步操作——：3
目前的链表状态。
目前链表里面的元素有：5-> 8-> 56-> 9-> 21-> 4->
正在按指定位置插入数值：
输入插入的数：78
输入要插入的位置为：1
操作后链表的状态。
目前链表里面的元素有：78-> 5-> 8-> 56-> 9-> 21-> 4->
——请输入 0、1、2 或者 3，进行下一步操作——：3
目前的链表状态。
目前链表里面的元素有：78-> 5-> 8-> 56-> 9-> 21-> 4->
正在按指定位置插入数值：
输入插入的数：89
输入要插入的位置为：2
操作后链表的状态。
目前链表里面的元素有：78-> 89-> 5-> 8-> 56-> 9-> 21-> 4->
```

```
——请输入 0、1、2 或者 3,进行下一步操作——: 3
目前的链表状态。
目前链表里面的元素有: 78-> 89-> 5-> 8-> 56-> 9-> 21-> 4->
正在按指定位置插入数值:
输入插入的数: 76
输入要插入的位置为: 9
操作后链表的状态。
目前链表里面的元素有: 78-> 89-> 5-> 8-> 56-> 9-> 21-> 4-> 76->
——请输入 0、1、2 或者 3,进行下一步操作——: 3
目前的链表状态。
目前链表里面的元素有: 78-> 89-> 5-> 8-> 56-> 9-> 21-> 4-> 76->
正在按指定位置插入数值:
输入插入的数: 90
输入要插入到的位置为: 23
你要插入的位置不对,请重选位置:
2
操作后链表的状态。
目前链表里面的元素有: 78-> 90-> 89-> 5-> 8-> 56-> 9-> 21-> 4-> 76->
——请输入 0、1、2 或者 3,进行下一步操作——: 0
```

对于表长为 n 的线性表,上述程序的主要运算时间花在搜索插入位置上。假设在各种位置上的插入概率相等,则搜索时的平均比较次数为 $(1+2+3+\cdots+n)/n=(n+1)/2$。而每次的比较时间是一个常数,所以插入运算的时间复杂度可记为 $O(n)$。

4. 单链表上的删除运算

删除链表中某个位置上的结点 x,其过程如下。

(1) 设定两个指针 p 和 q。p 指针指向被删除结点,q 指针指向被删除结点的直接前驱结点。

(2) 删除索引位置分别是第 1 个位置以及其他位置,编写代码实现有所不同,如程序所示。

(3) 修改 p 的前驱结点 q 的指针域,删除 p 结点,然后释放存储空间,如图 2-12 所示。

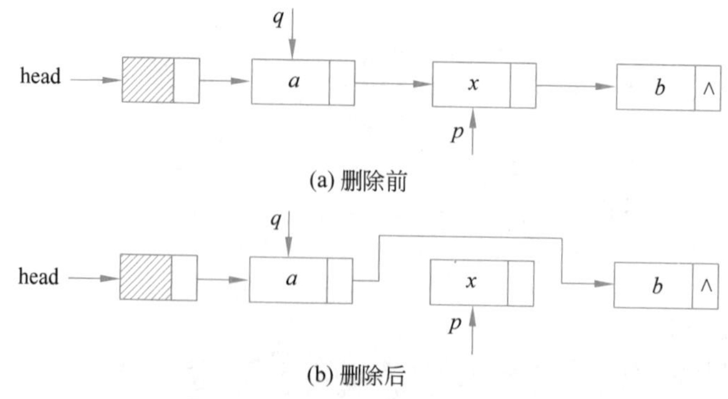

图 2-12 删除结点时指针的改变

其算法描述如下。

例 2-9

```
#建立数据结点类
class Node(object):
    def __init__(self, data):
        self.data = data
        self.next = None


#创建单链表类
class SLinkList(object):
    def __init__(self):
        self.head = None
        self.length = 0

    #判断是否为空
    def is_empty(self):
        if self.head == None:
            return True
        else:
            return False
    #在链表头部插入数据
    def add(self, p):
        if self.is_empty():
            self.head = p
        else:
            p.next = self.head
            self.head = p
            #currentNode = self.header
        self.length += 1
    #在链表尾部插入数据
    def append(self, p):
        q = self.head
        if self.is_empty():
            self.add(p)
        else:
            while (q.next != None):
                q = q.next
            q.next = p
            self.length += 1

    #按索引删除
```

```
    def delete(self, index):
        if index <= 0 or index > self.length:
            print("你输入的下标不对,请重新输入需要删除的值的下标.")
            return
        else:
            if index == 1:
                self.head = self.head.next
                p= self.head
                del p
            else:
                q = self.head
                p=q.next
                for i in range(1, index - 1):
                    q=p
                    p=p.next
                q.next = p.next
                del p
            self.length -= 1

    #输出链表当前链接结点数据的状态
    def travel(self):
        q = self.head
        if self.length == 0:
            print("目前链表没有数据!")
        else:
            print("目前链表里面的元素有:", end=" ")
            for i in range(self.length):
                print("%s-> " % q.data, end="")
                q = q.next
            print("\n")
def main():
    #创建一个结点对象
    q = Node(1)
    #创建一个单链表对象
    s = SLinkList()                                    #实例化
    print('''

          0.结束所有操作
          1.从尾部插入数值建立单链表
          2.从头部插入数值建立单链表
          3.在链表中删除指定位置的数据

    ''')
```

```
    while True:
        number=eval(input("——请输入 0、1、2 或者 3 进行下一步的操作——:"))

        if (number == 1):
            print("目前的链表状态。")
            s.travel()
            print("正在尾部插入数值:")
            p = Node(eval(input("输入要插入的值:")))
            s.append(p)
            print("操作后链表的状态。")
            s.travel()
        elif (number == 2):
            print("目前的链表状态。")
            s.travel()
            print("正在从头部插入数值:")
            q=Node(eval(input("输入要插入的值:")))          #从头部插入数值
            s.add(q)
            print("操作后链表的状态。")
            s.travel()
        elif (number == 3):
            print("目前的链表状态。")
            s.travel()
            print("正在删除:")
            s.delete(eval(input("输入要删除哪个位置的数:")))
            print("操作后链表的状态。")
            s.travel()

        elif number==0:
            break
if __name__ == '__main__':
    main()
```

执行上述程序,结果如下所示。

```
        0.结束所有操作
        1.从尾部插入数值建立单链表
        2.从头部插入数值建立单链表
        3.在链表中删除指定位置的数据
——请输入 0、1、2 或者 3 进行下一步的操作——:1
目前的链表状态。
目前链表没有数据!
正在尾部插入数值:
输入要插入的值:5
```

```
操作后链表的状态。
目前链表里面的元素有: 5->

——请输入 0、1、2 或者 3 进行下一步的操作——:1
目前的链表状态。
目前链表里面的元素有: 5->

正在尾部插入数值:
输入要插入的值:8
操作后链表的状态。
目前链表里面的元素有: 5-> 8->

——请输入 0、1、2 或者 3 进行下一步的操作——:1
目前的链表状态。
目前链表里面的元素有: 5-> 8->

正在尾部插入数值:
输入要插入的值:9
操作后链表的状态。
目前链表里面的元素有: 5-> 8-> 9->

——请输入 0、1、2 或者 3 进行下一步的操作——:1
目前的链表状态。
目前链表里面的元素有: 5-> 8-> 9->

正在尾部插入数值:
输入要插入的值:21
操作后链表的状态。
目前链表里面的元素有: 5-> 8-> 9-> 21->

——请输入 0、1、2 或者 3 进行下一步的操作——:3
目前的链表状态。
目前链表里面的元素有: 5-> 8-> 9-> 21->

正在删除:
输入要删除哪个位置的数:9
你输入的下标不对,请重新输入需要删除的值的下标.
操作后链表的状态。
目前链表里面的元素有: 5-> 8-> 9-> 21->

——请输入 0、1、2 或者 3 进行下一步的操作——:3
目前的链表状态。
目前链表里面的元素有: 5-> 8-> 9-> 21->

正在删除:
```

```
输入要删除哪个位置的数:3
操作后链表的状态。
目前链表里面的元素有: 5-> 8-> 21->

——请输入 0、1、2 或者 3 进行下一步的操作——:0
```

删除算法的时间复杂度同插入算法,即 $O(n)$。

5. 对单链表用冒泡排序法进行排序

若要将单链表中的数据按从小到大的顺序输出,则采用冒泡排序法完成排序,其算法描述如下。

例 2-10

```
#建立数据结点类
class Node(object):
    def __init__(self, data):
        self.data = data
        self.next = None


#创建单链表类
class SLinkList(object):
    def __init__(self):
        self.head = None
        self.length = 0

    #判断链表是否为空
    def is_empty(self):
        if self.head == None:
            return True
        else:
            return False
    #在链表头部插入数据
    def add(self, p):
        if self.is_empty():
            self.head = p
        else:
            p.next = self.head
            self.head = p
        self.length += 1
    #在链表尾部插入数据
    def append(self, p):
        q = self.head
        if self.is_empty():
```

```
                self.add(p)
            else:
                while (q.next != None):
                    q = q.next
                q.next = p
                self.length += 1
    #排序不用交换结点的位置,只交换结点上的数据值
    def list_sort(self):
        for i in range(0, self.length - 1):
            q = self.head
            for j in range(0, self.length - i - 1):
                if q.data > q.next.data:
                    temp = q.data
                    q.data = q.next.data
                    q.next.data = temp

                q = q.next

    #输出链表当前链接结点数据的状态
    def travel(self):
        q = self.head
        if self.length == 0:
            print("目前链表没有数据!")
        else:
            print("目前链表里面的元素有:", end=" ")
            for i in range(self.length):
                print("%s-> " % q.data, end="")
                q = q.next
            print("\n")
def main():
    #创建一个结点对象
    q = Node(1)
    #创建一个单链表对象
    s = SLinkList()#实例化
    print('''

          0.结束所有操作
          1.从尾部插入数值建立单链表
          2.从头部插入数值建立单链表
          3.对单链表的数据进行排序

    ''')
    while True:
```

```
        number=eval(input("——请输入 0、1、2 或者 3,进行下一步操作——:"))

        if (number == 1):
            print("目前的链表状态。")
            s.travel()
            print("正在尾部插入数值:")
            p = Node(eval(input("输入要插入的值:")))
            s.append(p)
            print("操作后链表的状态。")
            s.travel()
        elif (number == 2):
            print("目前的链表状态。")
            s.travel()
            print("正在从头部插入数值:")
            q=Node(eval(input("输入要插入的值:")))#从头部插入数值
            s.add(q)
            print("操作后链表的状态。")
            s.travel()
        elif (number == 3):
            print("目前的链表状态。")
            s.travel()
            print("正在排序:")
            s.list_sort()
            print("操作后链表的状态。")
            s.travel()

        elif number==0:
            break
if __name__ == '__main__':
    main()
```

上述程序的运行结果如下。

```
          0.结束所有操作
          1.从尾部插入数值建立单链表
          2.从头部插入数值建立单链表
          3.对单链表的数据进行排序
——请输入 0、1、2 或者 3,进行下一步操作——: 1
目前的链表状态。
目前链表没有数据!
正在尾部插入数值:
输入要插入的值: 5
操作后链表的状态。
```

```
目前链表里面的元素有: 5->
——请输入 0、1、2 或者 3,进行下一步操作——: 1
目前的链表状态。
目前链表里面的元素有: 5->
正在尾部插入数值:
输入要插入的值: 8
操作后链表的状态。
目前链表里面的元素有: 5-> 8->
——请输入 0、1、2 或者 3,进行下一步操作——: 1
目前的链表状态。
目前链表里面的元素有: 5-> 8->
正在尾部插入数值:
输入要插入的值: 8
操作后链表的状态。
目前链表里面的元素有: 5-> 8-> 8->
——请输入 0、1、2 或者 3,进行下一步操作——: 1
目前的链表状态。
目前链表里面的元素有: 5-> 8-> 8->
正在尾部插入数值:
输入要插入的值: 21
操作后链表的状态。
目前链表里面的元素有: 5-> 8-> 8-> 21->
——请输入 0、1、2 或者 3,进行下一步操作——: 1
目前的链表状态。
目前链表里面的元素有: 5-> 8-> 8-> 21->
正在尾部插入数值:
输入要插入的值: 4
操作后链表的状态。
目前链表里面的元素有: 5-> 8-> 8-> 21-> 4->
——请输入 0、1、2 或者 3,进行下一步操作——: 3
目前的链表状态。
目前链表里面的元素有: 5-> 8-> 8-> 21-> 4->
正在排序:
操作后链表的状态。
目前链表里面的元素有: 4-> 5-> 8-> 8-> 21->
——请输入 0、1、2 或者 3,进行下一步操作——: 0
```

冒泡排序的时间复杂度为 $O(n^2)$。

2.3.3 循环链表

上面讨论的是用单链表结构实现的线性表,各结点之间由一个指针域链接,最后一个指针域的值用 None 表示,作为链表结束标志。如果将单链表最后一个结点的指针指向第一个结点,使链表形成一个环形,此链表就称为循环链表,如图 2-13 所示。

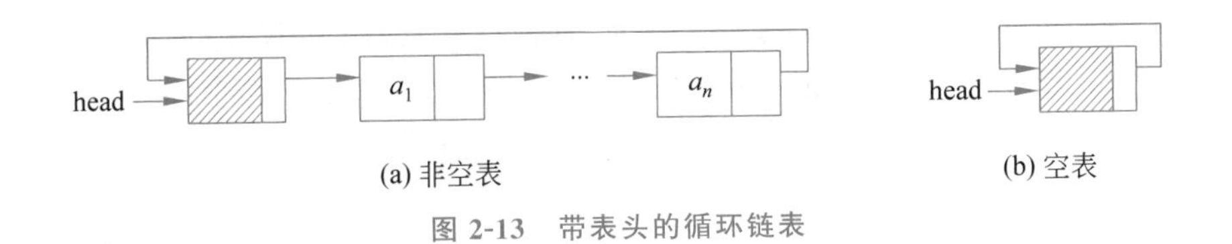

(a) 非空表 (b) 空表

图 2-13 带表头的循环链表

循环链表上的运算与单链表上的运算基本一致，区别在于最后一个结点的判断，将单链表算法中出现的 None 处改为头指针 head 即可。

如果在循环链表中设一尾指针而不设头指针，这样，尾指针就起到了既指头又指尾的功能，那么，无论是访问第一个结点还是访问最后一个结点都很方便。所以，在实际应用中，往往使用尾指针代替头指针进行某些操作。例如，将两个循环链表首尾相接时采用循环链表结构，可以使操作简化，整个操作过程只修改两个指针，其运算时间为 $O(1)$，操作如图 2-14 所示，有关操作的语句组如下。

```
p=b.next
b.next=a.next
a.next=p.next
a=b
```

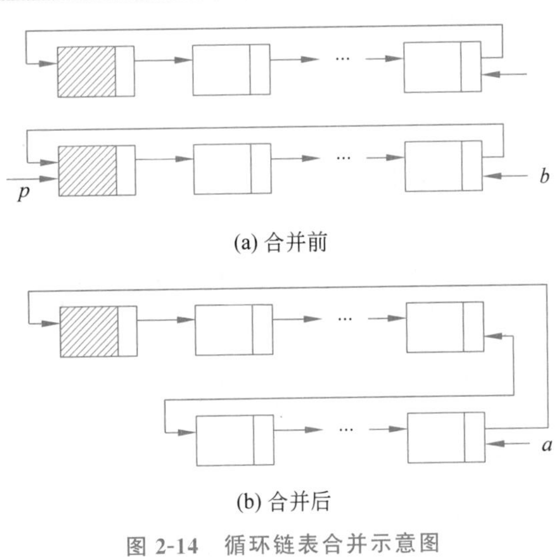

(a) 合并前

(b) 合并后

图 2-14 循环链表合并示意图

2.3.4 双向链表

在单链表中，从任何一个结点都能通过指针域找到它的后继结点，但要寻找它的前驱结点，则需从表头出发顺链查找。双向链表克服了这个缺点。双向链表的每个结点除数据域外，还包含两个指针域：一个指针指向该结点的后继结点；另一个指针指向它的前驱结点，其结构如图 2-15 所示。双向链表也可以是循环链表，其结构如图 2-16 所示。双向链表有

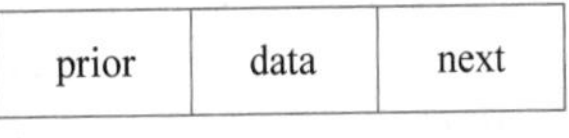

图 2-15 双向链表的逻辑结构

两个特点：一是可以从两个方向搜索某个结点，这使得链表的某些操作（如插入和删除）变得比较简单；二是无论利用向前这一链还是向后这一链，都可以遍历整个链表，这样在双向循环链表中，如果有一根链失效了，还可以利用另一根链修复整个链表。

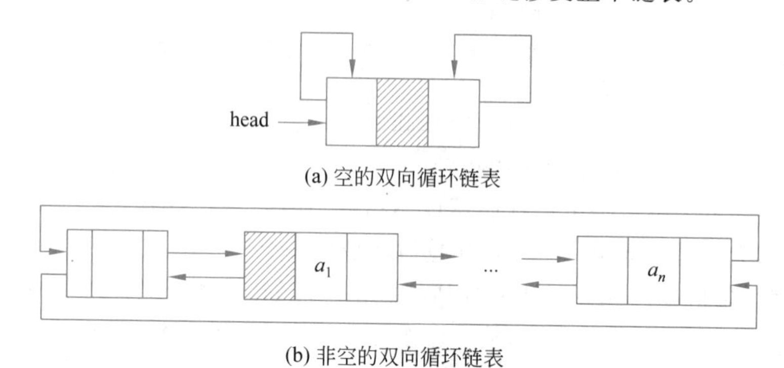

图 2-16 双向循环链表示意图

双向链表的结点类 Python 语言描述如下。

```
class DoubleNode(object):
    def __init__(self,data,prior=None,next=None):
        self.data=data
        self.prior=prior
        self.next=next
```

在双向链表中，如果运算只涉及一个方向的指针，则双向链表中的运算与单链表中的运算是一致的。如果运算涉及两个方向的指针，则与单链表中的运算不同。由于双向链表是一种对称结构，因此，与单链表相比，求给定结点的直接前驱和直接后继都很容易，其时间复杂度为 $O(1)$。双向链表有一个重要的特点，若 p 是指向表中任一结点的指针，则有

```
p.next.prior=p.prior.next=p
```

下面讨论双向链表的插入和删除运算。

1. 插入运算

若在双向链表的 p 结点之后插入新结点 q，则插入过程如图 2-17 所示。

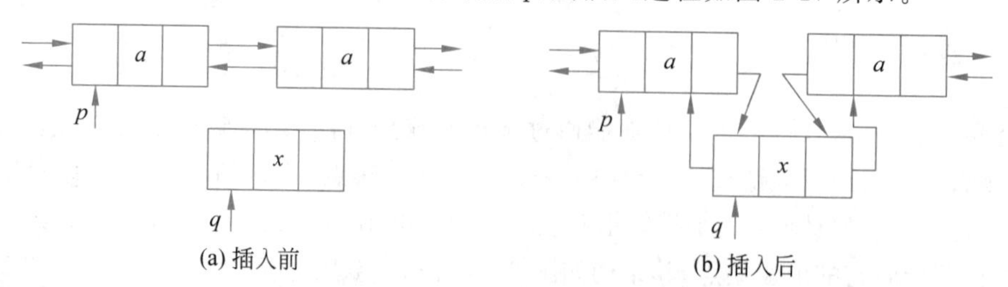

图 2-17 向双向链表插入结点时指针的改变

在双向链表中插入一个新结点的算法如下。

例 2-11

```
class DoubleNode(object):
    #双向链表结点
    def __init__(self, data):
        self.data = data
        self.next = None
        self.prior = None
class DLinkList(object):
    #双向链表
    def __init__(self):
        self._head = None
        self.length = 0
    def is_empty(self):
        #判断链表是否为空
        return self._head == None

    def travel(self):
        #遍历链表
        cur = self._head
        while cur != None:
            print("%s-> <- " % cur.data, end="")
            cur = cur.next
        print("")
        '''cur = self._head
        if self.length == 0:
            print("目前链表没有数据!")
        else:
            print("目前链表里面的元素有:", end=" ")
            for i in range(self.length):
                print("%s-> " % cur.data, end="")
                cur = cur.next
            print("\n")'''

    def add(self, node):
        #在链表头部插入元素
        #node = DoubleNode(data)
        if self.is_empty():
            #如果是空链表,就将_head指向node
            self._head = node
        else:
            #将node的next指向_head的头结点
            node.next = self._head
```

```
            #将_head的头结点的prev指向node
            self._head.prev = node
            #将_head指向node
            self._head = node
        self.length+=1
    def append(self, node):
        #在链表尾部插入元素
       #node = DoubleNode(data)
        if self.is_empty():
            #如果是空链表,就将_head指向node
            self._head = node
        else:
            #将指针移动到链表尾部
            cur = self._head
            while cur.next != None:
                cur = cur.next
            #将尾结点cur的next指向node
            cur.next = node
            #将node的prev指向cur
            node.prev = cur
        self.length+=1

    def insert(self, node, pos):
        #在指定位置添加结点
        if pos <= 1:
            self.add(node)
        elif pos > self.length-1:
            self.append(node)
        else:

            p = self._head
            count = 1
            #移动到指定位置的前一个位置
            while count < pos-1:
                p = p.next
                count += 1
            #将q的prior指向p
            node.prior = p
            #将q的next指向p的下一个结点
            node.next = p.next
            #将p的下一个结点的prior指向q
            p.next.prior = node
            #将p的next指向q
```

```
            p.next = node
            self.length+=1


def main():
    #创建一个结点对象
        q = DoubleNode(1)
    #创建一个单链表对象
        s = DLinkList()#实例化
        print('''

          0.结束所有操作
          1.从尾部插入数值建立单链表
          2.从头部插入数值建立单链表
          3.在双向链表指定位置插入数据

        ''')
        while True:
            number=eval(input("——请输入 0、1、2 或者 3,进行下一步操作——:"))
            if (number == 1):
                print("目前的链表状态。")
                s.travel()
                print("正在尾部插入数值:")
                p = DoubleNode(eval(input("输入要插入的值:")))
                s.append(p)
                print("操作后链表的状态。")
                s.travel()
            elif (number == 2):
                print("目前的链表状态。")
                s.travel()
                print("正在从头部插入数值:")
                q=DoubleNode(eval(input("输入要插入的值:")))#从头部插入数值
                s.add(q)
                print("操作后链表的状态。")
                s.travel()
            elif (number == 3):
                print("目前的链表状态。")
                s.travel()
                print("正在按指定位置插入数值:")
                p = DoubleNode(eval(input("输入插入的数:")))
                position=eval(input("输入要插入的位置为:"))
                s.insert(p, position)
                print("操作后链表的状态。")
```

```
                s.travel()

            elif number==0:
                break

if __name__ == '__main__':
    main()
```

上述程序的运行结果是：

```
            0.结束所有操作
            1.从尾部插入数值建立单链表
            2.从头部插入数值建立单链表
            3.在双向链表指定位置插入数据
——请输入 0、1、2 或者 3,进行下一步操作——：1
目前的链表状态。
正在尾部插入数值：
输入要插入的值：23
操作后链表的状态。
23-> <-
——请输入 0、1、2 或者 3,进行下一步操作——：1
目前的链表状态。
23-> <-
正在尾部插入数值：
输入要插入的值：45
操作后链表的状态。
23-> <- 45-> <-
——请输入 0、1、2 或者 3,进行下一步操作——：1
目前的链表状态。
23-> <- 45-> <-
正在尾部插入数值：
输入要插入的值：67
操作后链表的状态。
23-> <- 45-> <- 67-> <-
——请输入 0、1、2 或者 3,进行下一步操作——：1
目前的链表状态。
23-> <- 45-> <- 67-> <-
正在尾部插入数值：
输入要插入的值：78
操作后链表的状态。
23-> <- 45-> <- 67-> <- 78-> <-
——请输入 0、1、2 或者 3,进行下一步操作——：3
目前的链表状态。
```

```
23-> <- 45-> <- 67-> <- 78-> <-
正在按指定位置插入数值:
输入插入的数: 2
输入要插入到的位置为: 1
操作后链表的状态。
2-> <- 23-> <- 45-> <- 67-> <- 78-> <-
——请输入 0、1、2 或者 3,进行下一步操作——: 3
目前的链表状态。
2-> <- 23-> <- 45-> <- 67-> <- 78-> <-
正在按指定位置插入数值:
输入插入的数: 66
输入要插入的位置为: 2
操作后链表的状态。
2-> <- 66-> <- 23-> <- 45-> <- 67-> <- 78-> <-
——请输入 0、1、2 或者 3,进行下一步操作——: 0
```

双向链表的插入运算的时间复杂度为 $O(n)$。

2. 删除运算

若将双向链表中的 p 结点删除,则删除过程如图 2-18 所示。

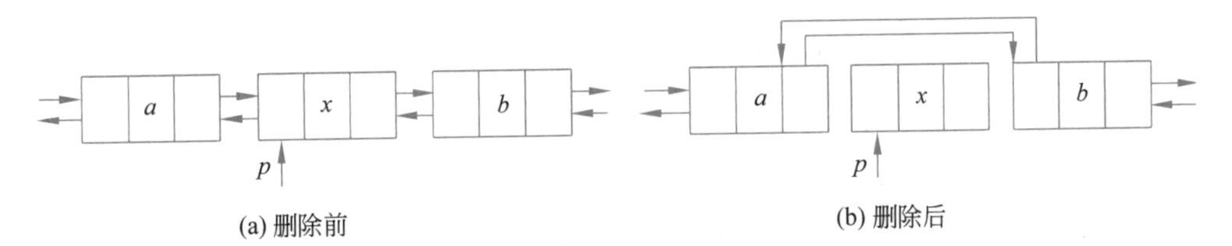

图 2-18　双向链表删除结点时指针的改变

在双向链表中删除一个结点的算法如下。

例 2-12

```
class DoubleNode(object):
    #双向链表结点
    def __init__(self, data):
        self.data = data
        self.next = None
        self.prior = None
class DLinkList(object):
    #双向链表
    def __init__(self):
        self._head = None
        self.length = 0
    def is_empty(self):
        #判断链表是否为空
```

```
        return self._head == None

    def travel(self):
        #遍历链表
        cur = self._head
        while cur != None:
            print("%s-> <- " % cur.data, end="")
            cur = cur.next
        print("")

    def add(self, node):
        #在链表头部插入元素
        #node = DoubleNode(data)
        if self.is_empty():
            #如果是空链表,就将_head指向node
            self._head = node
        else:
            #将node的next指向_head的头结点
            node.next = self._head
            #将_head的头结点的prev指向node
            self._head.prev = node
            #将_head指向node
            self._head = node
        self.length+=1
    def append(self, node):
        #在链表尾部插入元素
        #node = DoubleNode(data)
        if self.is_empty():
            #如果是空链表,就将_head指向node
            self._head = node
        else:
            #将指针移动到链表尾部
            cur = self._head
            while cur.next != None:
                cur = cur.next
            #将尾结点cur的next指向node
            cur.next = node
            #将node的prev指向cur
            node.prev = cur
        self.length+=1

    def delete(self, data):
        #删除元素
```

```
        if self.is_empty():
            print("链表是空的,不能删除数据")
            return
        else:
            p = self._head
            if p.data == data:
                #如果首结点的元素即要删除的元素
                if p.next == None:
                    #如果链表只有这一个结点
                    self._head = None
                else:
                    #将第二个结点的 prev 设置为 None
                    p.next.prev = None
                    #将_head 指向第二个结点
                    self._head = p.next
                self.length -= 1
                return
            while p != None:
                if p.data == data:
                    #将 cur 的前一个结点的 next 指向 cur 的后一个结点
                    p.prev.next = p.next
                    #将 cur 的后一个结点的 prev 指向 cur 的前一个结点
                    p.next.prev = p.prev
                    self.length -= 1
                    break
                p = p.next
            if p==None:
                print("链表中没有该元素")

def main():
    #创建一个结点对象
        q = DoubleNode(1)
    #创建一个单链表对象
        s = DLinkList() #实例化
        print('''

            0.结束所有操作
            1.从尾部插入数值建立单链表
            2.从头部插入数值建立单链表
            3.在双向链表中删除输入的数据

        ''')
        while True:
```

```
            number=eval(input("——请输入 0、1、2 或者 3,进行下一步操作——:"))
            if (number == 1):
                print("目前的链表状态。")
                s.travel()
                print("正在尾部插入数值:")
                p = DoubleNode(eval(input("输入要插入的值:")))
                s.append(p)
                print("操作后链表的状态。")
                s.travel()
            elif (number == 2):
                print("目前的链表状态。")
                s.travel()
                print("正在从头部插入数值:")
                q=DoubleNode(eval(input("输入要插入的值:")))#从头部插入数值
                s.add(q)
                print("操作后链表的状态。")
                s.travel()

            elif (number == 3):
                print("目前的链表状态。")
                s.travel()
                print("正在删除:")
                s.delete(eval(input("输入要删除哪个位置的数:")))
                print("操作后链表的状态。")
                s.travel()
            elif number==0:
                break

if __name__ == '__main__':
    main()
```

上述程序的运行结果如下。

```
            0.结束所有操作
            1.从尾部插入数值建立单链表
            2.从头部插入数值建立单链表
            3.在双向链表中删除输入的数据
——请输入 0、1、2 或者 3,进行下一步操作——: 1
目前的链表状态。
正在尾部插入数值:
输入要插入的值: 23
操作后链表的状态。
23-> <-
```

```
——请输入 0、1、2 或者 3,进行下一步操作——: 1
目前的链表状态。
23-> <-
正在尾部插入数值:
输入要插入的值: 34
操作后链表的状态。
23-> <- 34-> <-
——请输入 0、1、2 或者 3,进行下一步操作——: 1
目前的链表状态。
23-> <- 34-> <-
正在尾部插入数值:
输入要插入的值: 56
操作后链表的状态。
23-> <- 34-> <- 56-> <-
——请输入 0、1、2 或者 3,进行下一步操作——: 1
目前的链表状态。
23-> <- 34-> <- 56-> <-
正在尾部插入数值:
输入要插入的值: 67
操作后链表的状态。
23-> <- 34-> <- 56-> <- 67-> <-
——请输入 0、1、2 或者 3,进行下一步操作——: 3
目前的链表状态。
23-> <- 34-> <- 56-> <- 67-> <-
正在删除:
输入要删除哪个位置的数: 34
操作后链表的状态。
23-> <- 56-> <- 67-> <-
——请输入 0、1、2 或者 3,进行下一步操作——: 1
目前的链表状态。
23-> <- 56-> <- 67-> <-
正在尾部插入数值:
输入要插入的值: 89
操作后链表的状态。
23-> <- 56-> <- 67-> <- 89-> <-
——请输入 0、1、2 或者 3,进行下一步操作——: 3
目前的链表状态。
23-> <- 56-> <- 67-> <- 89-> <-
正在删除:
输入要删除哪个位置的数: 67
操作后链表的状态。
23-> <- 56-> <- 89-> <-
——请输入 0、1、2 或者 3,进行下一步操作——: 3
```

```
目前的链表状态。
23-> <- 56-> <- 89-> <-
正在删除:
输入要删除哪个位置的数: 77
链表中没有该元素
操作后链表的状态。
23-> <- 56-> <- 89-> <-
——请输入 0、1、2 或者 3,进行下一步操作——: 0
```

双向链表的插入运算的时间复杂度为 $O(n)$。

2.3.5 单链表应用举例

本节以一个实例讲解线性单链表的应用。多项式的相加操作是线性表处理的典型例子，在数学上，一个多项式可写成下列形式：

$$P(x)=a_nx^n+a_{n-1}x^{n-1}+\cdots+a_1x+a_0(n\geqslant 0)$$

其中 a_i 为 x^i 的非零系数。

多项式相加时，至少有两个多项式同时并存，而且在实现运算的过程中所产生的中间多项式和结果多项式的项数和次数都是难以预料的。因此，计算实现时，可采用单链表表示。多项式中的每一项为单链表的一个结点，每个结点包含 3 个域：系数域、指数域和指针域，其形式如下。

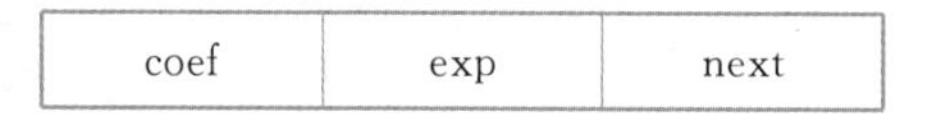

设有如下两个多项式：

$$A(x)=5x^9+8x^7+3x^2-12$$

$$B(x)=6x^{12}+10x^9-3x^2$$

它们的链表结构如图 2-19 所示。

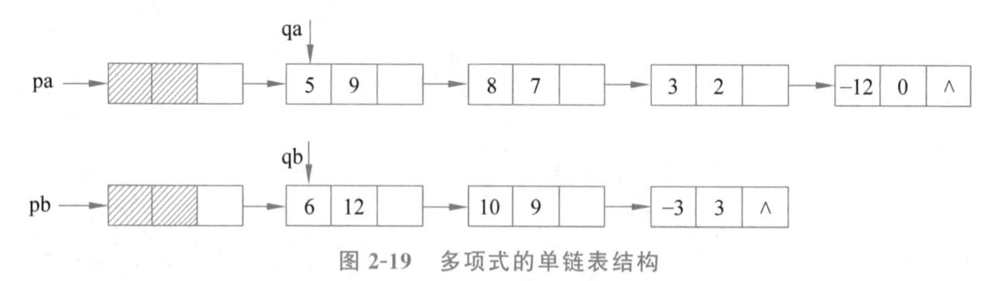

图 2-19 多项式的单链表结构

多项式相加的运算规则为：两个多项式中所有指数相同的项对应系数相加，若和不为零，则构成“和多项式”中的一项；所有指数不同的项均复制到“和多项式”中。实现时，可采用另建多项式的方法，也可采用把一个多项式归并到另一个多项式中的方法。这里介绍后一种方法。

下面是一个完整的 Python 语言程序，它包含 3 个算法：create_link、sum_link、print_link。

create_link 算法用于生成链表。

核心算法 sum_link 把分别由 pa 和 pb 所指的两个多项式相加,结果为 pa 所指的多项式。相加时,首先将两个指针变量 qa 和 qb 分别从多项式的首项开始扫描,并比较 qa 和 qb 所指结点指数域的值。此时可能出现下列 3 种情况:

- 若 qa.exp 小于 qb.exp,则将 qb 所指结点插入 qa 所指结点之前,然后 qa、qb 继续向后扫描。
- 若 qa.exp 等于 qb.exp,则将其系数相加。若相加结果不为零,则将结果放入 qa.coef 中,并删除 qb 所指结点;否则同时删除 qa 和 qb 所指结点。然后 qa、qb 继续向后扫描。
- 若 qa.exp 大于 qb.exp,则 qa 继续向后扫描。

扫描过程一直进行到 qa 或 qb 有一个为空为止,然后将有剩余结点的链表链到结果链表上,得到的 pa 指向的链表即两个多项式之和。

算法 print_link 是输出多项式的单链表。

本例多项式的相加过程如图 2-20 所示。

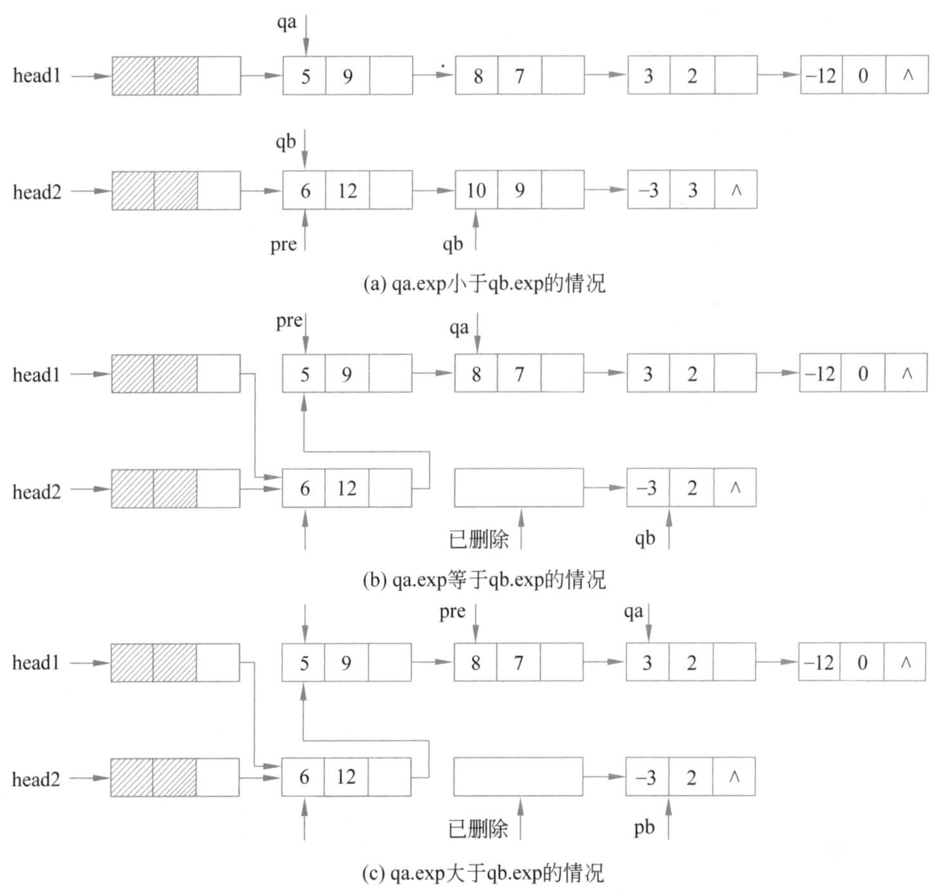

图 2-20 多项式相加示意图

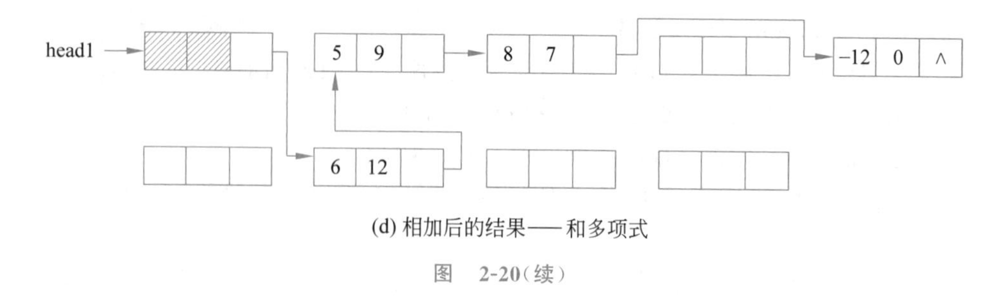

(d) 相加后的结果——和多项式

图　2-20（续）

Python 语言描述的算法如下。

例 2-13

```
##求两个多项式的和
import sys
class equation:
    def __init__(self):
        self.coef=0
        self.exp=0
        self.next=None
def create_link(data):
    n=len(data)
    for i in range(n):
        newnode=equation()
        if not newnode:
            print('Error!!内存分配失败!!')
            sys.exit(0)
        if i==0:
            newnode.coef=data[i]
            newnode.exp=n-i-1
            newnode.next=None
            head=newnode
            ptr=head
        elif data[i]!=0:
            newnode.coef=data[i]
            newnode.exp=n-i-1
            newnode.next=None
            ptr.next=newnode
            ptr=newnode
    return head
def print_link(head):
    while head!=None:
        if head.exp==1 and head.coef!=0:
            print('%dX+'%(head.coef),end='')
        elif head.exp!=0 and head.coef!=0:
```

```
            print('%dX^%d+'%(head.coef,head.exp),end='')

        elif head.exp==0:
            print('%d'%head.coef)
        head=head.next
    print()

def sum_link(head1,head2):
    pre=head1
    qa=head1
    qb=head2
    while qa!=None and qb!=None:
        if qa.exp==qb.exp:
            sum=qa.coef+qb.coef
            if sum:
                qa.coef=sum
                pre=qa
            else:
                pre.next=qa.next

            qa=pre.next

            qb=qb.next
        elif qb.exp>qa.exp:
            if qa==head1:
                head1=qb
                pre=qb
                qb=qb.next
                pre.next=qa
            elif qa!=head1:
                pre.next=qb
                pre=qb
                qb=qb.next
                pre.next=qa
        elif qa.exp>qb.exp:
            pre=qa
            qa=qa.next
    if qb!=None:
        pre.next=qb

    return print_link(head1)
```

```
def main():
    data1=[]
    data2=[]
    coef1=input("请输入第一个多项式系数")
    while coef1!='#':
        data1.append(int(coef1))
        coef1=input("请输入第一个多项式系数")
    coef2=input("请输入第二个多项式系数")
    while coef2!='#':
        data2.append(int(coef2))
        coef2=input("请输入第二个多项式系数")
    print(data1)
    print(data2)
    print('原始多项式:\nA=',end='')
    a=head1=create_link(data1)
    b=head2=create_link(data2)
    print_link(a)
    print('B=',end='')
    print_link(b)
    print('多项式相加的结果:\nC=',end='')
    print_link(sum_link(a,b))
main()
```

上述程序的执行结果如下。

```
请输入第一个多项式系数 5
请输入第一个多项式系数 0
请输入第一个多项式系数 8
请输入第一个多项式系数 0
请输入第一个多项式系数 0
请输入第一个多项式系数 0
请输入第一个多项式系数 0
请输入第一个多项式系数 3
请输入第一个多项式系数 0
请输入第一个多项式系数 -12
请输入第一个多项式系数 #
请输入第二个多项式系数 6
请输入第二个多项式系数 0
请输入第二个多项式系数 0
请输入第二个多项式系数 10
请输入第二个多项式系数 0
请输入第二个多项式系数 0
请输入第二个多项式系数 0
```

```
请输入第二个多项式系数 0
请输入第二个多项式系数 0
请输入第二个多项式系数 0
请输入第二个多项式系数 -3
请输入第二个多项式系数 0
请输入第二个多项式系数 0
请输入第二个多项式系数 #
[5, 0, 8, 0, 0, 0, 0, 3, 0, -12]
[6, 0, 0, 10, 0, 0, 0, 0, 0, -3, 0, 0]
原始多项式:
A=5X^9+8X^7+3X^2+-12
B=6X^12+10X^9+-3X^2+
多项式相加的结果:
C=6X^12+15X^9+8X^7+-12
```

上述算法的运行时间主要花在比较指数和相加系数上。若多项式 $A(x)$ 有 n 项，$B(x)$ 有 m 项，则算法的时间复杂度为 $O(n+m)$。

2.4 本章小结

(1) 线性表是一种具有一对一的线性关系的特殊数据结构。线性表有两种存储方法：顺序存储和链式存储。

(2) 线性表的链式存储结构是通过结点之间的链接而得到的。链式存储结构有单链表、双向链表和循环链表等。

(3) 单链表结点至少有两个域：一个数据域和一个指针域。双向链表结点至少含3个域：一个数据域和两个指针域。

(4) 循环链表不存在空指针，将链表最后一个结点的指针指向开头，形成一个首尾相接的环。

(5) 为了处理问题方便，一般在链表中增加一个头结点。

(6) 顺序存储可以提高存储单元的利用率，但不便于插入和删除运算。链式存储会占用较多的存储空间，但可以使用不连续的存储单元，插入、删除运算较方便。

习题 2

一、选择题

1. 下述描述中，(　　)是顺序存储结构的优点。

   A. 存储密度大

   B. 插入运算方便

C. 删除运算方便

D. 可方便地用于各种逻辑结构的存储表示

2. 下面关于线性表的叙述中，错误的是（　　）。

A. 线性表采用顺序存储，必须占用一片连续的存储单元

B. 线性表采用顺序存储，便于插入和删除操作

C. 线性表采用链式存储，不必占用一片连续的存储单元

D. 线性表采用链式存储，便于插入和删除操作

3. 线性表是具有 n 个（　　）的有限序列（$n>0$）。

A. 表元素　　B. 字符　　C. 数据元素　　D. 数据项

E. 信息项

4. 若某线性表最常用的操作是存取任一指定序号的元素，以及在最后进行插入和删除运算，则利用（　　）存储方式最节省时间。

A. 顺序表　　B. 双链表

C. 带头结点的双循环链表　　D. 单循环链表

5. 某线性表中最常用的操作是在最后一个元素之后插入一个元素和删除第一个元素，则采用（　　）存储方式最节省运算时间。

A. 单链表　　B. 仅有头指针的单循环链表

C. 双链表　　D. 仅有尾指针的单循环链表

6. 若一个链表最常用的操作是在末尾插入结点和删除尾结点，则选用（　　）最节省时间。

A. 单链表　　B. 单循环链表

C. 带尾指针的单循环链表　　D. 带头结点的双循环链表

7. 若某表最常用的操作是在最后一个结点之后插入一个结点或删除最后一个结点，则采用（　　）存储方式最节省运算时间。

A. 单链表　　B. 双链表

C. 单循环链表　　D. 带头结点的双循环链表

8. 静态链表中的指针表示的是（　　）。

A. 内存地址　　B. 数组下标

C. 下一元素地址　　D. 左、右孩子地址

9. 链表不具有的特点是（　　）。

A. 插入、删除不需要移动元素　　B. 可随机访问任一元素

C. 不必事先估计存储空间　　D. 所需空间与线性长度成正比

10. 下面叙述中，不正确的是（　　）。

A. 线性表在链式存储时，查找第 i 个元素的时间同 i 的值成正比

B. 线性表在链式存储时，查找第 i 个元素的时间同 i 的值无关

C. 线性表在顺序存储时，查找第 i 个元素的时间同 i 的值成正比

D. 线性表在顺序存储时，查找第 i 个元素的时间同 i 的值无关

11. 对于顺序存储的线性表,访问结点和增加、删除结点的时间复杂度为(　　)。
A. $O(n)$　$O(n)$　B. $O(n)$　$O(1)$　C. $O(1)$　$O(n)$　D. $O(1)$　$O(1)$

二、判断题

1. 链表中的头结点仅起到标识的作用。(　　)
2. 顺序存储结构的主要缺点是不利于插入或删除操作。(　　)
3. 线性表采用链表存储时,结点和结点内部的存储空间可以是不连续的。(　　)
4. 以顺序存储方式执行插入和删除操作时效率太低,因此它不如链式存储方式好。(　　)
5. 对任何数据结构,链式存储结构一定优于顺序存储结构。(　　)
6. 顺序存储方式只能用于存储线性结构。(　　)
7. 集合与线性表的区别在于是否按关键字排序。(　　)
8. 所谓静态链表,就是一直不发生变化的链表。(　　)
9. 线性表的特点是每个元素都有一个前驱和一个后继。(　　)
10. 取线性表的第 i 个元素的时间同 i 的大小有关。(　　)
11. 循环链表不是线性表。(　　)
12. 线性表只能用顺序存储结构实现。(　　)
13. 线性表就是顺序存储的表。(　　)
14. 为了方便地插入和删除数据,可以使用双向链表存放数据。(　　)
15. 顺序存储方式的优点是存储密度大,且插入、删除运算效率高。(　　)
16. 链表是采用链式存储结构的线性表。进行插入、删除操作时,在链表中比在顺序存储结构中效率高。(　　)

三、填空题

1. 当线性表的元素总数基本稳定,且很少进行插入和删除操作,但要求以最快的速度存取线性表中的元素时,应采用________存储结构。

2. 线性表 $L=(a_1,a_2,\cdots,a_n)$ 用数组表示,假定删除表中任一元素的概率相同,则删除一个元素平均需要移动元素的个数是________。

3. 设单链表的结点结构为(data,next),next 为指针域。已知指针 px 指向单链表中 data 为 x 的结点,指针 py 指向 data 为 y 的新结点,若将结点 y 插入结点 x 之后,则需要执行语句:________。

4. 在一个长度为 n 的顺序表的第 i 个元素($1\leqslant i\leqslant n$)之前插入一个元素时,需向后移动________个元素。

5. 在单链表中设置头结点的作用是________。

6. 对于一个具有 n 个结点的单链表,在已知的结点 $*p$ 后插入一个新结点的时间复杂度为__(1)__;在给定值为 x 的结点后插入一个新结点的时间复杂度为__(2)__。

7. 根据线性表的链式存储结构中每个结点包含的指针个数,可将线性链表分成__(1)__和__(2)__;根据指针的连接方式,链表又可分成__(3)__和__(4)__。

8. 在双向循环链表中,向 p 所指的结点之后插入指针 f 所指的结点,操作是________。

四、应用题

1. 线性表有两种存储结构:一是顺序表;二是链表。试问:

(1) 如果有 n 个线性表同时并存,并且在处理过程中各表的长度会动态变化,线性表的总数也会自动改变。在此情况下,应选用哪种存储结构?为什么?

(2) 若线性表的总数基本稳定,且很少进行插入和删除操作,但要求以最快的速度存取线性表中的元素,那么应采用哪种存储结构?为什么?

2. 线性表的顺序存储结构具有 3 个弱点:其一,在做插入或删除操作时,需移动大量元素;其二,由于难以估计,因此必须预先分配较大的空间,这往往使存储空间不能得到充分利用;其三,表的容量难以扩充。线性表的链式存储结构是否一定都能够克服上述 3 个弱点?试讨论。

3. 若较频繁地对一个线性表进行插入和删除操作,该线性表宜采用何种存储结构?为什么?

4. 线性表$(a_1,a_2,\cdots,a_n)$用顺序映射表示时,a_i 和 $a_{i+1}(1\leqslant i<n)$的物理位置相邻吗?用链接表示时呢?

五、算法设计题

1. 假设有两个按元素值递增排列的线性表,均以单链表形式存储。请编写算法,将这两个单链表归并为一个按元素值递减排列的单链表,要求利用原来两个单链表的结点存放归并后的单链表。

2. 已知非空线性链表由 list 指出,链结点的结构为(data,link)。编写一算法,将链表中数据域值最小的那个链结点移到链表的最前面。要求:不得额外申请新的链结点。

3. 线性表$(a_1,a_2,a_3,\cdots,a_n)$中元素有序递增且按顺序存储于计算机内。要求设计一算法,完成:

(1) 用最少时间在表中查找数值为 x 的元素。

(2) 若找到 x,则将其与后继元素交换位置。

(3) 若找不到 x,则将其插入表中,并使表中的元素仍递增有序。

实 训 1

实训目的和要求

- 通过实训,进一步掌握线性表的基本概念和存储方式。
- 完成程序的编写和调试工作。

实训内容

约瑟夫环问题:设编号为 1,2,3,…,n 的 $n(n>0)$个人按顺时针方向围坐一圈,每个人持有一个正整数密码。开始时任选一个正整数作为报数上限 m，从第一个人开始顺时针方向自 1 起顺序报数，报到 m 时停止报数，报 m 的人出列，将他的密码作为新的 m 值，从他的下一个人开始重新从 1 报数。如此下去，直到所有人全部出圈为止。令 n 的值为 30。要求设计一个程序，模拟此过程，求出列编号序列。

实训参考程序

```
class Node(object):

    #链表的结点对象:包含数据域和指针域
    def __init__(self, data=None, next=None):
        self._value = data
        self._next = next

    def get_value(self):
        return self._value
    def get_next(self):
        return self._next
    def set_value(self, new_data):
        self._value = new_data
    def set_next(self, new_next):
        self._next = new_next

class CycleLinkList(object):
    def __init__(self):
        #声明一个尾结点
        self._tail = Node()
        self._tail.set_next(self._tail)
        self._length = 0

    def head(self):
        #链表的第一个元素(除头结点)
        return self._tail.get_next()

    def tail(self):
        #链表的最后一个元素
        return self._tail

    def is_empty(self):
        #判断链表是否为空
        return self._tail.get_next() == self._tail

    def size(self):
```

```
        #链表的大小
        return self._length

    def add(self, value):
        #从头部插入结点
        new_node = Node()
        new_node.set_value(value)
        new_node.set_next(self._tail.get_next())
        self._tail.set_next(new_node)
        self._length += 1

    def append(self, value):
        #从尾部追加结点
        new_node = Node()
        new_node.set_value(value)
        new_node.set_next(self._tail)
        head = self._tail.get_next()
        tmp = head
        while head != self._tail:
            tmp = head
            head = head.get_next()
        tmp.set_next(new_node)
        self._length += 1

    def cycle(self, m):
        #约瑟夫环
        str1 = ""
        current = self._tail
        tmp = self._tail
        while current.get_next() != current:
            count = m
            for i in range(1, count + 1):
                tmp = current
                current = current.get_next()
                if current == self._tail:
                    current = current.get_next()
                    tmp.set_next(current)
                if current.get_next() == current:
                    break
            tmp.set_next(current.get_next())
            str1 += str(current.get_value()) + "-->"
        return str1
if __name__ == '__main__':
```

```
cycle_list = CycleLinkList()
for i in range(1, 6):
    cycle_list.append(i)
current = cycle_list.tail().get_next()
tmp = cycle_list.tail()
l = ""
while current.get_next() != tmp:
    l += str(current.get_value()) + " "
    current = current.get_next()
l += str(current.get_value())
print("初始化遍历链表的值", l)
#出圈顺序
print(cycle_list.cycle(3))
```

第3章 chapter 3

栈与队列

本章导读

栈和队列是两种特殊的线性结构，是线性表特例。在线性表上的插入、删除等操作一般不受限制，而在栈和队列上的插入、删除操作会受某种限制，对它们来说，插入和删除运算均是对首尾两个元素进行的。

本章主要介绍栈和队列的逻辑特征及其在计算机中的存储表示、栈和队列的基本运算的算法描述，以及栈和队列的应用。

教学目标

本章要求掌握以下内容。

- 栈的基本概念和栈的基本运算。
- 栈的应用。
- 队列的基本概念和队列的基本运算。
- 队列的应用。

3.1 栈

3.1.1 栈的定义

栈(Stack)是限定仅在表的一端进行插入或删除操作的线性表。在表中允许进行插入或删除操作的一端称为栈顶(Top)，而另一端称为栈底(Bottom)。栈的插入和删除操作分别称为进栈和出栈。进栈是将一个数据元素存放在栈顶，出栈是将栈顶中的元素取出。若给定栈 $S=(a_1,a_2,\cdots,a_n)$，如图 3-1 所示，a_1 是栈底元素，a_n 是栈顶元素。由于只允许在栈顶进行插入和删除操作，因此栈的操作是按“后进先出”的原则进行的。栈又称为后进先出表，即 LIFO(Last In First Out)线性表。不含元素的栈称为空栈。

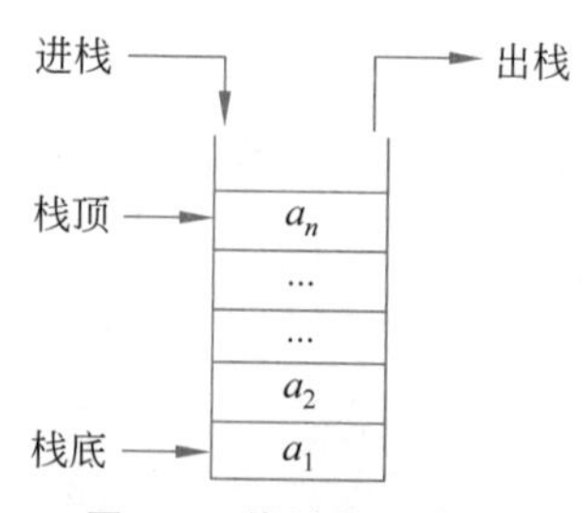

图 3-1 栈结构示意图

日常生活中有许多类似栈的例子,如洗盘子时,把洗净的盘子一个接一个地向上放(相当于进栈),取盘子时,则是从上面一个接一个地向下拿(相当于出栈)。

栈的基本运算有4种。

- 初始化栈:将栈置为空栈,不含任何元素,只建立栈顶指针。
- 进栈:向栈顶插入一个新的元素。
- 出栈:删除栈顶元素。
- 判栈空:判断一个栈是否为空栈。

3.1.2 栈的顺序存储及其基本操作的实现

栈的顺序存储结构,简称顺序栈,它是用一组地址连续的存储单元依次存放自栈底到栈顶的数据元素。栈的Python语言的类定义描述与顺序表的类定义描述类似。

```
class Stack(object):
  def __init__(self,size):
    self.MAX = size                          #栈的大小
    self.s = []                              #用列表存储栈里的元素
    self.top = 0                             #初始化,若 top=0,则为空栈
```

在这个描述中,列表s用于存放栈中的数据元素,栈中可存放数据的最大容量为MAX,栈顶指针为top。

在这里,由于栈顶的位置经常变动,所以要设一个栈顶指针top,用于指向下一次进栈的数据元素的存放位置。当栈中没有数据元素时,栈是空栈,这时top=0。当栈中放满元素时,top = MAX,表示栈满。若再有数据元素进栈,栈将溢出,称为“上溢”(overflow),这是一个错误状态;反之,当top=0时,若再进行出栈操作,则会发生“下溢”(underflow)。在应用中,上溢和下溢通常作为控制程序转移的条件。下面以一个例子说明栈的操作。

设有一个栈 $S=(a,b,c,d,e)$,则MAX为5,栈的顺序存储结构如图3-2所示。其中,图3-2(a)是空栈;图3-2(b)是进栈一个元素 a 之后的栈;图3-2(c)是在图3-2(b)基础上连续将元素 b、c、d、e 进栈之后的栈状况,此时是栈满状况,不允许再有元素进栈;图3-2(d)是在图3-2(c)基础上出栈一个元素后的栈。由此可见,非空栈中的栈顶指针top始终指向栈顶元素的下一个位置。

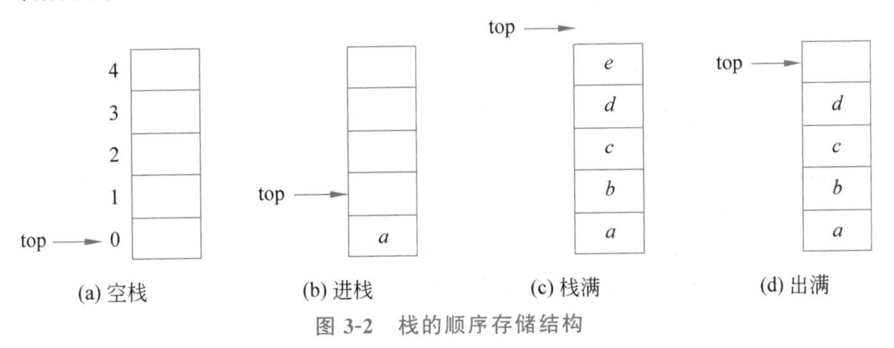

图3-2 栈的顺序存储结构

顺序栈的基本运算有初始化栈、判栈满、进栈、判栈空和出栈,下面分别介绍这几种运算。

1. 初始化栈

初始化栈的算法描述如下。

```
class Stack(object):
  def __init__(self,size):
    self.MAX = size
    self.s = []
    self.top = 0                          #初始化,若 top=0,则为空栈
if __name__ == '__main__':
    s=Stack(50)                           #实例化栈,并把栈的最大容量定义成 50
```

2. 判栈满

在判栈满时,如果栈满,则返回 True;如果栈不满,则返回 False。

```
def stackFull(self):
    if self.top == self.MAX:              #判栈满!!!
        return True
    else:
        return False
```

3. 进栈

进栈是在栈顶插入新的元素。假设栈里原有的数据为 $S=[1,2,3,4,5]$,由于进栈时可能遇到栈满(又称"上溢"),导致操作不能进行,所以此时应调用 stackFull()方法判断栈是否满,如果栈满,就返回"真"值,并提示:"栈已经满,不能进行入栈操作!";如果栈未满,则栈顶指针加 1,插入新元素。进栈的算法描述如下。

例 3-1

```
class Stack(object):
  def __init__(self,size):
    self.MAX = size
    self.s = []
    self.top = 0#初始化,若 top=0,则为空栈
  def stackFull(self):
    if self.top == self.MAX:#判栈满!!!
      return True
    else:
      return False
  def push(self,x):
    if self.stackFull():#进栈之前检查栈是否已满
```

```
            raise Exception("栈已经满,不能进行入栈操作 !")
        else:
            self.s.append(x)
            self.top=self.top+1#push进去的第一个元素下标为1
if __name__ == '__main__':
    s=Stack(50)
    s.s=[1,2,3,4,5]
    while True:
        print("----请选择操作方式----")
        print("----1.入栈\n----0.退出")
        number=int(input())
        if number==1:
            x=eval(input("请输入入栈元素"))
            s.push(x)
            print(s.s)
        elif number==0:
            break
```

执行上述程序,结果如下。

```
----请选择操作方式----
----1.入栈
----0.退出
1
请输入入栈元素 45
[1, 2, 3, 4, 5, 45]
----请选择操作方式----
----1.入栈
----0.退出
1
请输入入栈元素 67
[1, 2, 3, 4, 5, 45, 67]
----请选择操作方式----
----1.入栈
----0.退出
```

从栈的入栈操作算法可以看出,该算法的时间复杂度为 $O(1)$。

4. 判栈空

在判栈空时,如果栈空,则返回 True;如果栈不空,则返回 False。

判栈空的算法描述如下。

```
def stackEmpty(self):
```

```
    if self.top == 0:#判栈空
      return True
    else:
      return False
}
```

5. 出栈

出栈是从栈顶删除元素。由于出栈时可能遇到栈空（又称为“下溢”），导致操作不能进行，所以此时应调用 stackEmpty()方法判断栈是否为空，如果栈空，就返回 True，并提示：“栈已经空，不能进行出栈操作！”；如果栈未空，则栈顶指针减 1，返回出栈元素。出栈的算法描述如下。

出栈算法描述如下。

例 3-2

```
class Stack(object):
  def __init__(self,size):
    self.MAX = size
    self.s = []
    self.top = 0#初始化,若 top=0,则为空栈
  def stackEmpty(self):
    if self.top == 0:#判栈空
      return True
    else:
      return False

  def pop(self):
    if self.stackEmpty():
      raise Exception("栈已经空,不能进行出栈操作 ! !")
    else:
      self.top=self.top-1
      return self.s.pop()#利用 Python 的内建函数 pop()实现弹出
if __name__ == '__main__':
    s=Stack(50)
    s.s=[1,2,3,4,5]
    s.top=5
    while True:
        print("----请选择操作方式----")
        print("----1.出栈\n----0.退出")
        number=int(input())
        if number==1:

            print(s.pop())
```

```
        elif number==0:
            break
```

运行上述程序,结果如下。

```
----请选择操作方式----
----1.出栈
----0.退出
 1
5
----请选择操作方式----
----1.出栈
----0.退出
 1
4
----请选择操作方式----
----1.出栈
----0.退出
```

从栈的出栈操作算法可以看出,该算法的时间复杂度为 $O(1)$。

6. 多个栈共享存储空间

对于进栈算法中的"上溢"情况,应设法避免,而避免出现"上溢"的唯一方法是将栈的容量加到足够大。若一个程序使用多个栈,往往事先难以估计每个栈所需容量,在一个栈发生"上溢"时,其他栈可能还留有很多空间,此时可以用移动数据元素位置的方法加以调整,以达到多个栈共享存储空间的目的。

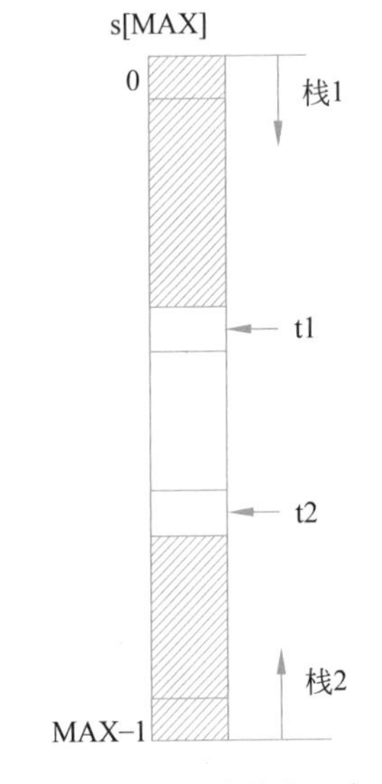

图 3-3 两个栈共享一个存储空间示意图

现在以两个栈为例,讨论共享存储空间(列表 s[MAX],MAX 是预先定义的容量)的方法。可以把两个栈的栈底分别设在给定存储空间的两端,然后各自向中间伸展,如图 3-3 所示,因为此时仅当两个栈的栈顶相遇时才可能发生上溢,这样两个栈之间可以做到互补余缺,使得某个栈实际可利用的最大空间大于 MAX/2。这里设第一个栈自顶向下伸展,第二个栈自底向上伸展,t1 指向第一个栈的栈顶元素的下一个位置,t2 指向第二个栈的栈顶元素的上一个位置,两个栈的初态分别为 t1=0,t2=MAX−1,上溢条件是 t2+1=t1。双栈的 Python 语言描述如下。

```
class Doublestack(object):
    def __init__(self, size):
```

```
        self.s = ['null' for i in range(size)]      #s 栈里初始化均填入 null
        self.MAX = size                              #初始化容量
        self.t1 = -1                                 #第一个栈的栈顶指针
        self.t2 = size                               #第二个栈的栈顶指针
```

下面介绍双栈的入栈、出栈操作。

1）入栈

向第 i 个栈插入元素 x，若插入成功，则输出入栈之后的结果，否则给出栈满信息，算法如下。

例 3-3

```
#两个栈共享入栈操作
class Doublestack(object):
    def __init__(self, size):
        self.s = ['null' for i in range(size)]      #s 栈里初始化均填入 null
        self.MAX = size                              #初始化容量
        self.t1 = -1                                 #第一个栈的栈顶指针
        self.t2 = size                               #第二个栈的栈顶指针

    def StackFull(self):
        if self.t1 + 1 == self.t2:
            print('共享空间栈已满')
            return True
        else:
            return False

    def StackPush(self, flag, data):
        if self.StackFull():
            print('无法再添加数据,栈满')
        else:
            if flag == 1:
                self.t1 += 1
                self.s[self.t1] = data
            else:
                self.t2 -= 1
                self.s[self.t2] = data


if __name__ == '__main__':
    #实例化双栈
    s=Doublestack(10)
    print(s.s)
    while True:
        print("----请选择操作方式----")
```

```
        print("----1.入栈\n----0.退出")
        number=int(input())
        if number==1:
            x=eval(input("请输入入栈元素给 x:"))
            i=eval(input("请输入 1 或者 2 选择向哪个栈进行入栈操作,并将选择赋值
给 i:"))
            s.StackPush(i,x)
            print(s.s)
        elif number==0:
            break
```

运行上述程序,结果如下。

```
['null', 'null', 'null', 'null', 'null', 'null', 'null', 'null', 'null', 'null']
----请选择操作方式----
----1.入栈
----0.退出
1
请输入入栈元素给 x: 12
请输入 1 或者 2 选择向哪个栈进行入栈操作,并将选择赋值给 i: 1
[12, 'null', 'null', 'null', 'null', 'null', 'null', 'null', 'null', 'null']
----请选择操作方式----
----1.入栈
----0.退出
1
请输入入栈元素给 x: 34
请输入 1 或者 2 选择向哪个栈进行入栈操作,并将选择赋值给 i: 2
[12, 'null', 'null', 'null', 'null', 'null', 'null', 'null', 'null', 34]
----请选择操作方式----
----1.入栈
----0.退出
1
请输入入栈元素给 x: 56
请输入 1 或者 2 选择向哪个栈进行入栈操作,并将选择赋值给 i: 1
[12, 56, 'null', 'null', 'null', 'null', 'null', 'null', 'null', 34]
----请选择操作方式----
----1.入栈
----0.退出
```

由前述可知,该算法的时间复杂度为 $O(1)$。

2) 出栈

第 i 个栈出栈算法是,若第 $i(i=1,2)$ 个栈为空,则函数给出栈空的信息,否则显示出栈后栈内数据的变化情况。

例 3-4

```
#两个栈共享出栈操作
class Doublestack(object):
    def __init__(self, size):
        self.s = ['null' for i in range(size)]       #s栈里初始化均填入 null
        self.MAX = size                              #初始化容量
        self.t1 = -1                                 #第一个栈的栈顶指针
        self.t2 = size                               #第二个栈的栈顶指针

    def StackEmpty(self):
        if (self.t1 == -1 and self.t2 == self.size):
            print('共享空间栈为空')
            return True
        else:
            return False

    def StackPop(self, flag):
        if flag == 1:
            self.s[self.t1]='null'
            self.t1-=1
        else:
            self.s[self.t2]='null'
            self.t2+=1

if __name__ == '__main__':
    #实例化双栈
    s=Doublestack(10)
    #出栈前对栈进行初始化操作
    s.s=[34,56,78,'null', 'null', 'null', 'null', 'null',45,90]
    s.t1=2                                           #第一个栈的栈顶指针位置
    s.t2=8                                           #第二个栈的栈顶指针位置
    print(s.s)
    while True:
        print("----请选择操作方式----")
        print("----1.出栈\n----0.退出")
        number=int(input())
        if number==1:
            i=eval(input("请输入 1 或者 2 选择对哪个栈进行出栈操作,并将选择赋值
给 i:"))
            s.StackPop(i)
            print(s.s)
        elif number==0:
            break
```

运行上述程序,结果如下。

```
[34, 56, 78, 'null', 'null', 'null', 'null', 'null', 45, 90]
----请选择操作方式----
----1.出栈
----0.退出
1
请输入 1 或者 2 选择对哪个栈进行出栈操作,并将选择赋值给 i: 1
[34, 56, 'null', 'null', 'null', 'null', 'null', 'null', 45, 90]
----请选择操作方式----
----1.出栈
----0.退出
1
请输入 1 或者 2 选择对哪个栈进行出栈操作,并将选择赋值给 i: 2
[34, 56, 'null', 'null', 'null', 'null', 'null', 'null', 'null', 90]
----请选择操作方式----
----1.出栈
----0.退出
```

由前述可知,该算法的时间复杂度为 $O(1)$。

3.1.3 栈的链式存储及其基本操作的实现

当栈的最大容量事先不能估计时,也可采用链表存储结构,简称为链栈,其结点类型定义为

```
class Node(object):
    def __init__(self, data=None):
        self.data = data                    #链栈的数据域
        self.next = None                    #链栈的指针域
```

设 top 是指向栈顶结点的指针,其初值为空,即在初始状态下,栈中没有任何结点。如图 3-4(a)所示,当把一个数据元素 x 入栈时,先向系统申请一个结点 p,置其数据域值为 x,把 top 结点作为 p 结点的直接后继,top 改指到 p 结点,如图 3-4(b)所示。出栈时,先取出栈顶结点中的数据,然后把该结点链域的值赋给栈顶指针 top,释放该结点,如图 3-4(c)所示。

链栈的主要运算有进栈和出栈。

1. 进栈

当向链栈插入一个新元素时,首先向系统申请一个结点的存储空间,将新元素的值写入新结点的数据域中,然后修改栈顶指针。设要插入的新元素为 x,进栈的算法描述如下。

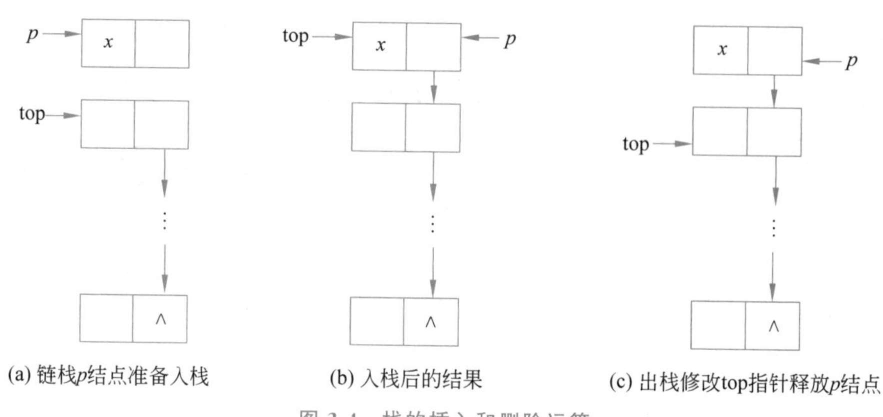

(a) 链栈p结点准备入栈　(b) 入栈后的结果　(c) 出栈修改top指针释放p结点

图 3-4　栈的插入和删除运算

例 3-5

```
class Node(object):
    def __init__(self, data=None):
        self.data = data                          #链栈的数据域
        self.next = None                          #链栈的指针域

class Crea_ListStack(object):
    def __init__(self):
        self.top = Node()
        self.count = 0

    #获取长度
    def get_length(self):
        return self.count

    #判断链栈是否为空,链栈没有满栈情况
    def Empty(self):
        return self.count == 0

    #入栈
    def push(self, x):
        node1 = Node(x)
        if self.Empty():
            self.top = node1
        else:
            node1.next = self.top
            self.top = node1
        self.count += 1

    #输出栈里的元素
    def show_stack(self):
```

```
        s = []
        if self.Empty():
            raise IndexError('栈是空的')
        else:
            j = self.count
            p = self.top
            while j > 0 and p:
                s.append(p.data)
                p = p.next
                j -= 1
            print(s)
if __name__ == '__main__':
    s=Crea_ListStack()
    while True:
        print("----请选择操作方式----")
        print("----1.入栈\n----0.退出")
        number=int(input())
        if number==1:
            x=eval(input("请输入入栈元素给 x:"))
            s.push(x)
            s.show_stack()
        elif number==0:
            break
```

上述程序的运行结果如下。

```
----请选择操作方式----
----1.入栈
----0.退出
1
请输入入栈元素给 x: 34
[34]
----请选择操作方式----
----1.入栈
----0.退出
1
请输入入栈元素给 x: 6
[6, 34]
----请选择操作方式----
----1.入栈
----0.退出
1
请输入入栈元素给 x: 5
```

```
[5, 6, 34]
----请选择操作方式----
----1.入栈
----0.退出
1
请输入入栈元素给 x: 4
[4, 5, 6, 34]
----请选择操作方式----
----1.入栈
----0.退出
1
请输入入栈元素给 x: 3
[3, 4, 5, 6, 34]
----请选择操作方式----
----1.入栈
----0.退出
```

由前述可知，该插入算法的时间复杂度为 $O(1)$。

2. 出栈

出栈时，先取出栈顶元素的值，再修改栈顶指针，最后输出原栈顶结点数据，并显示出栈操作后栈内的数据情况。出栈的算法描述如下。

例 3-6

```
#链栈出栈操作
class Node(object):
    def __init__(self, data=None):
        self.data = data                    #链栈的数据域
        self.next = None                    #链栈的指针域

class Crea_ListStack(object):
    def __init__(self):
        self.top = Node()
        self.count = 0

    #获取长度
    def get_length(self):
        return self.count

    #判断链栈是否为空，链栈没有满栈情况
    def Empty(self):
        return self.count == 0

    #入栈
```

```
    def push(self, x):
        node1 = Node(x)
        if self.Empty():
            self.top = node1
        else:
            node1.next = self.top
            self.top = node1
        self.count += 1
    #出栈
    def pop(self):
        if self.Empty():
            raise IndexError('栈是空的')
        else:
            self.count -= 1
            x=self.top.data
            self.top = self.top.next
            return x

    #输出栈里的元素
    def show_stack(self):
        s = []
        if self.Empty():
            raise IndexError('栈是空的')
        else:
            j = self.count
            p = self.top
            while j > 0 and p:
                s.append(p.data)
                p = p.next
                j -= 1
            print(s)
if __name__ == '__main__':
    s=Crea_ListStack()
    while True:
        print("----请选择操作方式----")
        print("----1.入栈\n----2.出栈\n----0.退出")
        number=int(input())
        if number==1:
            x=eval(input("请输入入栈元素给 x:"))
            s.push(x)
            s.show_stack()
        elif number==2:
            print("将出栈数据赋给 x")
```

```
            x=s.pop()
            print("输出出栈数据")
            print(x)
            print("输出栈里当前数据")
            s.show_stack()
        elif number==0:
            break
```

上述程序的运行结果如下所示。

```
----请选择操作方式----
----1.入栈
----2.出栈
----0.退出
1
请输入入栈元素给 x: 34
[34]
----请选择操作方式----
----1.入栈
----2.出栈
----0.退出
1
请输入入栈元素给 x: 56
[56, 34]
----请选择操作方式----
----1.入栈
----2.出栈
----0.退出
1
请输入入栈元素给 x: 78
[78, 56, 34]
----请选择操作方式----
----1.入栈
----2.出栈
----0.退出
2
将出栈数据赋给 x
输出出栈数据
78
输出栈里当前数据
[56, 34]
----请选择操作方式----
----1.入栈
```

```
----2.出栈
----0.退出
2
将出栈数据赋给 x
输出出栈数据
56
输出栈里当前数据
[34]
----请选择操作方式----
----1.入栈
----2.出栈
----0.退出
```

由前述可知，该算法的时间复杂度为 $O(1)$。

3.1.4 栈的应用举例

栈是计算机软件中应用最广泛的数据结构之一，比如，编译系统中的表达式求值、程序递归的实现、子程序的调用和返回地址的处理等。下面介绍栈的几个应用实例。

1. 算术表达式的计算

表达式求值是编译系统中的一个基本问题，目的是把人们平时书写的算术表达式变成计算机能够理解并能正确求值的表达方法。

算术表达式中包含算术运算符和算术量；各运算符之间存在优先级，运算时必须按优先级顺序进行运算，先运算级别高的，后运算级别低的，而不能简单地从左到右进行运算。因此，进行表达式运算时，必须设置两个栈：一个栈用于存放运算符；另一个栈用于存放操作数。在表达式运算过程中，编译程序从左到右进行扫描，遇到操作数，就把操作数放入操作数栈；遇到运算符时，要比较该运算符与运算符栈的栈顶。如果该运算符的优先级高于栈顶运算符的优先级，就把该运算符进栈，否则退栈。退栈后，在操作数栈中退出两个元素，其中先退出的元素在运算符右，后退出的元素在运算符左，然后用运算符栈中退出的栈顶元素（运算符）进行运算，运算的结果存入操作数栈中。反复进行上述操作，直到扫描结束。此时，运算符栈为空，操作数栈只有一个元素，即最终的运算结果。

例 3-7 用栈求表达式 6－8/4＋3＊5 的值，栈的变化见表 3-1。

表 3-1 用栈求表达式 6－8/4＋3＊5 的值

步 骤	操作数栈	运算符栈	说 明
开始			开始时两个栈为空
1	6		扫描到“6”，进入操作数栈
2	6	－	扫描到“－”，进入运算符栈
3	6 8	－	扫描到“8”，进入操作数栈

续表

步骤	操作数栈	运算符栈	说明
4	6 8	-/	扫描到"/",进入运算符栈
5	6 8 4	-/	扫描到"4",进入操作数栈
6	6	-	扫描到"+",则"/","8","4"退栈
7	6 2	-	计算 8/4=2,进入操作数栈
8			扫描到"+",则"-","6","2"退栈
9	4		6-2=4,进入操作数栈
10	4	+	扫描到"+",进入运算符栈
11	4 3	+	扫描到"3",进入操作数栈
12	4 3	+ *	扫描到"*",进入运算符栈
13	4 3 5	+ *	扫描到"5",进入操作数栈
14	4	+	扫描完,"*","3","5"退栈
15	4 15	+	3*5=15,进入操作数栈
16			"+","4","15"退栈
17	19		4+15=19,进入操作数栈
18	19		表达式的值为 19

2. 函数递归的实现

递归是程序设计中常用的方法之一,栈的一个重要应用是可以实现递归函数(或递归过程)。

例 3-8 通常用来说明递归的最简单的例子是阶乘的定义,它可以表示为

$$n! = \begin{cases} 1 & n = 0,1 \\ n(n-1)! & n > 1 \end{cases}$$

由定义可知,为了定义 n 的阶乘,必须先定义 $(n-1)$ 的阶乘;为了定义 $(n-1)$ 的阶乘,又必须定义 $(n-2)$ 的阶乘……这种用自身的简单情况定义自己的方式,称为"递归定义"。一个递归定义必须一步比一步简单,而且最后是有终结的,绝不能无限循环下去。在 n 的阶乘定义中,当 n 为 0 或 1 时定义为 1,它就不再用递归定义。根据阶乘的定义,编写的 Python 语言程序如下。

例 3-9

```
#用递归函数求 n 阶乘的值
def Fac(i):
    if i==0:
        return 1
```

```
    else:
        return i * Fac(i-1)#因为 n!=n*(n-1)!,所以直接调用自身
if __name__=='__main__':
    n=int(input('请输入阶乘数:'))
    print('%d !值为 %3d' %(n,Fac(n)))
```

运行上述程序,结果如下。

```
请输入阶乘数: 5
5 !值为 120
```

由上述程序的运行过程可知,递归求阶乘的算法时间主要花费在递归调用函数的次数,这与 n 的大小有关,因此该算法的时间复杂度为 $O(n)$。

函数直接或间接调用自身称为函数的递归调用,包含递归调用的函数称为递归函数。若函数 Fac(n)中含直接调用函数 Fac(),则称为直接递归调用。若函数 a 中调用函数 b,而函数 b 中又调用了函数 a,则称为间接递归调用。

实现递归调用的关键是建立一个栈,这个栈是由系统提供的运行工作栈。计算机在执行递归算法时,是通过栈来实现的。在一层层递归调用时,系统自动将其返回地址和每一调用层的变量数据一一记下并进栈。返回时,变量数据一一出栈并且被采用。图 3-5 所示展示了递归调用的执行情况,由此可以看到,由于主函数中调用了 Fac(4),Fac 函数共被调用 4 次,即 Fac(4)、Fac(3)、Fac(2)、Fac(1)。其中 Fac(4)是在 main()函数中调用的,其余 3 次是在 Fac()函数中调用的。在某一层递归调用时,并未立即得到结果,而是进一步向深度递归调用,直到最内层函数执行 $n=1$ 时,Fac(n)才有结果。然后在依次返回时,不断得到中间结果,直至回到主程序得到 n!的最终结果为止。

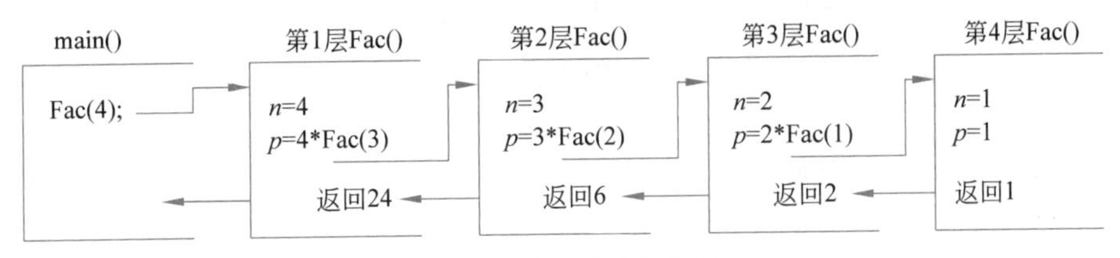

图 3-5 递归调用示意图

实际上,递归是把一个不能或不方便直接求解的“大问题”转换成一个或几个“小问题”,再把这些“小问题”进一步分解成更小的“小问题”,如此分解,直至每个“小问题”都可以直接解决(此时分解到递归出口)。当然,被分解的“小问题”和“大问题”必须具有相同的特征属性。

虽然递归算法简明、精炼,但运行效率较低,时空开销较大,并且某些高级语言没有提供递归调用的语句及功能,因此,在实际应用中往往会使用非递归方法。为了提高程序设计的能力,有必要进行由递归方法到非递归方法的基本训练。通过前面对递归算法的分析,我们已经知道,系统内部是借助栈实现递归的,因此,在设计相应的非递归算法时,也需要人为设置一个栈来实现,具体实现过程将在 5.2.4 节中详细介绍。

3.2 队　　列

3.2.1 队列的定义

队列(Queue)是限定只能在表的一端进行插入，在表的另一端进行删除的线性表。表中允许插入的一端称为队尾(rear)，允许删除的一端称为队首(front)。

假设队列为 $Q=(a_1,a_2,a_3,\cdots,a_n)$，那么 a_1 就是队首元素，a_n 则是队尾元素。队列中的元素是按照 $a_1,a_2,a_3,\cdots,a_n$ 的顺序进入的，出队列也只能按照这个次序依次退出，图 3-6 所示为队列的示意图。队列又称先进先出表(First In First Out，FIFO)。如果队列中没有任何元素，则称为空队列，否则称为非空队列。

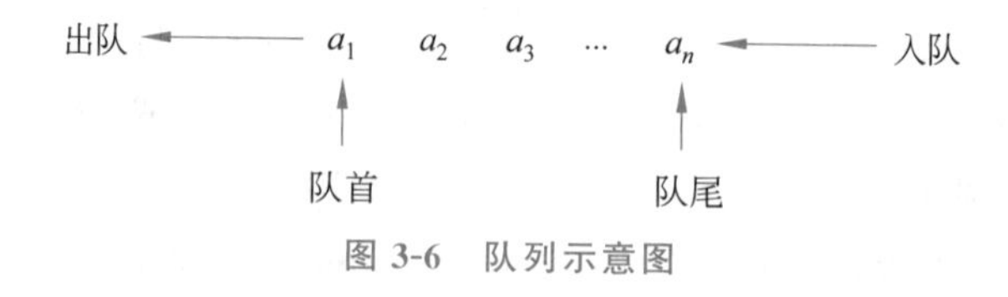

图 3-6　队列示意图

日常生活中有许多队列的例子，如顾客排队购物，排在队伍前面的顾客先买，先离队；排在队伍后面的顾客后买，后离队。队列的基本运算有 5 种。

- 初始化队列：将一个队列设置为空队列。
- 入队列：在队尾插入一个新的元素，也称进队或插入。
- 出队列：在队首删除一个元素，又称退队或删除。
- 取队首元素：得到队首元素的值。
- 判队空：判断队列是否为空队列。

3.2.2 队列的顺序存储及其基本操作的实现

队列的顺序存储结构称为顺序队列(Sequential Queue)。顺序队列与顺序表一样，用一个一维数组存放数据元素。在内存中，用一组连续的存储单元顺序存放队列中的各元素。队列的 Python 语言描述如下。

```
class Queue(object):
    def __init__(self, size):
        self.MAX = size                    #定义队列的尺寸
        self.q = []                        #定义队列元素存放的列表
```

在这个描述中，用一列表 q[]表示队列，其中 MAX 表示队列允许的最大容量，用一个指针 front 指示队列的首端，用另一个指针 rear 指示队列的尾端。为方便起见，约定头指针 front 指向队首的前一个位置，尾指针 rear 指向队尾所在位置。

在队列顺序存储结构中，如图 3-7 所示，队首指针和队尾指针是数据元素的下标。在队列为空的初始状态 front=rear=−1。每当向队列中插入一个元素，尾指针 rear 向后移动一位，即 rear＝rear＋1。当 rear＝MAX－1 时，表示队满。每当从队列中删除一个元素时，队首指针也向后移动一位，即 front＝front＋1。经过多次入队和出队运算，可能出现 front＝rear 的时候，这时队列为空。

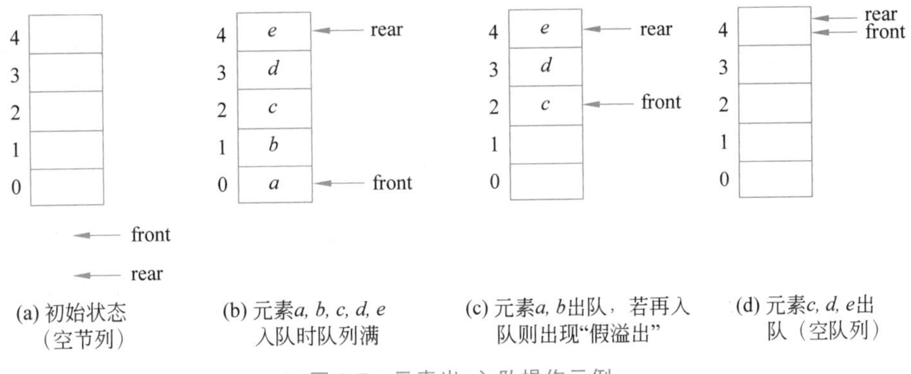

图 3-7　元素出、入队操作示例

下面给出顺序队列中实现入队与出队运算的算法描述。

1. 入队

在顺序队列中入队时，数据元素是从队尾进入的，此时应该先改变队尾指针，使队尾指针指向新元素应插入的位置，即队尾位置，然后将数据插入。由于顺序队列有上界，因此插入时会发生队满的情况，此时应返回队满信息。

例 3-10

```
#队列入队
class Queue(object):
  def __init__(self,size):
    self.MAX = size                  #队列最大尺寸
    self.q = []                      #队列初始化为空列表
    self.front = -1                  #初始化,若 front=-1,则为空队列
    self.rear = -1                   #初始化,若 rear=-1,则为空队列
  def enqueueFull(self):
    if self.rear == self.MAX:#判队列满!!!
      return True
    else:
      return False
  def inqueue(self,x):
    if self.enqueueFull():#入队之前检查队列是否已满
      raise Exception("队列已经满,不能进行入队操作 !")
    else:
      self.rear=self.rear+1          #队尾指针加 1
      self.q.append(x)               #元素入队

if __name__ == '__main__':
```

```
    q=Queue(50)                                    #实例化队列,并设队列最多存放元素个数
    q.q=[1,2,3,4,5]                                #初始化队列
    q.rear=4                                       #修改队尾指针到合适位置
    while True:
        print("----请选择操作方式----")
        print("----1.入队\n----0.退出")
        number=int(input())
        if number==1:
            x=eval(input("请输入入队元素"))
            q.inqueue(x)                           #调用入队方法
            print(q.q)                             #输出队列中的全部元素
        elif number==0:
            break
```

运行上述程序,结果如下。

```
----请选择操作方式----
----1.入队
----0.退出
1
请输入入队元素 45
[1, 2, 3, 4, 5, 45]
----请选择操作方式----
----1.入队
----0.退出
1
请输入入队元素 56
[1, 2, 3, 4, 5, 45, 56]
----请选择操作方式----
----1.入队
----0.退出
```

由前述可知,该算法的时间复杂度为 $O(1)$。

2. 出队

出队是将队首指针所指元素取出。但在队列结构定义时,队首指针指向队首元素的前一个位置,因此应先使队首指针加 1,然后取出队首指针所指元素。当队列为空时,函数给出队列为空的信息。

例 3-11

```
#队列出队
class Queue(object):
  def __init__(self,size):
    self.MAX = size                                #队列最大尺寸
```

```
        self.q = []                       #队列初始化为空列表
        self.front = -1                   #初始化,若 front=-1,则为空队列
        self.rear = -1                    #初始化,若 rear=-1,则为空队列

    def isempty(self):
        if self.rear==self.front:#判断队列为空
            return True
        else:
            return False
    def delqueue(self):
        if self.isempty():#出队之前检查队列是否已空
            raise Exception("队列已经空,不能进行出队操作 !")
        else:
            self.front=self.front+1
            x=self.q[self.front]
            #del(self.q[self.front])
        return x


if __name__ == '__main__':
    q=Queue(50)                           #实例化队列,并设队列最多存放元素个数
    q.q=[1,2,3,4,5]                       #初始化队列
    q.rear=4                              #修改队尾指针到合适位置
    q.front=-1                            #front 指向出队元素的前一个位置
    while True:
        print("----请选择操作方式----")
        print("----1.出队\n----0.退出")
        number=int(input())
        if number==1:
            x=q.delqueue()
            print("出队元素放入 x %d:" % x)
            print("出队后队列中的元素为")
            for i in range(q.front+1,len(q.q)):
                print(q.q[i],end="  ")
        elif number==0:
            break
```

运行上述程序,结果如下。

```
----请选择操作方式----
----1.出队
----0.退出
1
```

```
出队元素放入 x 1:
出队后队列中的元素为
2  3  4  5  ----请选择操作方式----
----1.出队
----0.退出
1
出队元素放入 x 2:
出队后队列中的元素为
3  4  5  ----请选择操作方式----
----1.出队
----0.退出
```

由前述可知,该算法的运行时间主要花在循环完成队列中剩余元素的输出上,因此该算法的时间复杂度为 $O(n)$。

3. 循环队列

若存储队列的一维数组中所有位置上都有元素,即尾指针指向一维数组结尾,而头指针指向一维数组开头,则队满,此时不能再向队列中插入元素。

但可能会出现这种情况,尾指针指向一维数组结尾,但前面有元素已经出队,这时要插入元素,仍然发生溢出,而实际上队列并未满,这种溢出称为“假溢出”,如图 3-7(c)所示。克服“假溢出”的方法有两种：一种是将队列中的所有元素均向最前端位置移动,显然这种方法很浪费时间;另一种方法是采用循环队列,将存储队列的存储区看成一个首尾相连的环,即将表示队列的数组元素 q[0]与 q[MAX－1]连接起来,形成一个环形表,如图 3-8 所示。

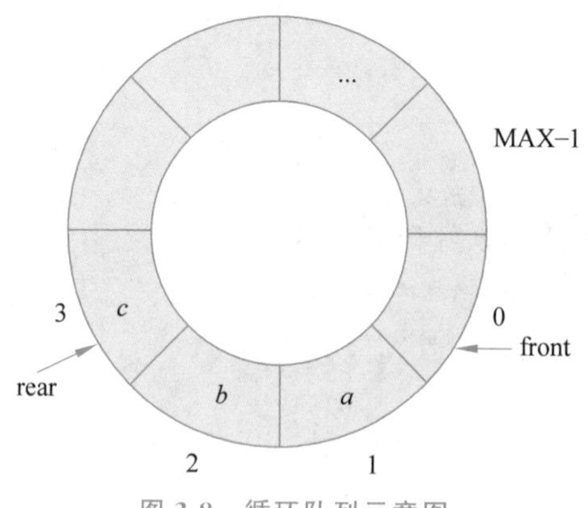

图 3-8　循环队列示意图

在循环队列中,容量设为 MAX,队首指针为 front,队尾指针为 rear,初始状态为 front＝rear＝0。若循环队列空,则标记为 rear＝front;若循环队列满,则标记为(rear＋1)%MAX＝front,这样,在循环队列满时,队列中实际上还有一个空闲单元,以防止空队与满队的标记发生冲突。当然,也可以另设标记区分队满和队空,但运算时要多花费一些时间。图 3-9 所示给出了循环队列的入队、出队与指针的关系。

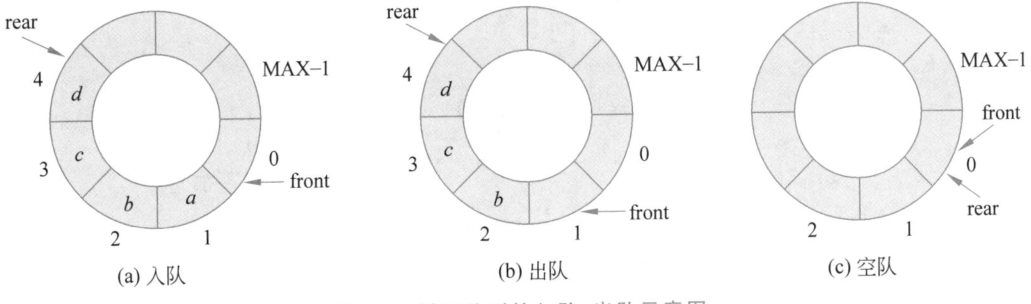

图 3-9 循环队列的入队、出队示意图

下面给出在循环队列中实现进队与出队运算的算法描述。

循环队列存储在数组 q[MAX]中，队尾指针为 rear，队首指针为 front。

1）入队

要将一个新元素 x 入队并从队尾插入，首先要判断队是否满；若队满，则返回队满信息；若队不满，则插入新元素，并输出插入成功后队列中的全部元素，算法描述如下。

例 3-12

```
#循环队在队尾插入新元素
class Queue(object):
  def __init__(self,size):
    self.MAX = size                          #队列最大容量
    self.q = []                              #队列初始化为空列表
    self.front = 0                           #初始化,若 front=0,则为空队列
    self.rear = 0                            #初始化,若 rear=0,则为空队列
  def enqueueFull(self):
    if self.rear%self.MAX == self.front:#判队列满!!!
      return True
    else:
      return False
  def inqueue(self,x):
    if self.enqueueFull():#入队之前检查栈是否已满
      raise Exception("队列已经满,不能进行入栈操作 !")
    else:
      self.rear=(self.rear+1)%self.MAX#队尾指针加 1
      i=self.rear
      self.q[i]=x #元素入队

if __name__ == '__main__':
    q=Queue(50) #实例化队列,并设队列最多存放元素个数
    q.q=[1,2,3,4,5,'null','null','null']     #初始化队列,用'null'代表空数据
    q.rear=4                                 #修改队尾指针到合适位置
    while True:
```

```
        print("----请选择操作方式----")
        print("----1.入队\n----0.退出")
        number=int(input())
        if number==1:
            x=eval(input("请输入入队元素"))
            q.inqueue(x)                                #调用入队方法
            print(q.q)                                  #输出队列中的全部元素
        elif number==0:
            break
```

上述程序的运行结果如下。

```
----请选择操作方式----
----1.入队
----0.退出
1
请输入入队元素 34
[1, 2, 3, 4, 5, 34, 'null', 'null']
----请选择操作方式----
----1.入队
----0.退出
1
请输入入队元素 56
[1, 2, 3, 4, 5, 34, 56, 'null']
----请选择操作方式----
----1.入队
----0.退出
```

由前述可知，该算法的时间复杂度为 $O(1)$。

2）出队

在出队时要判断队是否为空，若队为空，则显示队空信息；若队不为空，则将队首元素出队并显示，函数调用结束后显示队列中剩余的全部元素，算法描述如下。

例 3-13

```
#循环队在队尾插入新元素
class Queue(object):
  def __init__(self,size):
    self.MAX = size                         #队列最大容量
    self.q = []                             #队列初始化为空列表
    self.front = 0                          #初始化，若 front=0，则为空队列
    self.rear = 0                           #初始化，若 rear=0，则为空队列

  def isempty(self):
        if self.rear==self.front:       #判断队列为空
```

```
            return True
        else:
            return False
    def delqueue(self):
        if self.isempty():                #出队之前检查队列是否已空
            raise Exception("队列已经空,不能进行出队操作 !")
        else:
            self.front=(self.front+1)%self.MAX
            x=self.q[self.front]

            #del(self.q[self.front])
        return x

if __name__ == '__main__':
    q=Queue(10) #实例化队列,并设队列最多存放元素个数
    #初始化队列用'null'代表空数据,因为循环队列的空队条件为 front=rear=0,因此列
    #表第一个元素位置设置为 null
    q.q=['null',1,2,3,4,5,'null','null','null','null']
    q.rear=9                              #修改队尾指针到合适位置
    while True:
        print("----请选择操作方式----")
        print("----1.出队\n----0.退出")
        number=int(input())
        if number==1:
            x=q.delqueue()
            print("出队元素放入 x %d:" % x)
            print("出队后队列中的元素为")
            for i in range(q.front+1,len(q.q)):
                print(q.q[i],end="  ")
        elif number==0:
            break
```

上述程序的运行结果如下。

```
----请选择操作方式----
----1.出队
----0.退出
1
出队元素放入 x 1:
出队后队列中的元素为
2  3  4  5  null  null  null  null
----请选择操作方式----
----1.出队
```

```
----0.退出
1
出队元素放入 x 2:
出队后队列中的元素为
3  4  5  null  null  null  null
----请选择操作方式----
----1.出队
----0.退出
```

由前述可知，该算法的运行时间主要花在循环完成队列中剩余元素的输出上，因此该算法的时间复杂度为 $O(n)$。

3.2.3 队列的链式存储及其基本操作的实现

顺序分配的循环队列虽然设计得很巧妙，但若有多个队列共享内存，则比多个栈共享内存空间更为复杂。而链式存储的队列可以很容易地实现多个队列共享内存空间。

当队列采用链表作为存储结构时，被称为链队，其逻辑状态如图 3-10 所示。

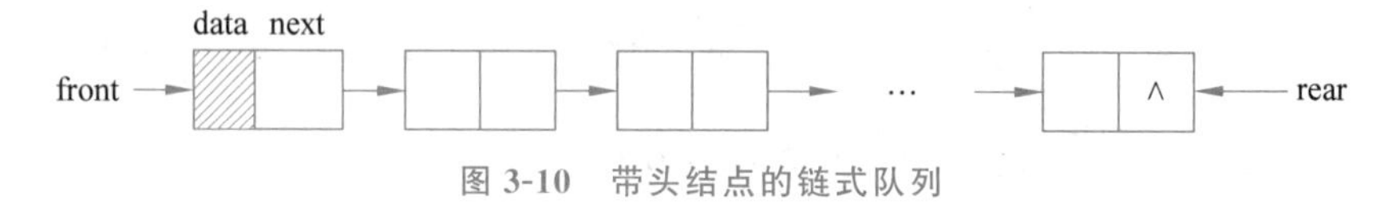

图 3-10 带头结点的链式队列

链队列的结点类型用 Python 语言描述如下。

```
class Node():
    def __init__(self):
        self.data = None                    #定义结点的数据域
        self.next = None                    #定义结点的指针域
```

在链队列中，有一个头指针 front 和一个尾指针 rear。与单链表类似，链队列需要另外增加一个附加表头结点。队列头指针指向队列的队头结点，队列尾指针指向队列的队尾结点。队列为空的条件是 front＝rear，即头、尾指针都指向队头结点。链队列的入队运算在队尾进行，链队列的出队运算在队首进行。

1. 入队

将 x 加到链队列的尾部，并输出插入 x 后队列中的全部数据，算法描述如下。

例 3-14

```
#链队入队操作
class Node():
    def __init__(self):
        self.data = None                    #定义结点的数据域
        self.next = None                    #定义结点的指针域
```

```
class LinkQueue():
    def __init__(self):
        t=Node()
        self.front = t
        self.rear = t
    #判断链队列是否为空
    def Empty(self):
        if self.front == self.rear:
            iQueue = True
        else:
            iQueue = False
        return iQueue
    #进队列
    def EnQueue(self,da):
        t= Node()
        t.data=da
        if self.front==self.rear:
            self.front.next=t
            self.rear.next=t
            self.rear=t
        else:
            self.rear.next = t
            self.rear = t
        #print("当前进队的元素为:",da)
    #遍历顺序队列内的所有元素
    def QueueTraverse(self):

        if self.Empty():
            print("队列为空")
            return
        else:
            t=self.front.next
            while t != self.rear:
                #输出队尾指针前面的元素
                print(t.data,end=" ")
                t=t.next
            #输出队尾指针所在的元素
            print(t.data,end=" ")


if __name__ == '__main__':
    s=LinkQueue()
    while True:
        print()
```

```
        print("----请选择操作方式----")
        print("----1.入队\n----0.退出")
        number=int(input())
        if number==1:
            x=eval(input("请输入入队元素给 x:"))
            s.EnQueue(x)
            s.QueueTraverse()
        elif number==0:
            break
```

上述程序的运行结果如下。

```
----请选择操作方式----
----1.入队
----0.退出
1
请输入入队元素给 x:23
23
----请选择操作方式----
----1.入队
----0.退出
1
请输入入队元素给 x:34
23 34
----请选择操作方式----
----1.入队
----0.退出
1
请输入入队元素给 x:56
23 34 56
----请选择操作方式----
----1.入队
----0.退出
```

由上所述，链队入队算法设计的时间主要花费在运用循环输出队列中的数据，因此该算法的时间复杂度为 $O(n)$。

2. 出队

出队操作是调用出队函数从链队列中删除队首元素，并将出队元素返回输出。若队列为空，则给出提示信息“队列为空”，同时输出 None，算法描述如下。

例 3-15

```
#链队出队算法
class Node():
```

```
    def __init__(self):
        self.data = None                    #定义结点的数据域
        self.next = None                    #定义结点的指针域
class LinkQueue():
    def __init__(self):
        t=Node()
        self.front = t
        self.rear = t
    #判断队列是否为空
    def Empty(self):
        if self.front == self.rear:
            iQueue = True
        else:
            iQueue = False
        return iQueue
    #进队列
    def EnQueue(self,da):
        t= Node()
        t.data=da
        if self.front==self.rear:
            self.front.next=t
            self.rear.next=t
            self.rear=t
        else:
            self.rear.next = t
            self.rear = t
    #出队列
    def DeQueue(self):
        if self.Empty():
            print("队列为空")
            return
        else:
            p= self.front.next
            self.front.next = p.next
            if self.rear == p:
                self.rear = self.front
            return p.data
    #遍历链队列内的所有元素
    def QueueTraverse(self):

        if self.Empty():
            print("队列为空")
            return
```

```
        else:
            t=self.front.next
            while t != self.rear:
                #输出队尾指针前面的元素
                print(t.data,end=" ")
                t=t.next
            #输出队尾指针所在的元素
            print(t.data,end=" ")

if __name__ == '__main__':
    s=LinkQueue()
    while True:
        print()
        print("----请选择操作方式----")
        print("----1.入队\n----2.出队\n----0.退出")
        number=int(input())
        if number==1:
            x=eval(input("请输入入队元素给 x:"))
            s.EnQueue(x)
            s.QueueTraverse()
        elif number==2:
            print("当前出队元素为:")
            print(s.DeQueue(),end=" ")
        elif number==0:
            break
```

上述程序的运行结果如下。

```
----请选择操作方式----
----1.入队
----2.出队
----0.退出
1
请输入入队元素给 x:23
23
----请选择操作方式----
----1.入队
----2.出队
----0.退出
1
请输入入队元素给 x:34
23 34
----请选择操作方式----
```

```
----1.入队
----2.出队
----0.退出
1
请输入入队元素给 x:56
23 34 56
----请选择操作方式----
----1.入队
----2.出队
----0.退出
2
当前出队元素为:
23
----请选择操作方式----
----1.入队
----2.出队
----0.退出
2
当前出队元素为:
34
----请选择操作方式----
----1.入队
----2.出队
----0.退出
```

由前述算法描述可知，该算法的时间复杂度为$O(1)$。

3.2.4 队列的应用举例

队列在日常生活和计算机程序设计中应用非常广泛，下面举两个计算机应用方面的例子。

1. 打印数据缓冲区问题

在打印机打印的时候，数据是由主机传送给打印机的。由于主机输出数据的速度比打印机打印的速度快得多，若直接把输出的数据送给打印机，由于速度不匹配，主机就要等待打印机的打印工作，而不能进行其他工作，这样就大大影响了主机的工作效率。

为了解决这个问题，通常在内存中设置一个打印数据缓冲区。缓冲区是一块连续的存储空间，一般把它设计成循环队列结构，主机把要打印的数据依次写入这个缓冲区中，写满后就暂停输出，主机此时可以进行其他工作。打印机从缓冲区按照先进先出的原则依次取出数据并打印，打印完这批数据后，再向主机发出请求；主机接到请求后，再向缓冲区写入打印数据。

由上可以看出，利用缓冲区，解决了计算机数据处理与打印机打印速度不匹配的问题，从而提高了计算机的工作效率。

2. 键盘输入循环缓冲区问题

键盘输入是另一个循环队列在计算机操作系统中应用的实例。例如，当程序正在执行某一任务时，用户仍然可以从键盘输入其他内容。用户输入的内容暂时未能在屏幕上显示出来，当程序的当前任务结束时，用户输入的内容才显示出来。

在这个过程中，系统将检测到的键盘输入先存储到一个缓冲区中，当系统当前任务结束后，就从键盘缓冲区依次取出已输入的字符，并按要求进行处理。这个缓冲区是系统设置的一个键盘缓冲区，也采用了循环队列方式。系统利用循环队列的工作方式，对字符按次序处理。循环结构又可以控制缓冲区的大小，有效地利用了存储空间。

3.3 本章小结

(1) 栈是一种运算受到限制的特殊线性表，它仅允许在线性表同一端进行插入和删除操作。栈是一种后进先出的线性表，简称为 LIFO 表。

(2) 栈在日常生活和计算机程序设计中有广泛的应用，如算术表达式求值和递归调用等。

(3) 队列也是一种运算受到限制的特殊线性表，它仅允许在线性表的一端进行插入，在另一端进行删除。队列是一种先进先出的特殊线性表，简称为 FIFO 表。

(4) 队列的链式存储结构与单链表类似，但删除结点只能在表头，插入元素只能在表尾。

习题 3

一、选择题

1. 对于栈，操作数据的原则是(　　)。

A. 先进先出　　B. 后进先出　　C. 后进后出　　D. 不分顺序

2. 在做进栈运算时，应先判别栈是否(①)；在做退栈运算时，应先判别栈是否(②)。当栈中元素为 n 个，做进栈运算时发生上溢，则说明该栈的最大容量为(③)。

为了增加内存空间的利用率和减少溢出的可能性，由两个栈共享一片连续的内存空间时，应将两栈的(④)分别设在这片内存空间的两端，这样，当(⑤)时，才产生上溢。

①，②：A. 空　　B. 满　　C. 上溢　　D. 下溢

③：A. $n-1$　　B. n　　C. $n+1$　　D. $n/2$

④：A.　　B. 深度　　C. 顶　　D. 栈底

⑤：A. 两个栈的栈顶同时到达栈空间的中心点

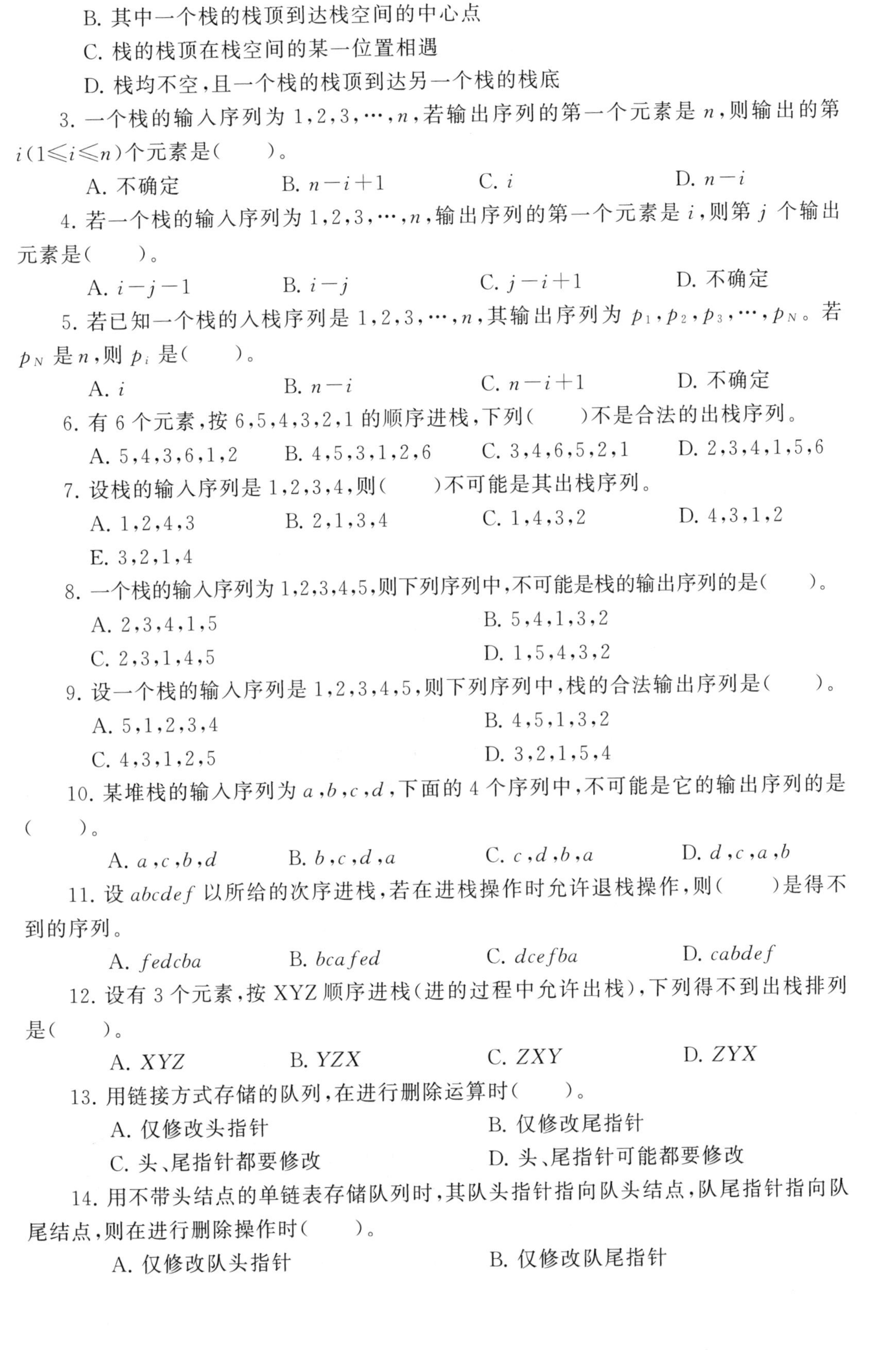

B. 其中一个栈的栈顶到达栈空间的中心点

C. 栈的栈顶在栈空间的某一位置相遇

D. 栈均不空，且一个栈的栈顶到达另一个栈的栈底

3. 一个栈的输入序列为 $1,2,3,\cdots,n$，若输出序列的第一个元素是 n，则输出的第 $i(1\leqslant i\leqslant n)$ 个元素是（　　）。

A. 不确定　　B. $n-i+1$　　C. i　　D. $n-i$

4. 若一个栈的输入序列为 $1,2,3,\cdots,n$，输出序列的第一个元素是 i，则第 j 个输出元素是（　　）。

A. $i-j-1$　　B. $i-j$　　C. $j-i+1$　　D. 不确定

5. 若已知一个栈的入栈序列是 $1,2,3,\cdots,n$，其输出序列为 $p_1,p_2,p_3,\cdots,p_N$。若 p_N 是 n，则 p_i 是（　　）。

A. i　　B. $n-i$　　C. $n-i+1$　　D. 不确定

6. 有 6 个元素，按 6,5,4,3,2,1 的顺序进栈，下列（　　）不是合法的出栈序列。

A. 5,4,3,6,1,2　　B. 4,5,3,1,2,6　　C. 3,4,6,5,2,1　　D. 2,3,4,1,5,6

7. 设栈的输入序列是 1,2,3,4，则（　　）不可能是其出栈序列。

A. 1,2,4,3　　B. 2,1,3,4　　C. 1,4,3,2　　D. 4,3,1,2

E. 3,2,1,4

8. 一个栈的输入序列为 1,2,3,4,5，则下列序列中，不可能是栈的输出序列的是（　　）。

A. 2,3,4,1,5　　B. 5,4,1,3,2

C. 2,3,1,4,5　　D. 1,5,4,3,2

9. 设一个栈的输入序列是 1,2,3,4,5，则下列序列中，栈的合法输出序列是（　　）。

A. 5,1,2,3,4　　B. 4,5,1,3,2

C. 4,3,1,2,5　　D. 3,2,1,5,4

10. 某堆栈的输入序列为 a,b,c,d，下面的 4 个序列中，不可能是它的输出序列的是（　　）。

A. a,c,b,d　　B. b,c,d,a　　C. c,d,b,a　　D. d,c,a,b

11. 设 $abcdef$ 以所给的次序进栈，若在进栈操作时允许退栈操作，则（　　）是得不到的序列。

A. $fedcba$　　B. $bcafed$　　C. $dcefba$　　D. $cabdef$

12. 设有 3 个元素，按 XYZ 顺序进栈（进的过程中允许出栈），下列得不到出栈排列是（　　）。

A. XYZ　　B. YZX　　C. ZXY　　D. ZYX

13. 用链接方式存储的队列，在进行删除运算时（　　）。

A. 仅修改头指针　　B. 仅修改尾指针

C. 头、尾指针都要修改　　D. 头、尾指针可能都要修改

14. 用不带头结点的单链表存储队列时，其队头指针指向队头结点，队尾指针指向队尾结点，则在进行删除操作时（　　）。

A. 仅修改队头指针　　B. 仅修改队尾指针

C. 队头、队尾指针都要修改　　　　D. 队头、队尾指针都可能要修改

15. 递归过程或函数调用时,处理参数及返回地址,要用一种称为(　　)的数据结构。

A. 队列　　B. 多维数组　　C. 栈　　D. 线性表

二、判断题

1. 消除递归不一定需要使用栈。(　　)
2. 栈是实现过程和函数等子程序所必需的结构。(　　)
3. 两个栈共用静态存储空间,队头使用也存在空间溢出问题。(　　)
4. 两个栈共享一片连续内存空间时,为提高内存利用率,减少溢出机会,应把两个栈的栈底分别设在这片内存空间的两端。(　　)
5. 即使对不含相同元素的同一输入序列进行两组不同的合法的入栈和出栈组合操作,所得的输出序列也一定相同。(　　)
6. 栈与队列是一种特殊操作的线性表。(　　)
7. 若输入序列为1,2,3,4,5,6,则通过一个栈可以输出序列3,2,5,6,4,1。(　　)
8. 栈和队列都是限制存取点的线性结构。(　　)
9. 若输入序列为1,2,3,4,5,6,则通过一个栈可以输出序列1,5,4,6,2,3。(　　)
10. 任何一个递归过程都可以转换成非递归过程。(　　)
11. 只有使用了局部变量的递归过程在转换成非递归过程时才必须使用栈。(　　)
12. 队列是一种插入与删除操作分别在表的两端进行的线性表,是一种先进后出的结构。(　　)
13. 通常使用队列处理函数或过程的调用。(　　)
14. 队列逻辑上是一个下端和上端既能增加又能减少的线性表。(　　)
15. 循环队列通常用指针实现队列的头尾相接。(　　)
16. 循环队列也存在空间溢出问题。(　　)
17. 队列和栈都是运算受限的线性表,只允许在表的两端进行运算。(　　)
18. 栈和队列都是线性表,只是在插入和删除时受到了一些限制。(　　)
19. 栈和队列的存储方式既可以是顺序方式,又可以是链式方式。(　　)

三、填空题

1. 栈是___(1)___的线性表,其运算遵循___(2)___的原则。
2. ________是限定仅在表尾进行插入或删除操作的线性表。
3. 一个栈的输入序列是1,2,3,则不可能的栈输出序列是________。
4. 两个栈共享空间时栈满的条件是________。
5. 在做进栈运算时,应先判别栈是否___(1)___;在做栈运算时,应先判别栈是否___(2)___;当栈中元素为n个,做栈运算时发生上溢,则说明该栈的最大容量为___(3)___。为了增加内存空间的利用率和减少溢出的可能性,由两个栈共享一片连续的空间时,应将两栈的___(4)___分别设在内存空间的两端,这样,只有当___(5)___时,才产生溢出。

6. 多个栈共存时，最好用________作为存储结构。

7. 用 S 表示入栈操作，X 表示出栈操作，若元素入栈的顺序为 1,2,3,4，为了得到 1,3,4,2 的出栈顺序，相应的 S 和 X 的操作串为________。

8. 队列的引入，目的是克服________。

9. ________又称为先进先出表。

10. 已知链队列的头尾指针分别是 f 和 r，则将值 x 入队的操作序列是________。

11. 区分循环队列的满与空，只有两种方法，它们是__(1)__和__(2)__。

四、应用题

1. 名词解释：栈。

2. 名词解释：队列。

3. 什么是循环队列？

4. 假设 S 和 X 分别表示入栈和出栈操作，则初态和终态均为空的栈操作，可由 S 和 X 组成的序列表示（如 $SXSX$）。

(1) 试指出判别给定序列是否合法的一般规则。

(2) 两个不同的合法序列（对同一输入序列）能否得到相同的输出元素序列？如能得到，请举例说明。

5. 有 5 个元素，其入栈次序为 A,B,C,D,E，在各种可能的出栈次序中，以元素 C,D 最先出栈（即 C 第一个出栈且 D 第二个出栈）的次序有哪几个？

6. 如果输入序列为 1,2,3,4,5,6，试问能否通过栈结构得到以下两个序列：4,3,5,6,1,2 和 1,3,5,4,2,6；请说明为什么不能，或如何才能得到。

7. 若元素的进栈序列为 A,B,C,D,E，运用栈操作，能否得到出栈序列 B,C,A,E,D 和 D,B,A,C,E？为什么？

8. 设输入序列为 a,b,c,d，试写出借助一个栈可得到的两个输出序列和两个不能得到的输出序列。

9. 设输入序列为 2,3,4,5,6，利用一个栈能得到序列 2,5,3,4,6 吗？栈可以用单链表实现吗？

五、算法设计题

1. 设从键盘输入一个整数序列 $a_1, a_2, a_3, \cdots, a_n$，试编写算法，实现：用栈结构存储输入的整数，当 $a_i \neq -1$ 时，将 a_i 进栈；当 $a_i = -1$ 时，输出栈顶整数并出栈。算法应对异常情况（入栈满等）给出相应的信息。

2. 设表达式以字符形式已存入数组 $E[n]$ 中，“#”为表达式的结束符，试写出判断表达式中括号“(”和“)”是否配对的 C 语言描述算法：$EXYX(E)$（注：算法中可调用栈操作的基本算法）。

实 训 2

实训目的和要求

- 掌握栈和队列的基本概念。
- 通过实训进一步加深理解栈的经过及其有关算法。

实训内容

1. 运用列表框组件与栈、队列相结合完成一个有趣的小游戏。

列表框(Listbox)组件用来存放一个列表数据，可以对其数据进行添加和删除操作。下面使用该组件实现一个栈，在头部进行压栈和出栈操作。为了让例子更加有趣，规定压栈的数据只能从“1,2,3,4,5,…,10”这个队列的头部取，也就是第一次压栈的数据是1，第二次压栈的数据是2，以此类推。问仅通过压栈和出栈操作能否得到指定的输出序列，如“10,9,8,7,6,5,4,3,2,1”，也就是说，第一次出栈的是10，第二次出栈的是9，以此类推。

实训参考程序

下面是运用列表框组件与栈、队列相结合完成一个有趣的小游戏的源程序。

```
import sys
import tkinter as tk
import random
class DemoApplication(tk.Frame):
    def pop(self):
        element_num=self.list_box1.size()
        if element_num==0:
            print("Error:No Element")
        else:
            #栈中有元素
            #得到最后一个元素的值
            las_val=self.list_box1.get(tk.END)
            las_val=int(las_val)
            #将最后一个元素放入输出队列的尾部
            self.output_list.append(las_val)
            #删除最后一个元素
            self.list_box1.delete(tk.END)
            msg=u"输出队列:%s" % self.output_list
            self.expected_label['text']=msg
            if element_num==1:
                self.button_pop.config(state=tk.DISABLED)
```

```
    def push(self):
        if self.next_push>10:
            self.button_push.config(state=tk.DISABLED)
        else:
            #在尾部添加
            self.list_box1.insert(tk.END,str(self.next_push))
            self.next_push=self.next_push+1
            if self.next_push>10:
                #不让入栈
                self.button_push.config(state=tk.DISABLED)
                #如果刚才不让执行出栈操作,那么现在可以进行出栈操作了
                print("self.button_pop['state']=%s" % self.button_pop['state'])
                if self.button_pop['state']==tk.DISABLED:
                    self.button_pop.config(state=tk.NORMAL)

    def createWidgets(self):
        self.expected_val=random.randint(0, 101)
        self.list_box1=tk.Listbox(main_win)
        self.list_box1.pack()
        self.next_push=1
        self.real_label=tk.Label(main_win, text="")
        self.real_label.pack()
        self.button_push=tk.Button(main_win)
        self.button_push.state=0
        self.button_push["text"]=u"压栈"
        self.button_push["command"]=self.push
        self.button_push.pack()
        self.button_pop=tk.Button(main_win)
        self.button_pop.state=0
        self.button_pop["text"]=u"出栈"
        self.button_pop["command"]=self.pop
        #最开始,栈中没有元素,所以不可以出栈
        self.button_pop.config(state=tk.DISABLED)
        self.button_pop.pack()
        self.expected_label=tk.Label(main_win, text="输出队列:")
        self.expected_label.pack()

    def __init__(self,master=None):
        tk.Frame.__init__(self, master)
        self.output_list=[]
        self.pack()
        self.createWidgets()
if __name__=='__main__':
```

```
    main_win=tk.Tk()                                  #创建主窗口
    main_win.title(u"栈操作演示")                      #设置窗口标题
    main_win.geometry("300x300+150+150")              #设置窗口大小
    app=DemoApplication(master=main_win)              #创建应用程序
    app.mainloop()
```

程序执行结果如图 3-11 所示。

图 3-11　运用列表框实现栈与队列的操作小程序

2. 运用栈将 C 语言源程序读出

我们知道,C 语言是一种应用极为广泛的编程语言,它既可以用于编写操作系统,又可以用于实现各种底层传输协议。在我们使用 C 语言进行程序设计时,会发现源程序中有各种括号,如表示函数开始和结束的"{}",表示数组的"[]",紧随函数名后的"()",若程序逻辑较为复杂,可能导致括号过多,此时我们很容易遇到括号不匹配的错误。目前绝大多数主流的编辑器都能判断程序的括号是否匹配,比如 C 语言源程序的"{}"(花括号)的匹配效果。请使用链栈这一数据结构判断一 C 语言源程序中的花括号是否匹配。

实训参考程序

下面是运用栈将 C 语言源程序读出的源程序。

```
class StackNode:
    def __init__(self):
        self.data = None
        self.next = None
class LinkStack:
    def __init__(self):
        self.top = StackNode()
    '''判断链栈是否为空'''
    def IsEmptyStack(self):
```

```
        if self.top.next == None:
            iTop = True
        else:
            iTop = False
        return iTop
    '''进栈'''
    def PushStack(self,da):
        tStackNode = StackNode()
        tStackNode.data = da
        tStackNode.next = self.top.next
        self.top.next = tStackNode
        print("当前入栈的元素为:",da)
    '''出栈'''
    def PopStack(self):
        if self.IsEmptyStack() == True:
            return
        else:
            tStackNode = self.top.next
            self.top.next = tStackNode.next
            return tStackNode.data
    '''获取栈顶元素'''
    def GetTopStack(self):
        if self.IsEmptyStack() == True:
            return
        else:
            return self.top.next.data
    '''反向输出链栈元素'''
    def ReverseStackTraverse(self):
        list1 = []
        tStackNode = self.top.next
        while tStackNode != None:
            result = self.PopStack()
            list1.append(result)
            tStackNode = tStackNode.next
        for i in list1[::-1]:
            print(i,end = ' ')
class TestBM:
    def BracketMatch(self,str1):
        Ls = LinkStack()
        i = 0
        while i < len(str1):
            if str1[i] == '{':
                Ls.PushStack(str1[i])
```

```
                i = i+1
            elif str1[i] == '}':
                if Ls.GetTopStack() == '{':
                    Ls.PopStack()
                    i = i+1
                else:
                    Ls.PushStack(str1[i])
                    i = i+1
            else:
                 i = i+1
        if Ls.IsEmptyStack() == True:
            print("括号匹配成功!!!")
        else:
            print("匹配失败!!!")
            print("未匹配的括号为:",end = ' ')
            Ls.ReverseStackTraverse()
    '''读取文件内容'''
    def ReadFile(self,strFileName):
        f= open(strFileName)
        str2 = f.read()
        f.close()
        print("文件中的代码如下:")
        print(str2)
        return str2
if __name__=='__main__':
    fileread = TestBM()
    fileread. BracketMatch(fileread.ReadFile("cir.c"))
```

上述程序的运行结果如下。

```
#include <stdio.h>

void main()
{
    int a,b;
    a=32767;
    b=a+1;
    printf("a=%d,b=%d\n",a,b);



}

当前入栈的元素为: {
括号匹配成功!!!
```

第4章 chapter 4

串、数组和广义表

本章导读

串是字符串的简称，它的每个数据元素都由一个字符组成。串是一种特殊的线性表，本章主要介绍串的存储结构及基本运算。

数组可视为线性表的推广，其特点是数据元素仍然是一个表。本章主要讨论数组的逻辑结构、存储结构、稀疏矩阵及其压缩存储等内容。

广义表是线性表的一种推广，本章主要介绍广义表的定义及其存储结构。

教学目标

本章要求掌握以下内容。

- 串的存储结构及基本运算。
- 数组的存储结构及稀疏矩阵的压缩存储。
- 广义表的定义及存储结构。

4.1 串

串是字符串的简称。串是一种特殊的线性表，它的数据对象是字符集合。串的每个元素都是一个字符，一系列相连的字符就组成了一个字符串。

计算机中的非数值处理对象基本上都是字符串数据。在程序设计语言中，字符串通常是作为输入和输出的常量出现的。随着计算机程序设计语言的发展，产生了字符串处理，字符串也作为一种变量类型出现在程序设计语言中。在汇编语言的编译程序中，源程序和目标程序都是字符串数据。

在日常事务处理程序中，也有许多字符串应用的例子，如客户的名称和地址信息、产品的名称和规格等信息都是作为字符串处理的。在文字处理软件中，计算机翻译系统都使用了字符串处理的方法。

4.1.1 串的定义和特性

串是由 n 个字符组成的有限序列，一般记为

```
s="a₁ a₂…aₙ"  (n≥0)
```

其中,s 是串的名字,用双引号括起来的字符序列是串的值。双引号本身不属于串,它是定界符,用来标识字符串的起始和终止。a_i ($1 \leqslant i \leqslant n$)可以是字母、数字或其他字符,$n$ 为串中字符的个数(称为串的长度)。

串是一种特殊的线性表,下面介绍几个串特有的名词。

- 空串:不含任何字符的串称为空串,它的长度 $n=0$,记为 $s=$" "。
- 空格串:仅由空格符组成的串称为空格串,它的长度为空格符的个数。为了清楚起见,书写时把空格写成“␣”,如 $s=$“␣”,则 s 串长度 $n=1$。由于空格符也是一个字符,因此它可以出现在其他串之间。计算串的长度时,这些空格符也要计算在内。如串 $s=$"I am a student.",则该串的长度是 15,而不是 12。
- 子串、母串:串中任意个连续字符构成的序列称为该串的子串,而包含该子串的串称为母串。例如,若串 $s1=$"abcdefghijk",$s2=$"def",则称 $s2$ 是 $s1$ 的子串,$s1$ 是 $s2$ 的母串。
- 两串相等:只有当两个串的长度相等,并且各对应位置上的字符都相同时,两个串才相等。

4.1.2 串的顺序存储及其基本操作实现

串的顺序存储结构简称为顺序串。顺序串中的字符被顺序地存放在内存中一片连续的存储单元中。在计算机中,一个字符只占一字节,所以串中的字符是顺序存放在相邻字节中的。

在 Python 语言中,串的构造有 3 种方法:第一种方法是用空的列表构造串;第二种方法是用字符串构造串;第三种方法是用字符列表构造串。其中,用 strValue[]列表存放串中的数值,用 curLen 存放当前串的长度,用 Python 语言抽象数据类型初始化描述如下。

例 4-1

```
class SqString(object):
    def __init__(self,obj=None):
        if obj is None:                          #构造空串
            self.strValue = []                   #构造空串
            self.curLen = 0                      #当前串的长度
        elif isinstance(obj,str):                #以字符串构造串
            self.curLen = len(obj)
            self.strValue = [None] * self.curLen
            for i in range(self.curLen):
                self.strValue[i] = obj[i]
        elif isinstance(obj,list):               #以字符列表构造串
            self.curLen = len(obj)
            self.strValue = [None] * self.curLen
            for i in range(self.curLen):
                self.strValue[i] = obj[i]
```

当计算机按字节(Byte)单位编址时,一个机器字,即一个存储单元刚好存放一个字符,串中相邻的字符顺序地存放在地址相邻的字节中。例如,若给定串 $s=$"data structure",则串的顺序存储如图 4-1 所示。

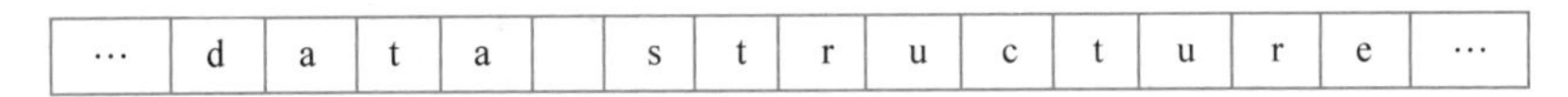

…	d	a	t	a		s	t	r	u	c	t	u	r	e	…

图 4-1 顺序串的存储示意图

当计算机按字(Word)单位编址时,一个存储单元由若干字节组成。这时串的顺序存储结构有非紧缩存储和紧缩存储两种方式。

- 串的非紧缩存储:假设计算机的字长为 32 位,即 4 字节,如果一个存储单元仅存放一个字符,就要浪费 3 字节。若给定串 $s=$"data structure",则串的非紧缩存储方式如图 4-2 所示。这种存储方式的优点是对串中的字符处理效率高,但对存储空间的利用率低。
- 串的紧缩存储:根据计算机中字的长度,尽可能将多个字符存放在一个字中。若给定串 $s=$"data structure",则串的紧缩存储方式如图 4-3 所示。与非紧缩存储的优缺点相反,紧缩存储方式对存储空间的利用率高,但对串的单个字符操作很不方便,需要花较多的处理时间。

0	d			
1	a			
2	t			
3	a			
4				
5	s			
6	t			
7	r			
8	u			
9	c			
10	t			
11	u			
12	r			
13	e			

图 4-2 非紧缩存储方式

d	a	t	a
	s	t	r
u	c	t	u
r	e		

图 4-3 紧缩存储方式

下面讨论顺序串的运算方法,主要包括求串长、插入子串、串连接、删除子串、判断两个串是否相等、取子串、子串定位(模式匹配)、串置换。

1. 求串长

求串长就是求字符串的实际长度,并将求得的长度值返回,其算法描述如下。

例 4-2

```
class SqString(object):
    def __init__(self,obj=None):
        if obj is None:                                  #构造空串
            self.strValue = []                           #字符数组存放串值
            self.curLen = 0                              #当前串的长度
        elif isinstance(obj,str):                        #以字符串构造串
            self.curLen = len(obj)
            self.strValue = [None] * self.curLen
            for i in range(self.curLen):
                self.strValue[i] = obj[i]
        elif isinstance(obj,list):                       #以字符列表构造串
            self.curLen = len(obj)
            self.strValue = [None] * self.curLen
            for i in range(self.curLen):
                self.strValue[i] = obj[i]
    def length(self):
        '''返回串的长度'''
        return self.curLen
    def display(self):
        '''打印字符串'''
        for i in range(self.curLen):
            print(self.strValue[i],end='')
if __name__=='__main__':
    string=input("请输入字符串给变量 string:")
    s=SqString(string)
    while True:
        print("----请选择操作方式----")
        print("----1.打印字符串的长度并输出字符串\n----0.退出")
        number=int(input())
        if number==1:
            print(s.length())
            s.display()
        elif number==0:
            break
```

上述程序的运行结果如下。

```
请输入字符串给变量 string:abcdef
----请选择操作方式----
----1.打印字符串的长度并输出字符串
----0.退出
1
6
```

```
abcdef----请选择操作方式----
----1.打印字符串的长度并输出字符串
----0.退出
```

上述算法所需要的运行时间与字符串的个数 n 有关,因此该算法的时间复杂度为 $O(n)$。

2. 插入子串

插入子串就是在给定串的第 i 个字符之后插入一个串 str,因为插入字符串,因此,原有字符串的长度增加了,所以在设计插入函数之前,需要先设计一个增加字符串长度的方法 addlength(),也就是插入后的字符串长度是原有字符串长度加上新插入字符串的长度,之后再设计 inset()方法完成在给定字符串的第 i 个字符之后插入一个字符串的操作。插入过程分成四步。

第一步:判断插入位置 i 是否合法,如果 $i<0$ 或者 $i>$原有字符串长度,则给出插入位置非法的提示。

第二步:将原有字符串以位置 i 为分界线,生成两个列表 templist1 和 templist2,将位置 i 之前的所有字符存放在列表 templist1 中,将位置 i 之后的字符存放在列表 templist2 中。

第三步:用列表推导式生成一个长度与新字符串长度相等的值为 None 的新列表 strValue1,然后将新插入的字符串的字符存放在该列表中。

第四步:插入后的列表值为 templist1 + strValue1 + templist2,长度为 3 个列表之和。

其算法描述如下。

例 4-3

```
class SqString(object):
    def __init__(self,obj=None):
        if obj is None:                         #构造空串
            self.strValue = []                  #字符数组存放串值
            self.curLen = 0                     #当前串的长度
        elif isinstance(obj,str):               #以字符串构造串
            self.curLen = len(obj)
            self.strValue = [None] * self.curLen
            for i in range(self.curLen):
                self.strValue[i] = obj[i]
        elif isinstance(obj,list):              #以字符列表构造串
            self.curLen = len(obj)
            self.strValue = [None] * self.curLen
            for i in range(self.curLen):
                self.strValue[i] = obj[i]
```

```
    def length(self):
        '''返回串的长度'''
        return self.curLen
    def addlength(self,lengthnumber):
        """将串的长度扩充为 lengthnumber"""
        temp = self.strValue
        self.strValue = [None] * lengthnumber
        for i in range(self.curLen):
            self.strValue[i] = temp[i]
        self.curLen = lengthnumber
    def insert(self,i ,strinsert):
        """在 i 位置之后添加 str"""
        if i < 0 or i > self.curLen:
            raise Exception("插入位置非法")
        templist1 = self.strValue[:i]
        templist2 = self.strValue[i:]
        strValue1 = [None] * len(strinsert)
        length = self.curLen + len(strinsert)
        temp = self.strValue
        self.strValue = self.addlength(length)
        for x in range(len(strinsert)):
            strValue1[x] = strinsert[x]
        self.strValue = templist1 + strValue1 + templist2
        self.curLen = length

    def display(self):
        '''打印字符串'''
        for i in range(self.curLen):
            print(self.strValue[i],end='')
if __name__=='__main__':
    string=input("请输入字符串给变量 string:")
    s=SqString(string)
    while True:
        print("----请选择操作方式----")
        print("----1.打印字符串的长度并输出字符串\n----2.在第 i 个位置之后插入
一个新字符串\n----0.退出")
        number=int(input())
        if number==1:
            print(s.length())
            s.display()
        elif number==2:
            i=int(input("请输入插入的位置给变量 i:"))
            news=input("请输入要插入的字符串给变量 news:")
```

```
            s.insert(i,news)
        elif number==0:
            break
```

上述程序的运行结果如下。

```
请输入字符串给变量 string:abcdefg
----请选择操作方式----
----1.打印字符串的长度并输出字符串
----2.在第 i 个位置之后插入一个新字符串
----0.退出
2
请输入插入的位置给变量 i:3
请输入要插入的字符串给变量 news:123
----请选择操作方式----
----1.打印字符串的长度并输出字符串
----2.在第 i 个位置之后插入一个新字符串
----0.退出
1
10
abc123defg
----请选择操作方式----
----1.打印字符串的长度并输出字符串
----2.在第 i 个位置之后插入一个新字符串
----0.退出
```

3. 串连接

串连接就是把两个串连接在一起,即将其中一个串接在另一个串的末尾,生成一个新串。由上述插入运算算法可知,字符串的连接算法也是字符串的插入算法,只不过是在原有字符串之后插入新字符串,其算法描述如下。

例 4-4

```
#字符串的连接运算
class SqString(object):
    def __init__(self,obj=None):
        if obj is None:                           #构造空串
            self.strValue = []                    #字符数组存放串值
            self.curLen = 0                       #当前串的长度
        elif isinstance(obj,str):                 #以字符串构造串
            self.curLen = len(obj)
            self.strValue = [None] * self.curLen
            for i in range(self.curLen):
                self.strValue[i] = obj[i]
```

```
        elif isinstance(obj,list):                         #以字符列表构造串
            self.curLen = len(obj)
            self.strValue = [None] * self.curLen
            for i in range(self.curLen):
                self.strValue[i] = obj[i]


    def length(self):
        '''返回串的长度'''
        return self.curLen

    def addlength(self,lengthnumber):
        """将串的长度扩充为 lengthnumber"""
        temp = self.strValue
        self.strValue = [None] * lengthnumber
        for i in range(self.curLen):
            self.strValue[i] = temp[i]
        self.curLen = lengthnumber
    def insert(self,i ,strinsert):
        """在 i 位置之后添加 str"""
        if i < 0 or i > self.curLen:
            raise Exception("插入位置非法")
        templist1 = self.strValue[:i]
        templist2 = self.strValue[i:]
        strValue1 = [None] * len(strinsert)
        length = self.curLen + len(strinsert)
        temp = self.strValue

        self.strValue = self.addlength(length)
        for x in range(len(strinsert)):
            strValue1[x] = strinsert[x]
        self.strValue = templist1 + strValue1 + templist2
        self.curLen = length
    def concat(self,str):
        '''将 str 连接到字符串的后面'''
        self.insert(self.curLen,str)

    def display(self):
        '''打印字符串'''
        for i in range(self.curLen):
            print(self.strValue[i],end='')
if __name__=='__main__':
    string=input("请输入字符串给变量 string:")
```

```
    s=SqString(string)
    while True:
        print("----请选择操作方式----")
        print("----1.打印字符串的长度并输出字符串\n----2.字符串连接\n----0.
退出")
        number=int(input())
        if number==1:
            print(s.length())
            s.display()
        elif number==2:
            news=input("请输入要连接的字符串给变量 news:")
            s.concat(news)

        elif number==0:
            break
```

上述程序的运行结果如下所示。

```
请输入字符串给变量 string:辽宁
----请选择操作方式----
----1.打印字符串的长度并输出字符串
----2.字符串连接
----0.退出
2
请输入要连接的字符串给变量 news:大连
----请选择操作方式----
----1.打印字符串的长度并输出字符串
----2.字符串连接
----0.退出
1
4
辽宁大连
----请选择操作方式----
----1.打印字符串的长度并输出字符串
----2.字符串连接
----0.退出
```

该例中有两个串,分别为原有串"辽宁",新串 news="大连",调用方法 concat(news)后,连接后的字符串为"辽宁大连"。

4. 删除子串

删除子串是指删除串中指定开始位置到结束位置的连续字符。例如,在"abcdefg"字符串中删除"bcd",删除后的字符串为"aefg",操作步骤如下。

第一步,判断要删除的子字符串的开始位置与结束位置是否合适,如果不合适,就给出"删除位置非法"的信息。

第二步,用切片方法将开始位置之前的子字符串截取放入变量 templist1 中,用同样的方法将结束位置之后的子字符串截取放入变量 templist2 中。

第三步,修改截取子字符串后的字符串长度变量 curLen。

第四步,将连接后的 templist1+temlist2 字符串放入变量 strValue 中。

删除子串的 Python 语言算法描述如下。

例 4-5

```
#删除指定范围的字符串
class SqString(object):
    def __init__(self,obj=None):
        if obj is None:                                 #构造空串
            self.strValue = []                          #字符数组存放串值
            self.curLen = 0                             #当前串的长度
        elif isinstance(obj,str):                       #以字符串构造串
            self.curLen = len(obj)
            self.strValue = [None] * self.curLen
            for i in range(self.curLen):
                self.strValue[i] = obj[i]
        elif isinstance(obj,list):                      #以字符列表构造串
            self.curLen = len(obj)
            self.strValue = [None] * self.curLen
            for i in range(self.curLen):
                self.strValue[i] = obj[i]


    def length(self):
        '''返回串的长度'''
        return self.curLen

    def delete(self,begin,end):
        begin1=begin-1 #由于列表中下标位置与实际位置相差 1,因此需要将起始位置-1
        if begin1 < 0 or begin > self.curLen or end > self.curLen or end < 0:
            raise Exception("删除位置非法")
        else:
            templist1 = self.strValue[:begin1]
            templist2 = self.strValue[end:]
            self.curLen = self.curLen - end + begin1
            self.strValue = templist1 + templist2

    def display(self):
        '''打印字符串'''
        for i in range(self.curLen):
```

```
            print(self.strValue[i],end='')
if __name__=='__main__':
    string=input("请输入字符串给变量 string:")
    s=SqString(string)
    while True:
        print("----请选择操作方式----")
        print("----1.打印字符串的长度并输出字符串\n----2.删除指定范围内的子字
符串\n----0.退出")
        number=int(input())
        if number==1:
            print(s.length())
            s.display()
        elif number==2:
            begin=int(input("请输入要删除的子字符串的起始位置给变量 begin:"))
            end=int(input("请输入要删除的子字符串的结束位置给变量 end:"))
            s.delete(begin,end)

        elif number==0:
            break
```

上述程序的运行结果如下。

```
请输入字符串给变量 string:abcdefg
----请选择操作方式----
----1.打印字符串的长度并输出字符串
----2.删除指定范围内的子字符串
----0.退出
2
请输入要删除的子字符串的起始位置给变量 begin:2
请输入要删除的子字符串的结束位置给变量 end:4
----请选择操作方式----
----1.打印字符串的长度并输出字符串
----2.删除指定范围内的子字符串
----0.退出
1
4
aefg
----请选择操作方式----
----1.打印字符串的长度并输出字符串
----2.删除指定范围内的子字符串
----0.退出
```

5. 判断两个串是否相等

在判断两个串是否相等时,只有当两个串的长度相等,并且各对应位置上的字符都相等时,两个串才相等。算法如下。

例 4-6

```
#判断两个串是否相等
class SqString(object):
    def __init__(self,obj=None):
        if obj is None:                                         #构造空串
            self.strValue = []                                  #字符数组存放串值
            self.curLen = 0                                     #当前串的长度
        elif isinstance(obj,str):                               #以字符串构造串
            self.curLen = len(obj)
            self.strValue = [None] * self.curLen
            for i in range(self.curLen):
                self.strValue[i] = obj[i]
        elif isinstance(obj,list):                              #以字符列表构造串
            self.curLen = len(obj)
            self.strValue = [None] * self.curLen
            for i in range(self.curLen):
                self.strValue[i] = obj[i]

    def equal(self, sqstr):
        #判断串相等:若两个串 s 与 t 相等,则返回 True, 否则返回 False
        if self.curLen != len(sqstr):
            return False
        for i in range(self.curLen):
            if self.strValue[i] != sqstr[i]:
                return False
        return True
    def length(self):
        '''返回串的长度'''
        return self.curLen
    def display(self):
        '''打印字符串'''
        for i in range(self.curLen):
            print(self.strValue[i],end='')
if __name__=='__main__':
    string=input("请输入字符串给变量 string:")
    s=SqString(string)
    while True:
        print("----请选择操作方式----")
        print("----1.判断两个字符串是否相等\n----0.退出")
```

```
        number=int(input())
        if number==1:
            str2=input("请输入要比较的字符串给变量 str2:")
            if s.equal(str2):
                s.display()
                print()
                print(str2)
                print("两个字符串相等")
            else:
                print("两个字符串不相等")
        elif number==0:
            break
```

上述程序的运行结果如下。

```
请输入字符串给变量 string:abcd
----请选择操作方式----
----1.判断两个字符串是否相等
----0.退出
1
请输入要比较的字符串给变量 str2:abcd
abcd
abcd
两个字符串相等
----请选择操作方式----
----1.判断两个字符串是否相等
----0.退出
```

该例中有两个串,分别为 string="abcd"、str2="abcd",调用方法 equal(str2)后,返回“真”值,因此输出两个字符串,并给出“两个字符串相等”的信息。

6. 取子串

取子串就是将给定串中从 begin 位置开始到 end 位置结束的若干字符作为子串的值。例如,给定串 string="辽宁大连沈阳",从 string 中的第 3 个字符开始,连续取出 2 个字符,放在 str1 串中,其算法描述如下。

例 4-7

```
#取子字符串
class SqString(object):
    def __init__(self,obj=None):
        if obj is None:                          #构造空串
            self.strValue = []                   #字符数组存放串值
            self.curLen = 0                      #当前串的长度
```

```
        elif isinstance(obj,str):                        #以字符串构造串
            self.curLen = len(obj)
            self.strValue = [None] * self.curLen
            for i in range(self.curLen):
                self.strValue[i] = obj[i]
        elif isinstance(obj,list):                       #以字符列表构造串
            self.curLen = len(obj)
            self.strValue = [None] * self.curLen
            for i in range(self.curLen):
                self.strValue[i] = obj[i]

    def subString(self,begin,end):
        '''返回位序号从 begin 到 end-1 的子串'''
        begin1=begin-1
        if begin1<0 or begin1>=end or end>self.curLen:
            raise IndexError("参数不合法")
        tmp = [None] * (end-begin1)
        for i in range(begin1,end):
            tmp[i-begin1] = self.strValue[i]      #复制子串
        return SqString(tmp)
    def length(self):
        '''返回串的长度'''
        return self.curLen
    def display(self):
        '''打印字符串'''
        for i in range(self.curLen):
            print(self.strValue[i],end='')
if __name__=='__main__':
    string=input("请输入字符串给变量 string:")
    s=SqString(string)
    while True:
        print("----请选择操作方式----")
        print("----1.取出从 begin 开始到 end 结束的子字符串\n----0.退出")
        number=int(input())
        if number==1:
            begin=int(input("请输入要取出的子字符串的起始位置给变量 begin:"))
            end=int(input("请输入要取出的子字符串的结束位置给变量 end:"))
            str1=s.subString(begin,end)
            str1.display()
        elif number==0:
            break
```

上述程序的运行结果如下。

```
请输入字符串给变量 string:辽宁大连沈阳
----请选择操作方式----
----1.取出从 begin 开始到 end 结束的子字符串
----0.退出
1
请输入要取出的子字符串的起始位置给变量 begin:3
请输入要取出的子字符串的结束位置给变量 end:4
大连
----请选择操作方式----
----1.取出从 begin 开始到 end 结束的子字符串
----0.退出
```

在该例中,串 string="辽宁大连沈阳",调用 subString (begin,end)后,得到的结果为 str="大连"。

7. 子串定位

子串定位运算也称串的模式匹配。这是一种很常用的串运算,在文本编辑中经常用到这种运算。

所谓模式匹配,就是判断某个串是否为另一个已知串的子串。如果是其子串,则给出该子串在这个串中的起始位置,即子串第一个字符的位置;如果不是,则给出相应的信息。

下面介绍一个简单的模式匹配算法。

设有一母串 string 和一子串 str2,判断母串 string 中是否包含子串 str2 的基本方法是:从母串 string 的第一个字符开始,按 str2 子串的长度与 string 子串中的字符依次对应比较。若不匹配,则再从 string 串中的第二个字符开始,仍按 str2 子串的长度与 str2 子串中的字符依次对应比较,如此反复进行,直到匹配成功或者母串 string 中剩余的字符少于 str2 的长度为止。若匹配成功,则返回 str2 串在 string 串中的位置;若匹配不成功,则返回−1。

子串定位的算法如下:

例 4-8

```
#模式匹配
class SqString(object):
    def __init__(self,obj=None):
        if obj is None:                               #构造空串
            self.strValue = []                        #字符数组存放串值
            self.curLen = 0                           #当前串的长度
        elif isinstance(obj,str):                     #以字符串构造串
            self.curLen = len(obj)
            self.strValue = [None] * self.curLen
            for i in range(self.curLen):
                self.strValue[i] = obj[i]
```

```
        elif isinstance(obj,list):                          #以字符列表构造串
            self.curLen = len(obj)
            self.strValue = [None] * self.curLen
            for i in range(self.curLen):
                self.strValue[i] = obj[i]

    def BF(self,str,begin):
        count = 0
        if len(str)<=self.curLen and str is not None and self.curLen>0:
            i = begin
            length = len(str)
            while(i<=self.curLen-length):
                for j in range(length):
                    count += 1
                    if str[j]!=self.strValue[j+i]:
                        i += 1
                        break
                    elif j==length-1:
                        return i,count
        return -1,count
    def length(self):
        '''返回串的长度'''
        return self.curLen
    def display(self):
        '''打印字符串'''
        for i in range(self.curLen):
            print(self.strValue[i],end='')
if __name__=='__main__':
    string=input("请输入字符串给变量 string:")
    s=SqString(string)
    while True:
        print("----请选择操作方式----")
        print("----1.查找给定字符串在原字符串中的起始位置\n----0.退出")
        number=in1t(input())
        if number==1:
            begin=int(input("请输入要查找的起始位置给变量 begin:"))
            str2=input("请输入要查找的子字符串给变量 str2:")
            i,c=s.BF(str2,begin)
            if i>0:
                print("找到的匹配位置是%d " % i)
            else :
                print("模式不匹配")
        elif number==0:
            break
```

上述程序的运行结果如下所示。

```
请输入字符串给变量 string:abcdef
----请选择操作方式----
----1.查找给定字符串在原字符串中的起始位置
----0.退出
1
请输入要查找的起始位置给变量 begin:1
请输入要查找的子字符串给变量 str2:34
模式不匹配
----请选择操作方式----
----1.查找给定字符串在原字符串中的起始位置
----0.退出
1
请输入要查找的起始位置给变量 begin:1
请输入要查找的子字符串给变量 str2:bc
找到的匹配位置是 1
----请选择操作方式----
----1.查找给定字符串在原字符串中的起始位置
----0.退出
```

8. 串置换

串置换就是把母串中的某个子串用另一个子串替换。字符串替换算法可以用删除子串的算法和插入子串的算法实现。这里不再详述,大家将上面的程序稍加改动即可。

4.1.3 串的链式存储及其基本操作实现

串的链式存储结构与单链表类似。由于串结构的特殊性——结构中的每个数据元素是一个字符,用链表存储串值时,就存在一个“结点大小”的问题,即每个结点可以存放一个字符,也可以存放多个字符。例如,图 4-4 所示的链表,其结点大小分别为 4 和 1。

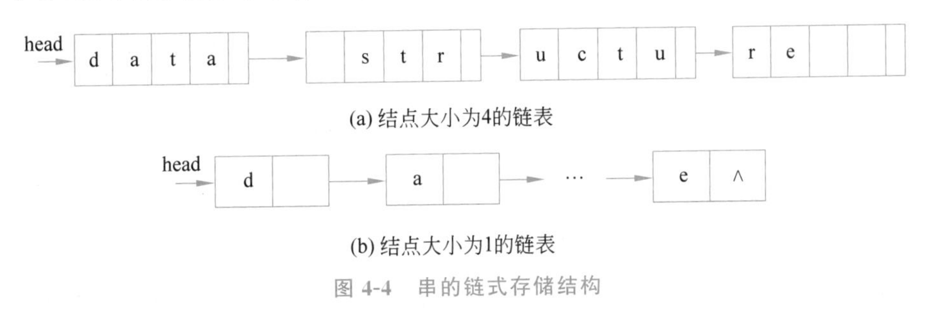

图 4-4 串的链式存储结构

对于大小超过 1 的结点,在存储串值时,最后一个结点的 data 域不一定正好填满,这时就要以一个非串值字符(例如@)补足。

在链式存储方式中,结点大小的选择和顺序存储方式的格式选择一样重要,它会直接影响对串的处理效率。

总的来说，在串的链式存储结构中，单字符链表的插入、删除操作较为简单，但存储效率低。块链表虽然存储效率较高，但插入、删除操作需要移动字符，较为复杂。此外，与顺序串相比，链串需要从头部开始遍历，才能访问某个位置的元素。基于这些特性，采用链式存储结构存储串不太实用，所以人们并不常用链式存储结构存储串。

4.1.4 串的应用举例

文本编辑是串应用的一个典型例子。目前有很多种文本编辑软件，用于不同的应用领域，如一般的办公室文本编辑、专业用的报刊和书籍编辑等。虽然这些文本编辑软件的大小、功能都不一样，但其基本操作原理都是一致的，即通常都是串的插入、删除、查找、替换及字符格式的设置等操作。

这些编辑软件在进行文本处理时，都对整个文本进行了不同的拆分方法，如分页、段、行、句、词和字等。在编辑过程中，可以把整个文本看成一个字符串（也可以把它叫作文本串），那么页就是文本串的子串，行又是页的子串。这样，在编辑过程中，就能够以不同的单位对文本进行各种不同功能的操作。

计算机在执行文本编辑程序时，要对文本建立起各种功能所需要的存储信息表，如页表、行表等。文本编辑软件在编辑过程中，要设立页指针、行指针和字符指针；在进行插入、删除等操作时，都是根据这些指针进行相应修改工作的。如插入字符后，后面的文本要相应地向后移动；删除字符后，后面的文本要相应地向前移动等。

文档编辑功能在日常工作过程中几乎每天都会用到，因此本章最后的实训专门设计了运用 Python 语言完成对 Word 文本的查找、替换应用实例，请读者依据给出的代码自行上机验证，这里不再赘述。

4.2 数　　组

4.2.1 数组的定义和运算

数组是最常用的一种数据结构。在大多数程序设计语言中，经常把数组作为固有的数据类型。

数组类似于线性表，由同种类型的数据元素构成。数组的每个元素由一个值和一组下标确定，在由下标指定的数组元素中存在一个与它对应的值。数组中各元素之间的关系是由各元素的下标体现出来的。

$$\boldsymbol{A}=\begin{bmatrix} a_{00} & a_{01} & \cdots & a_{0(n-1)} \\ a_{10} & a_{11} & \cdots & a_{1(n-1)} \\ \cdots & \cdots & & \cdots \\ a_{(m-1)0} & a_{(m-1)1} & \cdots & a_{(m-1)(n-1)} \end{bmatrix}$$

图 4-5　矩阵的表示

一维数组记为 $A[n]$ 或 $A=(a_0, a_1, \cdots, a_{n-1})$，每个数组元素由一个值和一个下标确定，数组元素的下标顺序可作为线性表元素的序号。

二维数组又称矩阵，其表示形式如图 4-5 所示。

二维数组中的每个元素由矩阵元素 a_{ij} 值及下标

$(i,j)(i=0,1,2,\cdots,m-1;\ j=0,1,2,\cdots,n-1)$确定。每组下标$(i,j)$都唯一地对应一个值$a_{ij}$。二维数组中的每个元素都有两个关系：行关系，第$i$行的行表是$a_{i0},a_{i1},a_{i2},\cdots,a_{i(n-1)}$，同行元素$a_{ij}$是$a_{i(j-1)}$的直接后继；另一个是列关系，第$j$列的列表是$a_{0j},a_{1j},a_{2j},\cdots,a_{(m-1)j}$，同列元素$a_{ij}$是$a_{(i-1)j}$的直接后继。

这里可以把二维数组看成这样一个线性表，它的每个元素又是一个线性表。例如，图4-5所示是一个二维数组，如果以m行n列的矩阵形式表示：

$$A=[(a_{00},a_{01},\cdots,a_{0(n-1)}),(a_{10},a_{11},\cdots,a_{1(n-1)}),\cdots,(a_{m-10},a_{m-11},\cdots,a_{(m-1)(n-1)})]$$

它的每个数组元素是一个以行序为主的线性表，而下面的数组：

$$A=[(a_{00},a_{10},\cdots,a_{(m-1)0}),(a_{01},a_{11},\cdots,a_{(m-1)1}),\cdots,(a_{0(n-1)},a_{1(n-1)},\cdots,a_{(m-1)(n-1)})]$$

它的每个数组元素是一个以列序为主的线性表。

对于数组，通常只有以下两种运算。

- 给定一个下标，存取相应的数据元素。
- 给定一个下标，修改相应的数据元素的某个数据项的值。

4.2.2 数组的顺序存储结构

由于数组一般不做删除或插入运算，所以一旦数据被定义，数组中的元素个数和元素间的关系就无须变动。数组一般采用顺序存储结构，而随机存取是顺序存储结构的主要特性。这里只讨论二维数组的顺序存储结构，大部分高级语言对二维数组的顺序存储均采用以行序为主的存储方式，如图4-6(b)所示，如C与Python语言。但在有的语言(如Fortran)中采用的是以列序为主的存储方式，如图4-6(c)所示。

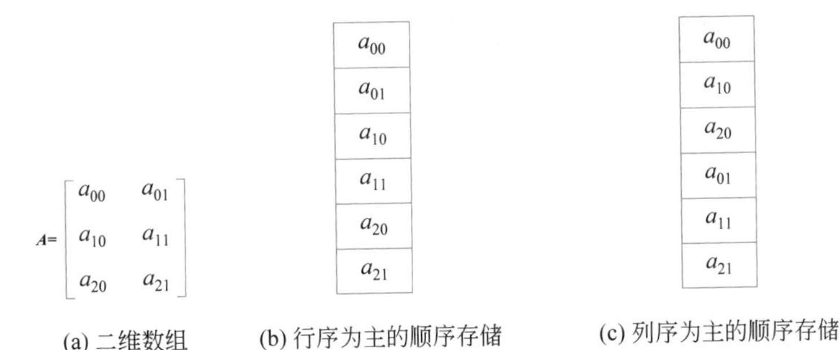

(a) 二维数组　(b) 行序为主的顺序存储　(c) 列序为主的顺序存储

图4-6 二维数组的两种顺序存储结构

在Python语言中，数组中任一元素a_{ij}的地址计算公式为

$$\mathrm{LOC}(A[i][j])=\mathrm{LOC}(A[0][0])+(i\times n+j)\times s\quad(0<i\leqslant m-1,0<j\leqslant n-1)$$

其中，LOC(A[0][0])为数组的起始位置，s为每个数据元素所占存储单元个数。由于在定义数组时，LOC(A[0][0])、s和n是已知的，因此根据公式可以计算出任一元素的存储地址，实现随机存取。

4.2.3 矩阵的压缩存储

数据压缩技术是计算机软件领域研究的一个重要问题，图像、音频、视频等多媒体信息都需要进行数据压缩存储。除此之外，目前人工智能领域的机器视觉就是找寻图像的像素坐标系与世界坐标的映射关系，即机器视觉投影矩阵。本节将以特殊矩阵为例，介绍矩阵的压缩存储。

在许多科学技术和工程计算中，矩阵都是数值分析问题研究的数学对象。矩阵数据结构主要研究在计算机中的存储，从而使矩阵更有效地存储和使用。

一般情况下，高级语言对矩阵采用二维数组进行存储。但在实际应用中，会遇到一些特殊矩阵，即指矩阵中值相同的元素或者零元素的分布有一定的规律，例如，对称矩阵、三角矩阵、带状矩阵等都是特殊矩阵。对于这种特殊矩阵，在运算时为了节省存储空间，需要对这类矩阵进行压缩存储。下面讨论如何对这些特殊矩阵实现压缩存储。

1. 对称矩阵的压缩存储

A 是一个 n 阶方阵。若一个 n 阶矩阵 **A** 的元素满足 $a_{ij}=a_{ji}(0\leqslant i,j\leqslant n-1)$，则称为 n 阶对称矩阵，即在对称矩阵中，以对角线 $a_{00},a_{11},\cdots,a_{(n-1)(n-1)}$ 为轴线的对称位置上的矩阵元素值相等。由此可以对每一对对称的矩阵元素分配同一个存储空间，那么 n 阶矩阵中的 $n\times n$ 个元素就可以被压缩到 $n(n+1)/2$ 个元素的存储空间中。

若以行序为主序存储的对称矩阵为例（包括对角线元素的下三角矩阵），假设以一维数组 $S[n(n+1)/2]$ 作为 n 阶对称矩阵 **A** 的存储结构，一维数组 $S[k]$ 与矩阵元素 a_{ij} 之间存在一一对应的关系，若：

$$k=\begin{cases}\dfrac{i(i+1)}{2}+j, & i\geqslant j\\[2ex]\dfrac{j(j-1)}{2}+i, & i<j\end{cases}$$

则矩阵序列存储单元 k 对应的元素如图 4-7 所示。对于任意一组下标 (i,j)，均可在 S 中找到矩阵元素 a_{ij}，反之，对所有的 $k=0,1,2,\cdots,n(n+1)/2-1$，都能确定在 $S[k]$ 中的元素在对称矩阵中的下标位置 (i,j)。

0	1	2	3	4	5	6				$n(n+1)/2-1$
a_{00}	a_{10}	a_{11}	a_{20}	a_{21}	a_{22}	a_{30}	…	a_{n1}	…	$a_{(n-1)(n-1)}$

图 4-7 对称矩阵的压缩存储

2. 三角矩阵的压缩存储

三角矩阵也是一个 n 阶方阵，有上三角矩阵和下三角矩阵两种，下（上）三角矩阵是主对角线以上（下）元素为零的 n 阶矩阵。图 4-8 所示是一个下三角矩阵。

如果不存储主对角线另一方的零元素，三角矩阵的压缩存储方式与对称矩阵相同。

4.2.4 稀疏矩阵

1. 稀疏矩阵的定义

在一个 $m \times n$ 的矩阵中，如果零元素比非零元素的个数多得多，且非零元素在矩阵中的分布无规律，设矩阵中有 t 个非零元素，非零元素占元素总数的比例称为矩阵的稀疏因子，通常稀疏因子小于 0.05 的矩阵称为稀疏矩阵。图 4-9 所示的矩阵 **M** 和矩阵 **N** 都是稀疏矩阵，矩阵 **N** 是矩阵 **M** 的转置矩阵。

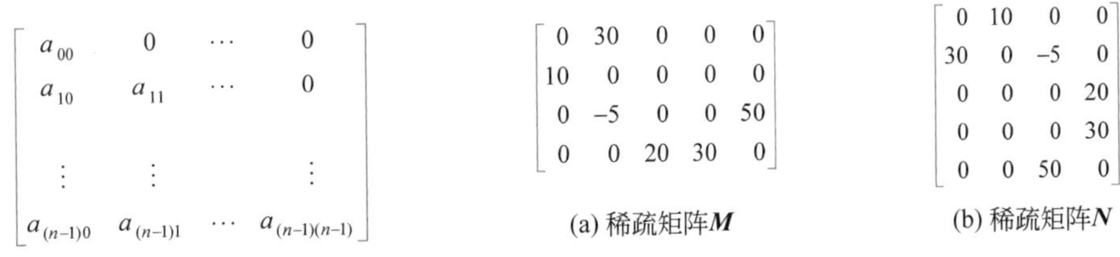

图 4-8 下三角矩阵

(a) 稀疏矩阵***M*** (b) 稀疏矩阵***N***

图 4-9 稀疏矩阵 *M* 和 *N*

对于稀疏矩阵的压缩存储，仍然以存储矩阵的非零元素为原则。但是，稀疏矩阵中的非零元素的出现是无规律的，所以不能只简单地进行存储，对于稀疏矩阵的存储也有顺序存储和链式存储两种方式。

2. 稀疏矩阵的顺序存储及其基本操作实现

稀疏矩阵的顺序存储方式可以用三元组表示法表示。这个方法用一个线性表表示稀疏矩阵，线性表的每个结点对应稀疏矩阵的一个非零元素。结点包括 3 个域，分别为矩阵非零元素行号、列号和值，记为(i,j,value)。结点仍按矩阵行优先顺序排列，称该线性表为三元组表。图 4-10 所示的三元组表分别对应图 4-9 所示的两个稀疏矩阵，其中表格中第一行表示的是矩阵的总行数、总列数和矩阵中非零值的总数。

	row	col	tu
	4	5	6
	i	*j*	value
0	1	2	30
1	2	1	10
2	3	2	–5
3	3	5	50
4	4	3	20
5	4	4	30

(a) 稀疏矩阵***M***的三元组表

	col	row	tu
	5	4	6
	j	*i*	value
0	1	2	10
1	2	1	30
2	2	3	–5
3	3	4	20
4	4	4	30
5	5	3	50

(b) 稀疏矩阵***N***的三元组表

图 4-10 稀疏矩阵的三元组表示图例

若用三元组表表示矩阵中的元素,则用 Python 语言描述的类结构定义如下。

```
class Triple:
    def __init__(self,i=None,j=None,value=None):
        self.i=i                                    #矩阵非零元素所在的行号
        self.j=j                                    #矩阵非零元素所在的列号
        self.value=value                            #矩阵中非零元素的值
```

由上述描述的三元组表与矩阵的总行数、总列数、非零元素总数构成稀疏矩阵,则用 Python 语言描述的类结构定义如下。

```
class TsMatrix(object):
    def __init__(self,row=0,col=0,tu=0,):
        self.row=row                                #矩阵的总行数
        self.col=col                                #矩阵的总列数
        self.tu=tu                                  #矩阵的非零元素总数
        self.triplelist=[None] * self.tu            #列表存放由(i,j,value)构成的元素
```

当稀疏矩阵用三元组表示后,可对它进行某些运算。下面以矩阵转置为例,说明三元组表示的稀疏矩阵是如何进行运算的。

矩阵的转置运算是矩阵中一种最简单的基本运算。对于 $m\times n$ 的矩阵 $\boldsymbol{M}$,它的转置矩阵 $\boldsymbol{N}$ 是一个 $n\times m$ 的矩阵,且 $\boldsymbol{N}[j][i]=\boldsymbol{M}[i][j]$,其中,$1\leqslant i\leqslant n,1\leqslant j\leqslant m$。例如,图 4-9 中 $\boldsymbol{M}$ 是 $\boldsymbol{N}$ 的转置矩阵,反之,$\boldsymbol{N}$ 也是 $\boldsymbol{M}$ 的转置矩阵。相互转换的结果应满足下列两个条件:

- $(i,j,\text{value})\rightarrow(j,i,\text{value})$;
- 使转置的三元组数组仍按行排列。

进行矩阵的转置操作时,首先要将矩阵的行、列值相互交换,使转置的三元组数组仍然按行号的递增次序存储。具体实现转置运算时,有以下两种算法。

1) 矩阵的普通转置算法

矩阵 $\boldsymbol{M}$ 是以行序为主序存储的,按照普通转置矩阵求解方法,把 $\boldsymbol{M}$ 矩阵对应的(i,j,value)三元组赋给 $\boldsymbol{N}$ 矩阵后对应地变为(j,i,value)三元组,同时 $\boldsymbol{M}$ 矩阵对应(row,col,tu)表头三元组赋给 $\boldsymbol{N}$ 矩阵后对应地变为(col,row,tu)表头三元组,转置成功后,再对 $\boldsymbol{N}$ 矩阵的三元组表按行序进行排序,若行序相同,则再按列序进行排序,具体算法描述如下。

例 4-9

```
#三元组元素定义
class Triple:
    def __init__(self,i=None,j=None,value=None):
        self.i=i                                    #矩阵非零元素所在的行号
        self.j=j                                    #矩阵非零元素所在的列号
        self.value=value                            #矩阵中非零元素的值
#转置矩阵定义
```

```
class TsMatrix(object):
    def __init__(self,row=0,col=0,tu=0,):
        self.row=row                                    #矩阵的总行数
        self.col=col                                    #矩阵的总列数
        self.tu=tu                                      #矩阵的非零元素总数
        self.triplelist=[None] * self.tu #列表存放由(i,j,value)构成的元素

    def create_trip_list(self,m,n,array):

        self.row=m
        self.col=n
        self.tu=0
        for i in range(m):
            for j in range(n):
                if array[i][j]!=0:
                    data=Triple()
                    data.i=i
                    data.j=j
                    data.value=array[i][j]
                    self.triplelist.append(data)
                    self.tu+=1

    def output(self):

        e=self.tu/(self.row * self.col)
        for m in self.triplelist:
            self.i=m.i
            self.j=m.j
            self.value=m.value
            print(f'原稀疏矩阵为{self.row}行{self.col}列,稀疏因子为{e},行为
{self.i},列为{self.j},值为{self.value}')
#普通装置法
def Transpose(src_t):
    dest_t=TsMatrix(src_t.col,src_t.row,src_t.tu)
    triplelist=[]
    #遍历原三元组表中的每个三元组,将遍历到的每个三元组解包,行列互换,生成新的三元
    #组,并加到 triplelist 中,
    #对 triplelist 排序,先按照行排序,若行相同,则按照列排序
    #triplelist 中的内容给 dest_t.triplelist
    #调用 dest_t.output()方法
    for t in src_t.triplelist:
        i,j,v=t.i,t.j,t.value
        data=Triple()
```

```
            data.i=j
            data.j=i
            data.value=v
            triplelist.append(data)
        #对转置后的矩阵进行排序，主关键字是转置后的行序，若行序相同，则再按列序排序
        triplelist.sort(key=lambda x1:(x1.i,x1.j))
        dest_t.triplelist=triplelist

        dest_t.output()

if __name__ == '__main__':
    node=TsMatrix()
    while True:
        print("----请选择操作方式----")
        print("----1.建立三元组并输出\n----2.求转置矩阵\n----0.退出")
        number=int(input())
        if number==1:
            array=[[0,30,0,0,0],[10,0,0,0,0],[0,-5,0,0,50],[0,0,20,30,0]]
            node.create_trip_list(4,5,array)
            node.output()
        elif number==2:
            Transpose(node)
        elif number==0:
            break
```

上述程序的运行结果如下所示。

```
----请选择操作方式----
----1.建立三元组并输出
----2.求转置矩阵
----0.退出
1
原稀疏矩阵为4行5列,稀疏因子为0.3,行为0,列为1,值为30
原稀疏矩阵为4行5列,稀疏因子为0.3,行为1,列为0,值为10
原稀疏矩阵为4行5列,稀疏因子为0.3,行为2,列为1,值为-5
原稀疏矩阵为4行5列,稀疏因子为0.3,行为2,列为4,值为50
原稀疏矩阵为4行5列,稀疏因子为0.3,行为3,列为2,值为20
原稀疏矩阵为4行5列,稀疏因子为0.3,行为3,列为3,值为30
----请选择操作方式----
----1.建立三元组并输出
----2.求转置矩阵
----0.退出
2
原稀疏矩阵为5行4列,稀疏因子为0.3,行为0,列为1,值为10
```

```
原稀疏矩阵为 5 行 4 列,稀疏因子为 0.3,行为 1,列为 0,值为 30
原稀疏矩阵为 5 行 4 列,稀疏因子为 0.3,行为 1,列为 2,值为-5
原稀疏矩阵为 5 行 4 列,稀疏因子为 0.3,行为 2,列为 3,值为 20
原稀疏矩阵为 5 行 4 列,稀疏因子为 0.3,行为 3,列为 3,值为 30
原稀疏矩阵为 5 行 4 列,稀疏因子为 0.3,行为 4,列为 2,值为 50
----请选择操作方式----
----1.建立三元组并输出
----2.求转置矩阵
----0.退出
```

若设 t 为矩阵中的非零元素个数,则上述算法的时间主要花费在对非零元素循环赋值上,赋值后又需要对三元组的元素按行序(即原矩阵的列数 n)进行排序,所以时间复杂度为 $O(t+n^2)$。也就是说,时间的花费与矩阵 ***M*** 的列数和非零元素个数之和有关。换一种方法,若用 $m\times n$ 的二维数组表示矩阵,则相应的矩阵转置算法的循环为 for i in range(n) for j in range(m) b[i][j]=a[j][i]。此时,时间复杂度为 $O(m\times n)$。比较两种算法,若矩阵中无非零元素,即 $t=m\times n$ 时,上述算法的时间复杂度将达到 $O(m\times n+n^2)$。由此可见,上述算法仅适用于存在大量非零元素的稀疏矩阵。若要节省时间,可以用快速转置方法进行转置。

2) 矩阵的快速转置

矩阵的快速转置算法是在对矩阵 ***M*** 的列序进行转置时,将转置后的三元组按矩阵 ***N*** 的行序直接置入 dest_t. triplelist 一维三元组表中适当的位置上。此时,首先要确定 ***M*** 中每列非零元素的个数,这就确定了 ***N*** 中每行非零元素的个数,也就确定了矩阵 ***M*** 中每列第一个非零元素在矩阵 ***N*** 中的存放位置,这样就能够容易地把 ***M*** 矩阵对应的 T. triplelist 一维三元组表中的元素依次移到它们在矩阵 ***N*** 对应的 dest_t. triplelist 一维三元组表中的正确位置上。为此,需要设两个一维数组 num[T.col+1]和 cpot[T.col+1]。num[j]($1\leqslant j\leqslant n$)表示 T. triplelist 一维三元组表中第 j 列的非零元素个数;而 T. triplelist 一维三元组表中第一列第一个非零元素转置后必须放在 dest_t. triplelist 一维三元组表中第一个位置,这样就可以推算出 T.triplelist 一维三元组表中每一列第一个非零元素在 dest_t. triplelist 一维三元组表中的位置。设数组 cpot 用于记录此位置,cpot[j]为 T. triplelist 一维三元组表中第 j 列第一个非零元素在转置后 dest_t. triplelist 一维三元组表中的位置,显然,有

$$\begin{cases} \text{cpot}[1]=1 \\ \text{cpot}[j]=\text{cpot}[j-1]+\text{num}[j-1] & 2\leqslant j\leqslant n \end{cases}$$

例如,矩阵 ***M*** 的 num 和 pot 的数组值如图 4-11 所示。

j	1	2	3	4	5
num[j]	1	2	1	1	1
cpot[j]	1	2	4	5	6

图 4-11 矩阵 ***M*** 的 num 和 cpot 的数组值

快速转置的 Python 语言算法描述如下。

例 4-10

```
#三元组元素的定义
class Triple:
    def __init__(self,i=None,j=None,value=None):
        self.i=i                                        #矩阵非零元素所在的行号
        self.j=j                                        #矩阵非零元素所在的列号
        self.value=value #矩阵中非零元素的值
#转置矩阵的定义
class TsMatrix(object):
    def __init__(self,row=0,col=0,tu=0,):
        self.row=row                                    #矩阵的总行数
        self.col=col                                    #矩阵的总列数
        self.tu=tu                                      #矩阵的非零元素总数
        self.triplelist=[None] * self.tu #列表存放由(i,j,value)构成的元素

    def create_trip_list(self,m,n,array):

        self.row=m
        self.col=n
        self.tu=0
        for i in range(m):
            for j in range(n):
                if array[i][j]!=0:
                    data=Triple()
                    data.i=i
                    data.j=j
                    data.value=array[i][j]
                    self.triplelist.append(data)
                    self.tu+=1

    def output(self):

        e=self.tu/(self.row * self.col)
        for m in self.triplelist:
            self.i=m.i
            self.j=m.j
            self.value=m.value
            print(f'原稀疏矩阵为{self.row}行{self.col}列,稀疏因子为{e},行为
{self.i},列为{self.j},值为{self.value}')
#快速装置法
def fast_stranspose_matrix(T):
    dest_t=TsMatrix(T.col,T.row,T.tu)
```

```
    num = [0] * (T.col+1)
    cpot = [0] * (T.col+1)
    cpot[0]=1
    MtripleList = [Triple(0, 0, 0) for i in range(T.tu+1)]  #0号索引未使用
    for item in T.triplelist:                        #计算 T 中每一列有多少个非 0 元素
        num[item.j] += 1
    for i in range(1, T.col+1):                      #初始化每列第一个元素应该在的位置
        cpot[i] = cpot[i-1] + num[i-1]
    for item in T.triplelist:
        col = item.j
        row=item.i
        val=item.value
        q = cpot[col]                                #该元素在 M 中的位置
        MtripleList[q].i = col
        MtripleList[q].j = row
        MtripleList[q].value = val
        cpot[col] += 1                               #下一个该列元素在 M 中的位置要加 1
    dest_t.triplelist=MtripleList


    dest_t.output()


if __name__ == '__main__':
    node=TsMatrix()
    while True:
        print("----请选择操作方式----")
        print("----1.建立三元组并输出\n----2.求转置矩阵\n----0.退出")
        number=int(input())
        if number==1:
            array=[[0,30,0,0,0],[10,0,0,0,0],[0,-5,0,0,50],[0,0,20,30,0]]
            node.create_trip_list(4,5,array)
            node.output()
        elif number==2:
            fast_stranspose_matrix(node)
        elif number==0:
            break
```

以上程序的运行结果为

```
----请选择操作方式----
----1.建立三元组并输出
----2.求转置矩阵
----0.退出
```

```
1
原稀疏矩阵为 4 行 5 列,稀疏因子为 0.3,行为 0,列为 1,值为 30
原稀疏矩阵为 4 行 5 列,稀疏因子为 0.3,行为 1,列为 0,值为 10
原稀疏矩阵为 4 行 5 列,稀疏因子为 0.3,行为 2,列为 1,值为-5
原稀疏矩阵为 4 行 5 列,稀疏因子为 0.3,行为 2,列为 4,值为 50
原稀疏矩阵为 4 行 5 列,稀疏因子为 0.3,行为 3,列为 2,值为 20
原稀疏矩阵为 4 行 5 列,稀疏因子为 0.3,行为 3,列为 3,值为 30
----请选择操作方式----
----1.建立三元组并输出
----2.求转置矩阵
----0.退出
2
原稀疏矩阵为 5 行 4 列,稀疏因子为 0.3,行为 0,列为 0,值为 0
原稀疏矩阵为 5 行 4 列,稀疏因子为 0.3,行为 0,列为 1,值为 10
原稀疏矩阵为 5 行 4 列,稀疏因子为 0.3,行为 1,列为 0,值为 30
原稀疏矩阵为 5 行 4 列,稀疏因子为 0.3,行为 1,列为 2,值为-5
原稀疏矩阵为 5 行 4 列,稀疏因子为 0.3,行为 2,列为 3,值为 20
原稀疏矩阵为 5 行 4 列,稀疏因子为 0.3,行为 3,列为 3,值为 30
原稀疏矩阵为 5 行 4 列,稀疏因子为 0.3,行为 4,列为 2,值为 50
----请选择操作方式----
----1.建立三元组并输出
----2.求转置矩阵
----0.退出
```

上述算法有 4 个并列的循环，第一个循环对数组 num 以及 cpot 置零，进行初始化操作；第二个循环对转置前矩阵中非零元素的 T.triplelist 一维三元组表进行扫描，且将统计出的 T.triplelist 一维三元组表中的每列非零元素的个数放入数组 num 中；第三个循环按公式生成数组 cpot；第四个循环是矩阵的转置操作。上述算法的时间主要花费在这 4 个并列的循环上，其时间复杂度为 $O(n+3t)$。当矩阵 $\boldsymbol{M}$ 无非零元素（$t=m\times n$）时，其时间复杂度就变成 $O(m\times n)$，此时和用二维数组表示矩阵转置的时间复杂度相同。

3. 稀疏矩阵的链式存储及其基本操作实现

用三元数组的结构表示稀疏矩阵，在某些情况下，它可以节省存储空间并加快运算速度。但在运算过程中，若稀疏矩阵的非零元素位置发生变化，必将引起数组中元素的频繁移动，这时采用链式存储结构会更好一些。

十字链表是稀疏矩阵的另一种存储结构。十字链表适用于在矩阵中非零元素的个数和位置在操作过程中变化较大的稀疏矩阵。在十字链表中，每个非零元素可用一个结点表示。每个结点由 5 个域组成，其中行域（row）、列域（col）和值域（val）分别表示非零元素的行号、列号和值，向下域（down）用以链接同一列中下一个非零元素的结点，向右域（right）用以链接同一行中下一个非零元素的结点。

稀疏矩阵中同一行非零元素通过向右域链接成一个行链表，同一列的非零元素通过向下域链接成一个列链表。因此，对于表示每个非零元素的结点来说，它既是第 i 行行链表中的一个结点，又是第 j 列列链表中的一个结点，而整个稀疏矩阵是用一个十字交叉的链表结构表示的，所以这个链表称为十字链表。另外，链式存储时还要设行指针数组 rh 和列指针数组 ch。设稀疏矩阵有 m 行、n 列，则行指针数组有 m 个元素，分别指向各行的第一个非零元素的结点；列指针数组有 n 个元素，分别指向各列的第一个含非零元素的结点。这样，对矩阵元素的查找可顺着所在行的行链表进行，也可以顺着所在列的列链表进行。稀疏矩阵 $\boldsymbol{M}$、结点结构及十字链表表示如图 4-12 所示。

采用十字链表表示稀疏矩阵时，由于需要额外的存储链域空间，且还要有行、列指针数组，只有矩阵的非零元素个数不超过总元素个数的 20%时，才可能比一般的数组表示方法节省存储空间。

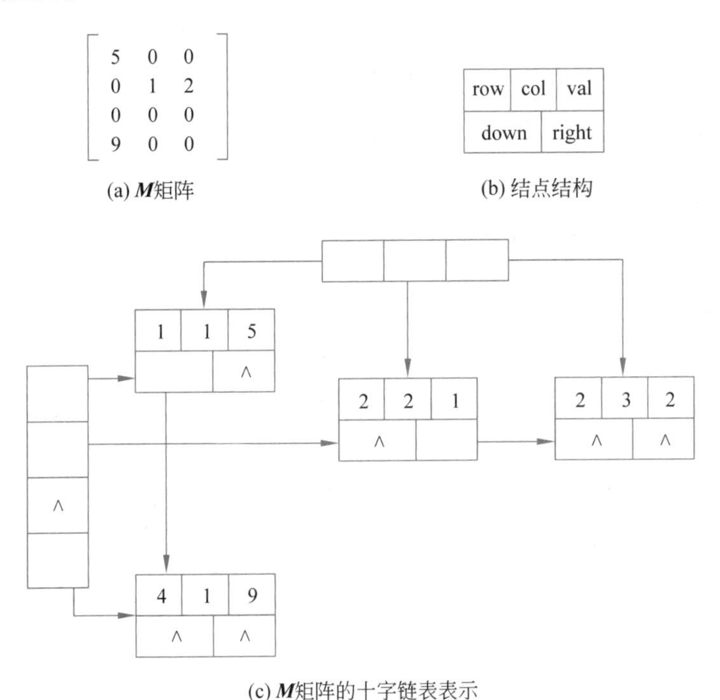

(a) ***M***矩阵

(b) 结点结构

(c) ***M***矩阵的十字链表表示

图 4-12 稀疏矩阵的十字链表表示示例

4.3 广 义 表

广义表是线性表的一种推广，又称为列表。

4.3.1 广义表的定义和特性

广义表是 n 个元素的有限序列，记为 $L=(d_1,d_2,\cdots,d_n)$。其中，L 是广义表的名称，n 是广义表的长度，$d_i(1\leqslant i\leqslant n)$是广义表的数据元素，这些数据元素可以是数据对象或广义表。若 d_i 是数据元素，则称 d_i 是广义表 L 的原子；若 d_i 是广义表，则称 d_i 为广义表的子表。显然,广义表的定义是一个递归的定义,广义表中可以包含广义表。按照惯例,用英文大写字母表示广义表的名称,用小写字母表示数据元素。

当广义表 L 非空($n>0$)时,第一个数据元素(d_1)称为广义表的表头(head),其余数据元素组成的表($d_2,d_3,\cdots,d_n$)为广义表 L 的表尾(tail),分别记为 $\text{head}(L)=d_1$,$\text{tail}(L)=(d_2,d_3,\cdots,d_n)$。下面是几个广义表的例子。

- $A=(a)$,广义表 A 的长度为 1,唯一的数据元素是原子 a。
- $B=(a,(x,y))$,广义表 B 由数据元素 a 和子表(x,y)组成,其长度为 2。
- $C=(A,B,())$,广义表 C 的长度为 3,第一个数据元素为广义表 A,第二个数据元素为广义表 B,最后一个数据元素是空表,可以写成 $C=((a),(a,(x,y)),())$。
- $D=(a,D)$,广义表的长度为 2,其中第二项仍为 D,所以 D 是一个递归表,相当于一个无限表,可写成 $D=(a,(a,(a,\cdots)))$。
- $E=()$,E 为长度为零的空表。
- $F=(E)$,F 为长度为 1 的空表,可写成 $F=(())$。

从上述定义和例子可推出如下结论。

- 一个广义表可以与其子表共享数据。在上述广义表 C 中,子表 A、B 与 C 共享数据。
- 广义表可以是一个递归的表,即广义表也可以是其本身的一个子表。上述广义表 D 就是一个递归的表。

另外,广义表的数据元素之间除存在次序关系外,还存在层次关系,这种关系可以用图形表示。例如,图 4-13 所示的广义表 C,圆形图符表示广义表,方形图符表示数据元素。

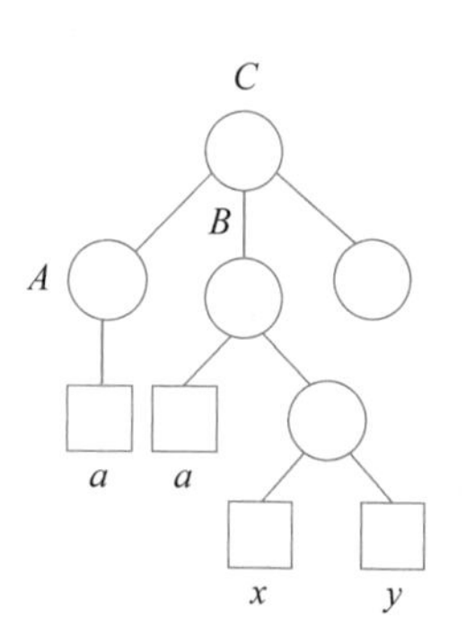

图 4-13 广义表 C 的图形表示

广义表中数据元素的最大层次称为表的深度,数据元素的层次就是包括该元素的括号对的数目。例如,在广义表 $G=(a,b,(c,(d)))$中,数据元素 a,b 在第一层,数据元素 c 在第二层,数据元素 d 在第三层,广义表 G 的深度为 3。

4.3.2 广义表的存储结构及其基本操作实现

通常,广义表采用链表存储结构。每个数据元素可用一个结点表示,这些元素可能是原子或子表,由此有两种结构结点:一种是表结点;另一种是原子结点,如图 4-14 所示。广义表的表结点由 tag、hp、tp 这 3 个域组成,其中 tag 为标识域(tag=1 标识表结点);hp 为表头域,存放指向该子表的指针值;tp 为链域,用于存放指向广义表中下一个元素的指针值,图 4-14(a)所示为表结点的结构。广义表的原子结点有 3 个域,tag 为标识域(tag=0 标识原子结点),value 为值域,link 为下一个原子的指针域,图 4-14(b)所示为原子结点的结构。

在链表中,广义表各元素之间的次序关系被表示得更为清晰。此时一般用横向箭头表示元素之间的次序,用竖向箭头表示元素之间的层次关系。图 4-15 给出了广义表 A~F 的链表存储结构。

(a) 表结点　　(b) 原子结点

图 4-14　广义表的链表结点

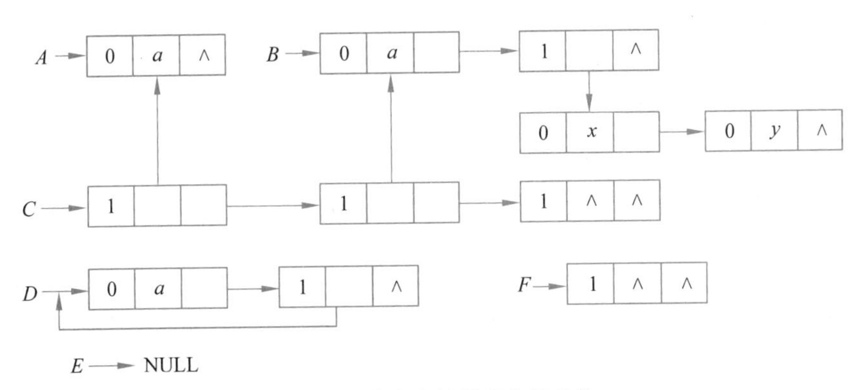

图 4-15　广义表的链表存储结构

与链表类似，可对广义表进行的操作有查找、插入和删除等。由于广义表在结构上较线性表复杂得多，所以广义表操作的实现要比线性表困难得多。下面介绍广义表的两种基本操作，取广义表的表头 head(L)和表尾 tail(L)。对前述例子，可有以下操作：

```
head(A)=a,tail(A)=();
head(B)=a,tail(B)=((x,y));
head(C)=A,tail(C)=(B,());
head(D)=a,tail(D)=(D);
head(F)=E,tail(F)=();
```

4.4 本章小结

(1) 串是一种受限制的线性表。串的存储方式有两种：静态存储结构和动态存储结构，静态存储结构分为紧缩格式存储和非紧缩格式存储。两种存储方式各有优缺点：非紧缩格式存储不能节省内存单元，但操作起来比较方便；相反，紧缩格式存储可以节省内存单元，但操作起来不方便。

(2) 数组是一种最常见的存储结构。数组一般采用顺序存储结构进行存储，在内存中是以行序为主序进行存储的。二维数组的特例就是矩阵。对于一些特殊矩阵，一般采用压缩的存储方式，如对称矩阵、三角矩阵等；除此之外，对于稀疏矩阵，我们也采用压缩存储方式：线性存储采用三元组表示法，链式存储采用十字链表表示法。

(3) 广义表也是一种线性表，对于广义表的操作主要有取表头和取表尾等。

习　题　4

一、选择题

1. 下面关于串的叙述中,不正确的是(　　)。

A. 串是字符的有限序列

B. 空串是由空格构成的串

C. 模式匹配是串的一种重要运算

D. 串既可以采用顺序存储,也可以采用链式存储

2. 若串 S_1="ABCDEFG",S2="9898",S3="###",S4="012345",执行:

```
concat(replace(S1,substr(S1,length(S2),length(S3)),S3),substr(S4,
index(S2,'8'),length(S2)))
```

结果为(　　)。

A. ABC###G0123　　B. ABCD###2345

C. ABC###G2345　　D. ABC###2345

E. ABC###G1234　　F. ABCD###1234

G. ABC###01234

3. 设有两个串 p 和 q,其中 q 是 p 的子串,求 q 在 p 中首次出现的位置的算法称为(　　)。

A. 求子串　　B. 连接　　C. 匹配　　D. 求串长

4. 设有一个10阶的对称矩阵 **A**,采用压缩存储方式,以行序为主存储,a_{11} 为第一元素,其存储地址为1,每个元素占一个地址空间,则 a_{85} 的地址为(　　)。

A. 13　　B. 33　　C. 18　　D. 40

5. 对稀疏矩阵进行压缩存储的目的是(　　)。

A. 便于进行矩阵运算　　B. 便于输入和输出

C. 节省存储空间　　D. 降低运算的时间复杂度

6. 设广义表 $A=(a,b,(c,d),(e,(f,g)))$,则下面式子的值为(　　)。

```
Head(Tail(Head(Tail(Tail(A)))))
```

A. (g)　　B. (d)　　C. c　　D. d

7. 设广义表 $L=((a,b,c))$,则 L 的长度和深度分别为(　　)。

A. 1和1　　B. 1和3　　C. 1和2　　D. 2和3

二、判断题

1. 串是一种数据对象和操作都特殊的线性表。(　　)

2. 稀疏矩阵压缩存储后,必会失去随机存取功能。(　　)

3. 数组是同类型值的集合。 (　　)

4. 数组可看成线性结构的一种推广,因此与线性表一样,可以对它进行插入、删除等操作。 (　　)

5. 一个稀疏矩阵 $\boldsymbol{A}_{m\times n}$ 采用三元组形式表示,如果把三元组中有关行下标与列下标的值互换,并把 m 和 n 的值互换,就完成了 $\boldsymbol{A}_{m\times n}$ 的转置运算。 (　　)

6. 二维以上的数组其实是一种特殊的广义表。 (　　)

7. 广义表中的元素或者是一个不可分割的原子,或者是一个非空的广义表。 (　　)

三、填空题

1. 空格串是指__(1)__,其长度等于__(2)__。

2. 组成串的数据元素只能是________。

3. 一个字符串中________称为该串的子串。

4. 数组的存储结构采用________存储方式。

5. 所谓稀疏矩阵,指的是________。

6. 广义表 $A=(((a,b),(c,d,e)))$,取出 A 中的原子 e 的操作是________。

四、应用题

1. 名词解释:串。

2. 描述以下概念的区别:空格串与空串。

3. 对于特殊矩阵和稀疏矩阵,哪一种压缩存储后会失去随机存取的功能?为什么?

4. 试述一维数组与有序表的异同。

5. 一个 $n\times n$ 的对称矩阵,如果以行或列为主序存入内存,则其容量为多少?

五、算法设计题

1. 设 s、t 为两个字符串,分别放在两个一维数组中,其长度分别为 m、n。要求判断 t 是否为 s 的子串,如果是,则输出子串所在位置(第一个字符),否则输出 0(注:用程序实现)。

2. 编写算法,打印出由指针 Hm 指向总表头的以十字链表形式存储的稀疏矩阵中每行非零元素的个数。其中,行、列及总表头结点的形式如下。

<table>
<tr><td>row</td><td>col</td><td>val</td></tr>
<tr><td colspan="2">down</td><td>right</td></tr>
</table>

非零元素已用 val 域链接成循环链表,每一行(列)的非零元素由 right(down)域把它们链接成循环链表,该行(列)的表头结点即该行(列)循环链表的表头。

实　训　3

实训目的和要求

- 进一步理解 Python 对字符串的处理。

- 学会运用 Python 替换 Word 软件中关键字的算法设计。

实训内容

编写一个完整的程序,实现 Python 替换 Word 软件中关键字的算法设计。在主函数程序中,调用要处理的 Word 文档,通过处理 Word 文档类中提供的方法,完成指定内容的替换。要求:

(1) 编写一个处理 Word 文档的类。

(2) 编写替换文字的方法,完成相关要求的替换。

(3) 要替换的内容自行设计。

实训参考程序

```
import os
import win32com
from win32com.client import Dispatch


#处理 Word 文档的类

class RemoteWord:
    def __init__(self, filename=None):
        self.xlApp = win32com.client.Dispatch('Word.Application')
                                    #此处使用的是 Dispatch,原文中使用的 DispatchEx 会报错
        self.xlApp.Visible = 0 #后台运行,不显示
        self.xlApp.DisplayAlerts = 0                              #不警告
        if filename:
            self.filename = filename
            if os.path.exists(self.filename):
                self.doc = self.xlApp.Documents.Open(filename)
            else:
                self.doc = self.xlApp.Documents.Add()     #创建新的文档
                self.doc.SaveAs(filename)
        else:
            self.doc = self.xlApp.Documents.Add()
            self.filename = ''

    def add_doc_end(self, string):
        '''在文档末尾添加内容'''
        rangee = self.doc.Range()
        rangee.InsertAfter('\n' + string)

    def add_doc_start(self, string):
        '''在文档开头添加内容'''
        rangee = self.doc.Range(0, 0)
```

```
        rangee.InsertBefore(string + '\n')

    def insert_doc(self, insertPos, string):
        '''在文档的 insertPos 位置添加内容'''
        rangee = self.doc.Range(0, insertPos)
        if (insertPos == 0):
            rangee.InsertAfter(string)
        else:
            rangee.InsertAfter('\n' + string)

    def replace_doc(self, string, new_string):
        '''替换文字'''
        self.xlApp.Selection.Find.ClearFormatting()
        self.xlApp.Selection.Find.Replacement.ClearFormatting()
        #(string--搜索文本,
        #True--区分大小写,
        #True--完全匹配的单词,并非单词中的部分(全字匹配),
        #True--使用通配符,
        #True--同音,
        #True--查找单词的各种形式,
        #True--向文档尾部搜索,
        #1,
        #True--带格式的文本,
        #new_string--替换文本,
        #2--替换个数(全部替换)
        self.xlApp.Selection.Find.Execute(string, False, False, False,
False, False, True, 1, True, new_string, 2)

    def replace_docs(self, string, new_string):
        '''采用通配符匹配替换'''
        self.xlApp.Selection.Find.ClearFormatting()
        self.xlApp.Selection.Find.Replacement.ClearFormatting()
        self.xlApp.Selection.Find.Execute(string, False, False, True, False,
False, False, 1, False, new_string, 2)
    def save(self):
        '''保存文档'''
        self.doc.Save()

    def save_as(self, filename):
        '''文档另存为'''
        self.doc.SaveAs(filename)

    def close(self):
        '''保存文件、关闭文件'''
        self.save()
```

```
        self.xlApp.Documents.Close()
        self.xlApp.Quit()


if __name__ == '__main__':

    #path = 'E:\\XXX.docx'
    path = 'd:\\大数据导论.docx'
    doc = RemoteWord(path)                                    #初始化一个 doc 对象
    #这里演示替换内容,其他功能则按照上面类的功能按需使用

    doc.replace_doc('。。', ',')                               #替换。。为,
    doc.replace_doc('o','m')                                  #替换 o 为 m(见下图)
```

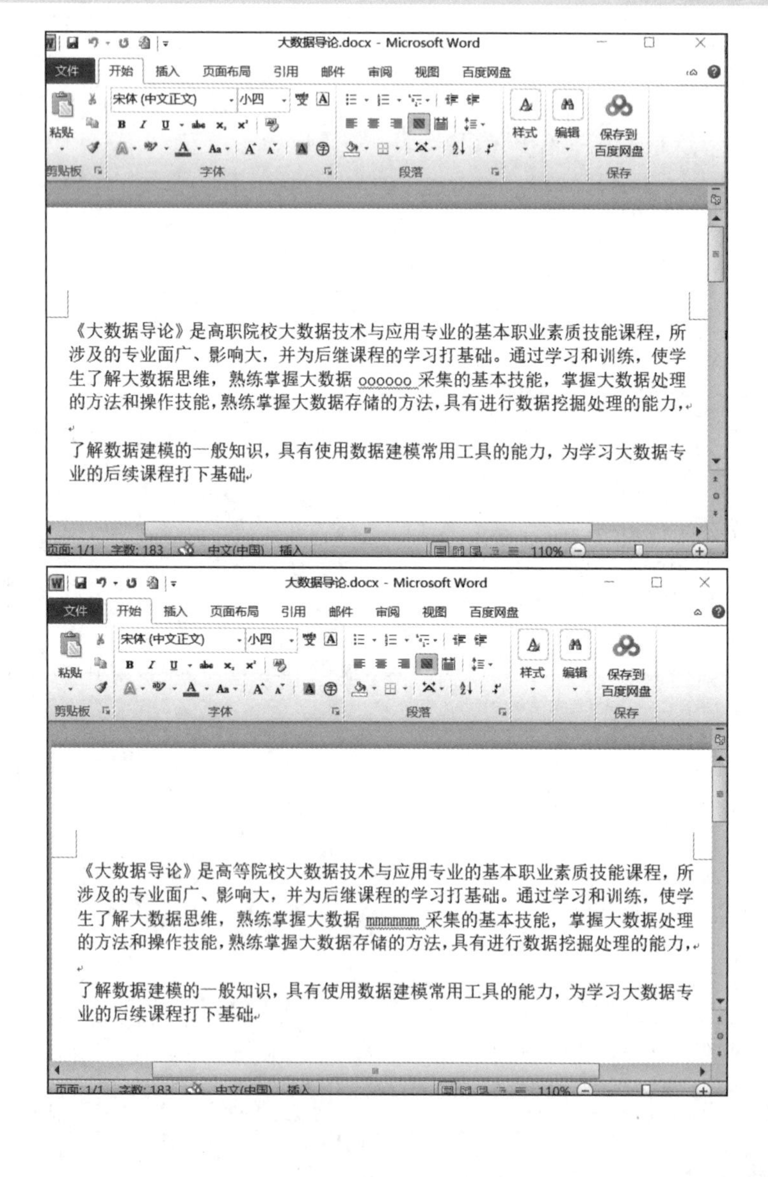

第 5 章 chapter 5

树

本章导读

树形结构是一种应用很广泛的非线性结构，是一种以分支关系定义的层次结构。本章首先介绍树的定义和表示方法，然后介绍树的遍历等操作，最后介绍树形结构的几个应用实例。

教学目标

本章要求掌握以下内容。

- 树的概念和树的基本操作。
- 二叉树的定义及存储结构。
- 二叉树的遍历。
- 二叉树的应用，包括二叉排序树、哈夫曼树等。
- 树的存储，以及树、森林和二叉树的相互转换。

5.1 树的概述

树形结构是一类重要的非线性结构，是以分支关系定义的层次结构。树形结构在现实生活和计算机领域都有广泛的应用。本节着重介绍树的基本定义和常用术语，以便用户对树形结构有一个全面的理解。

5.1.1 树的定义及基本术语

树是 $n(n \geqslant 0)$ 个结点的有限集合 T。当 $n=0$ 时，称为空树，否则称为非空树。在任一非空树中：

- 有且仅有一个特定的称为根的结点。
- 除根结点外的其余结点被分成 $m(m \geqslant 0)$ 个互不相交的集合 $T_1, T_2, \cdots, T_m$，且其中每个集合本身又是一棵树，它们被称为根的子树。

显然，这是一个递归定义，即在树的定义中又用到树的概念。它反映了树的固有特性,即树中每个结点都是该树中某一棵子树的根。

在如图 5-1 所示的树 T 中,A 是根结点,其余结点分成 3 个互不相交的子集 $T_1=\{B,E,F\}$,$T_2=\{C,G\}$,$T_3=\{D,H,I,J\}$。T_1、T_2、T_3 都是根结点 A 的子树,B、C、D 分别为这 3 棵子树的根。而子树本身也是树,按照定义可继续划分,如 T_1 中 B 为根结点,其余结点又可分为两个互不相交的子集 $T_{11}=\{E\}$和 $T_{12}=\{F\}$,显然 T_{11}、T_{12}是只含一个根结点的树(对 T_2、T_3,可做类似的划分)。由此可见,树中每一个结点都是该树中某一棵子树的根。

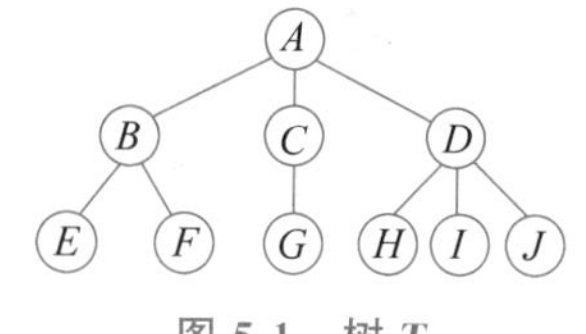

图 5-1 树 T

下面介绍树结构中常用的术语。

树中结点之间的连线称为分支。结点的子树个数称为结点的度。一棵树中结点度的最大值称为树的度。度为零的结点称为叶子结点或终端结点。度不为零的结点称为分支结点或非终端结点。结点的各子树的根称为该结点的孩子,反之,该结点称为孩子的双亲。同一双亲下的同层结点称为兄弟。将这些关系进一步推广,结点的祖先是从根到该结点所经分支上的所有结点,反之,以该结点为根的子树上的所有结点都是此结点的子孙。例如,如图 5-1 所示的树 T 中,B 的度为 2,是分支结点。E 的度为 0,是叶子结点。树的度为 3。B、C、D 是兄弟。A 是 E 的祖先,B 的子孙是 E、F。

结点的层次是从根结点算起的,设根结点在第一层上,则根结点的孩子为第二层。若某结点在第 L 层,则其子树的根就在第 $L+1$ 层。树中结点的最大层次称为树的高度或深度。图 5-1 中,树 T 的高度为 3。

森林是 $n(n\geqslant 0)$棵互不相交的树的集合。森林的概念与树非常接近,如果去掉一棵树的根,就得到森林。例如,在图 5-1 中去掉根结点 A,就得到由 3 棵树 T_1、T_2、T_3 组成的森林。反之,给由 n 棵树组成的森林加一个根结点,就生成一棵树。

5.1.2 树的表示

树的表示方法除图 5-1 所示外,还可以用一种表示集合包含关系的文氏图表示,如图 5-2(a)所示;或用凹入法表示,如图 5-2(b)所示;或用广义表的形式表示,根作为由子树森林组成的表的名字写在表的左边,如图 5-2(c)所示。

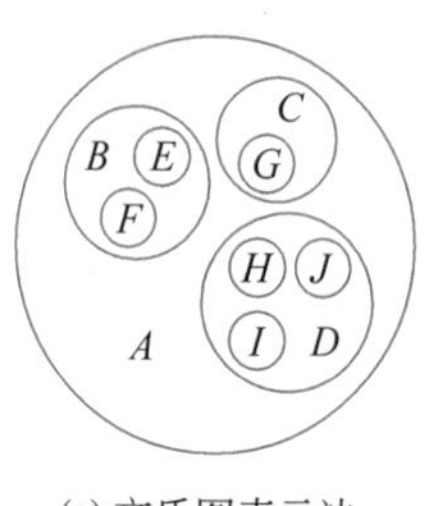

(a) 文氏图表示法

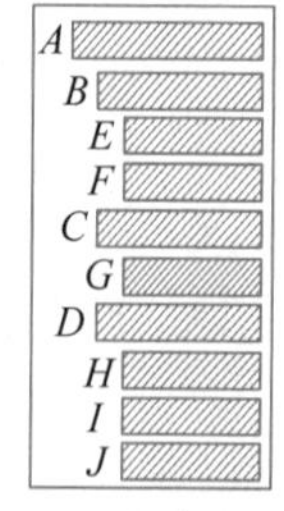

(b) 凹入表示法

(A(B(E, F), C(G), D(H, I, J)))

(c) 广义表表示法

图 5-2 树的不同表示法

5.2 二叉树及其遍历

5.2.1 二叉树的定义

二叉树是 $n(n\geqslant 0)$ 个结点的有限集合，它或为空二叉树（$n=0$），或由一个根结点和两棵分别称为根的左子树和右子树的互不相交的二叉树组成，这是二叉树的递归定义。根据这个定义，可以导出二叉树的 5 种基本形态，如图 5-3 所示。其中，图 5-3(a)为空二叉树，图 5-3(b)为仅有一个根结点的二叉树，图 5-3(c)为右子树为空的二叉树，图 5-3(d)为左子树为空的二叉树，图 5-3(e)为左、右子树均为非空的二叉树。

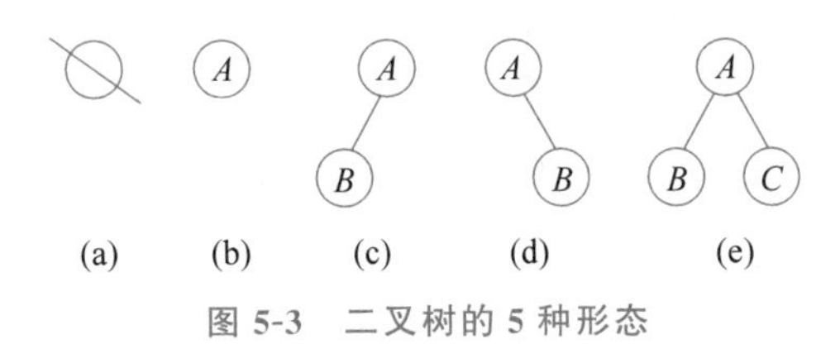

图 5-3　二叉树的 5 种形态

5.2.2 二叉树的重要性质

1. 二叉树的性质

二叉树具有下列 3 个重要特性。

性质 1　在二叉树的第 i 层上，至多有 2^{i-1} 个结点（$i\geqslant 1$）。

可利用归纳法证明性质 1 的正确性。根据结点层次的定义，二叉树的根结点在第一层上，当 $i=1$ 时，只有一个根结点，$2^{i-1}=2^0=1$，则上述结论成立。若第 $j-1$ 层上有 2^{j-2} 个结点（$1\leqslant j\leqslant i$），由于二叉树中每个结点至多有两个孩子结点，若其结点在第 $j-1$ 层，则孩子结点必在第 j 层，故在第 j 层上最多有 $2\times 2^{j-2}=2^{j-1}$ 个结点。由此，结论成立。

性质 2　高度为 k 的二叉树中至多含 2^k-1 个结点（$k\geqslant 1$）。

由性质 1 可见，高度为 k 的二叉树的最大结点数为

$$\sum_{i=1}^{k}(\text{第 } i \text{ 层上的最大结点数})=\sum_{i=1}^{k}2^{i-1}=2^k-1$$

性质 3　在任意一棵二叉树 T 中，若其叶子结点数为 n_0，度为 1 的结点数为 n_1，度为 2 的结点数为 n_2，由于二叉树中所有结点的度均小于或等于 2，所以其结点总数为

$$n=n_0+n_1+n_2 \tag{5-1}$$

二叉树中除根结点之外的每个结点都有一个指向其双亲结点的分支，则分支数 B 和结点总数 n 之间存在如下关系：

$$n=B+1 \tag{5-2}$$

从另一个角度看，这些分支可看成度为 1 的结点和度为 2 的结点与它们的孩子结点

之间的连线，则分支数 B 和 n_1 及 n_2 之间存在下列关系：

$$B = n_1 + 2n_2$$

代入式(5-2)得

$$n = n_1 + 2n_2 + 1 \tag{5-3}$$

由式(5-1)和式(5-3)，可得

$$n_0 + n_1 + n_2 = n_1 + 2n_2 + 1$$

化简得

$$n_0 = n_2 + 1$$

2. 完全二叉树和满二叉树的性质

完全二叉树和满二叉树是两种特殊形态的二叉树。

满二叉树：一棵高度为 k 且含有 $2^k - 1$ 个结点的二叉树称为满二叉树。对一棵满二叉树，若从第 1 层的根结点开始，自上而下、从左到右地对结点进行连续编号，则可给出满二叉树的顺序表示法，如图 5-4 所示。

完全二叉树：若高度为 k、有 n 个结点的二叉树是一棵完全二叉树，且当且仅当每个结点都与高度为 k 的满二叉树中编号从 1 到 n 的结点一一对应，则称该二叉树为完全二叉树，如图 5-5 所示。完全二叉树的特点是：除最下面一层外，每一层的结点个数都达到最大值，且最下面一层的结点都集中在该层最左边的若干位置。显然，一棵满二叉树一定是完全二叉树，但一棵完全二叉树不一定是满二叉树。

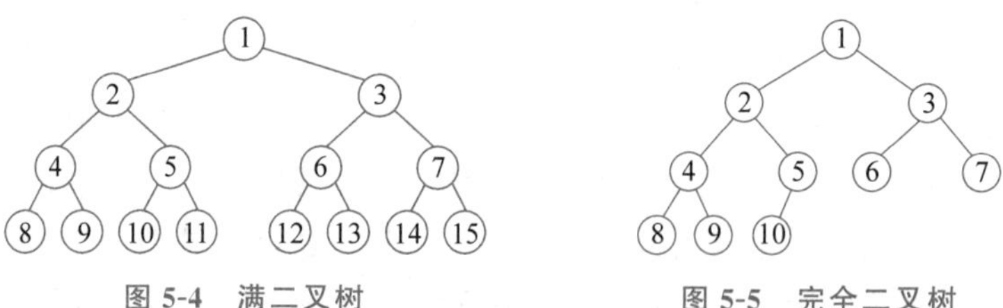

图 5-4　满二叉树　　图 5-5　完全二叉树

完全二叉树具有以下两个性质。

性质 4　如果对一棵有 n 个结点的完全二叉树的结点按顺序编号，则任一结点 $I(1 \leqslant i \leqslant n)$ 有以下特性。

- 若 $i \neq 1$，则 i 的双亲结点是结点 $[i/2]$；若 $i = 1$，则 i 是根结点，无双亲。
- 若 $2i \leqslant n$，则 i 的左孩子是结点 $2i$；若 $2i > n$，则 i 无左孩子。
- 若 $2i + 1 \leqslant n$，则 i 的右孩子是结点 $2i + 1$；若 $2i + 1 > n$，则 i 无右孩子。

性质 5　具有 n 个结点的完全二叉树的高度为 $[\log_2 n] + 1$。

证明：假设高度为 k，则根据性质 2 和完全二叉树的定义，有

$$2^{k-1} - 1 < n \leqslant 2^k - 1$$

或

$$2^{k-1} < n \leqslant 2^k$$

于是

$$k-1 \leqslant \log_2 n < k$$

由于 k 为整数，所以

$$k=[\log_2 n]+1$$

5.2.3 二叉树的存储结构

1. 顺序存储结构

存储二叉树时，是用一组连续的存储单元存储二叉树的数据元素，按满二叉树的结点顺序编号依次存放二叉树中的数据元素。用一维数组 T 存放二叉树时，如图 5-6 所示。

这种存储结构适用于存放完全二叉树和满二叉树。但对一般二叉树，这种存储结构会造成内存的浪费。如图 5-7 所示，在最坏的情况下，一个高度为 k 且只有 k 个结点的单支树(二叉树中没有度为 2 的结点)，却需要 2^k-1 个存储单元。可见，此时二叉树使用顺序存储结构，会浪费较多的存储空间。另外，顺序分配时的插入和删除操作是很不方便的，会造成大量结点的移动。因此，二叉树通常采用链式存储结构。

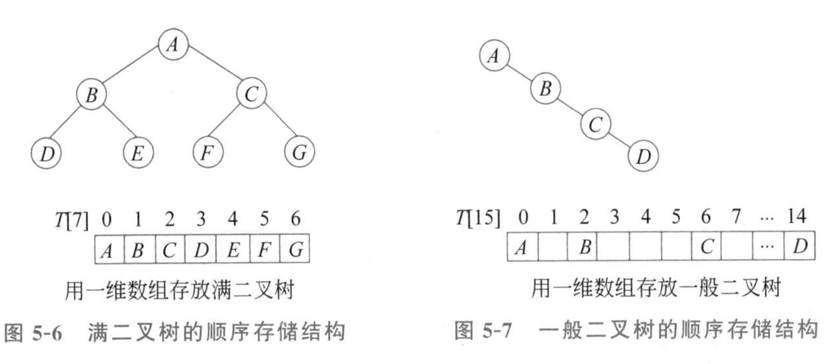

图 5-6 满二叉树的顺序存储结构　　图 5-7 一般二叉树的顺序存储结构

2. 链式存储结构

由于二叉树的每个结点最多可有左、右两棵子树，故链表的结点结构除数据域外，还可设两个链域：左孩子域(lchild)、右孩子域(rchild)，分别指向其左、右孩子。结点由两个链域组成的链表称为二叉链表。但有时为了便于找到双亲结点，还要另设一个指向双亲的链域，即结点由 3 个链域组成，此链表称为三叉链表。二叉树 T 的二叉链表表示及三叉链表表示如图 5-8 所示。

3. 建立二叉树

建立二叉树的方法有很多，这里介绍一个基于前序遍历的构造方法。算法输入的是二叉树的扩充前序序列，即在前序序列中加入空指针。若用“#”表示空指针，要建立如图 5-9 所示的二叉树，其输入的扩充前序序列为(－＊a##b##c##)，即可建立相应的二叉链表，用 Python 语言描述的算法如下。

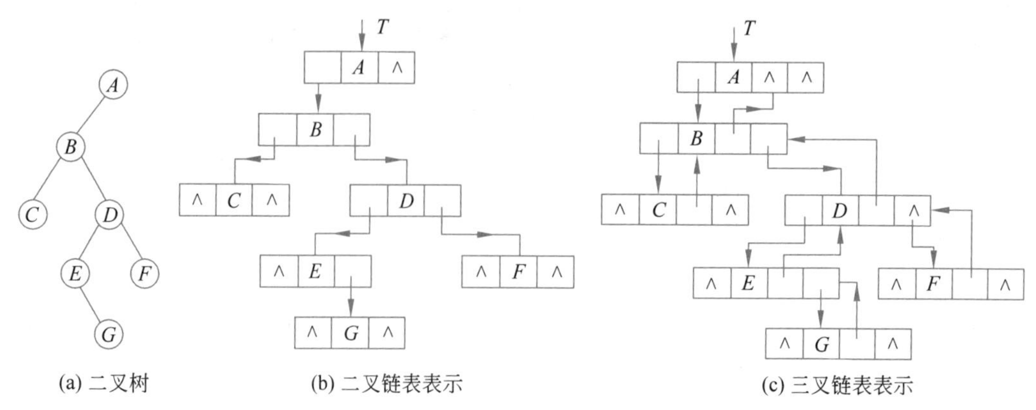

(a) 二叉树　(b) 二叉链表表示　(c) 三叉链表表示

图 5-8　二叉树的链表表示示例

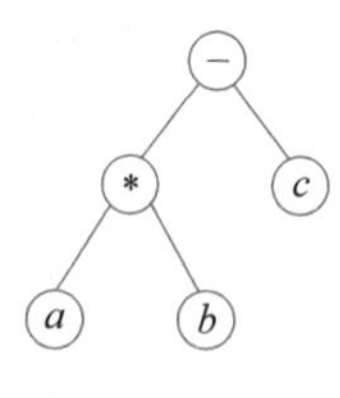

图 5-9　二叉树

例 5-1

```
class TreeNode():                                        #二叉树结点
  def __init__(self,val,lchild=None,rchild=None):
    self.val=val                                         #二叉树的结点值
    self.lchild=lchild                                   #左孩子
    self.rchild=rchild                                   #右孩子
def Creat_Tree(Root,val):
  if len(val)==0:#终止条件:val 列表中的数据用完了
    return Root
  if val[0]!='#':#构建 Root、Root.lchild、Root.rchild 3 个结点
    Root = TreeNode(val[0])
    vals.pop(0)
    Root.lchild = Creat_Tree(Root.lchild,val)
    Root.rchild = Creat_Tree(Root.rchild,val)
    return Root#本次递归要返回给上一次本层构造好的树的根结点
  else:
    Root=None
    vals.pop(0)
    return Root#本次递归要返回给上一次本层构造好的树的根结点

if __name__ == '__main__':
  Root = None
  strs="-*a##b##c##"#前序遍历扩展的二叉树序列
```

```
vals = list(strs)
#递归创建二叉树
print("程序构建由前序序列:\n%s\n构建的二叉树。\n" %vals)
Root=Creat_Tree(Root,vals)#Root就是要构建的二叉树的根结点
```

上述程序的运行结果如下所示。

```
程序构建由前序序列:
['-', '*', 'a', '#', '#', 'b', '#', '#', 'c', '#', '#']
构建的二叉树。
```

从程序运行结果可以看出,没有任何数据显示给我们,这是因为这一切操作都是在计算机内存中完成的,如果想看到我们建立的二叉树呈现出来,就需要对二叉树按照某种方式访问所建立的结点数据,形成有序序列,这就是二叉树的遍历。

5.2.4 二叉树的遍历

遍历二叉树是指按一定的规律访问二叉树的每个结点,且每个结点仅被访问一次(访问结点可理解为打印该结点的数据域值或其他操作)。遍历是二叉树最重要和最基本的运算,并且有很多实际的应用。遍历对线性结点来说,是一个容易解决的问题。由于二叉树是一个非线性结构,每个结点都可能有两棵子树,所以要找到一个完整的、有规律的走法,以使二叉树上的结点按被访问的先后顺序排列起来,得到一个线性序列。

分析二叉树的结构特性可知,一棵非空二叉树由根结点、左子树、右子树3个基本部分组成。若分别令D、L和R表示访问根结点、遍历左子树和遍历右子树,则可有DLR、LDR、LRD、DRL、RDL、RLD 6种遍历次序。若在左、右子树的遍历次序上限定先左后右,则仅有前3种情况,分别称为前序遍历、中序遍历、后序遍历。

1. 前序遍历

前序遍历的递归定义可描述为:若二叉树不空,则进行下列操作。

- 访问根结点。
- 前序遍历左子树。
- 前序遍历右子树。

若定义二叉树的存储结构为二叉链表,则根据前序遍历的递归定义,可以写出相应的Python语言算法。

例5-2

```
class TreeNode():#二叉树结点
  def __init__(self,val,lchild=None,rchild=None):
    self.val=val                              #二叉树的结点值
    self.lchild=lchild                        #左孩子
    self.rchild=rchild                        #右孩子
def Creat_Tree(Root,val):
```

```
    if len(val)==0:#终止条件:val列表中的数据用完了
      return Root
    if val[0]!='#':#构建Root、Root.lchild、Root.rchild 3个结点
      Root = TreeNode(val[0])
      vals.pop(0)
      Root.lchild = Creat_Tree(Root.lchild,val)
      Root.rchild = Creat_Tree(Root.rchild,val)
      return Root#本次递归要返回给上一次本层构造好的树的根结点
    else:
      Root=None
      vals.pop(0)
      return Root#本次递归要返回给上一次本层构造好的树的根结点

def preOrderTraversal(root):
    if root is None:
        return
    #输出当前访问的根结点值
    print(root.val, end=' ')
    #按前序遍历左子树
    preOrderTraversal(root.lchild)
    #按前序遍历右子树
    preOrderTraversal(root.rchild)

if __name__ == '__main__':
  Root = None
  strs="-*a##b##c##"#前序遍历扩展的二叉树序列
  vals = list(strs)
  #递归创建二叉树
  print("程序构建由前序序列:\n%s\n构建的二叉树。\n" %vals)
  Root=Creat_Tree(Root,vals)#Root就是要构建的二叉树的根结点
  print("二叉树的前序遍历结果为:\n")
  preOrderTraversal(Root)
```

例如图5-9所示的二叉树,若按前序遍历的方法,则输出结点的序列是 $-*abc$。上述程序的运行结果如下所示。

```
程序构建由前序序列:
['-', '*', 'a', '#', '#', 'b', '#', '#', 'c', '#', '#']
构建的二叉树。
二叉树的前序遍历结果为:
- * a b c
```

2. 中序遍历

中序遍历的递归定义是：若二叉树不空，则进行下列操作。

- 按中序遍历左子树。
- 访问根结点。
- 按中序遍历右子树。

用 Python 语言描述的算法如下。

例 5-3

```
class TreeNode():                                  #二叉树结点
  def __init__(self,val,lchild=None,rchild=None):
    self.val=val                                   #二叉树的结点值
    self.lchild=lchild                             #左孩子
    self.rchild=rchild                             #右孩子
def Creat_Tree(Root,val):
  if len(val)==0:#终止条件:val 列表中的数据用完了
    return Root
  if val[0]!='#':#构建 Root、Root.lchild、Root.rchild 3 个结点
    Root = TreeNode(val[0])
    vals.pop(0)
    Root.lchild = Creat_Tree(Root.lchild,val)
    Root.rchild = Creat_Tree(Root.rchild,val)
    return Root#本次递归要返回给上一次本层构造好的树的根结点
  else:
    Root=None
    vals.pop(0)
    return Root#本次递归要返回给上一次本层构造好的树的根结点

def inOrderTraversal(root):
    if root is None:
        return

    #按中序遍历左子树
    inOrderTraversal(root.lchild)
    #输出当前访问的根结点值
    print(root.val, end=' ')
    #按中序遍历右子树
    inOrderTraversal(root.rchild)

if __name__ == '__main__':
  Root = None
  strs="-*a##b##c##"#前序遍历扩展的二叉树序列
  vals = list(strs)
  #递归创建二叉树
```

```
print("程序构建由前序序列:\n%s\n 构建的二叉树。\n" %vals)
Root=Creat_Tree(Root,vals)#Root 就是要构建的二叉树的根结点
print("二叉树的中序遍历结果为:\n")
inOrderTraversal(Root)
```

若对图5-9所示的二叉树执行中序遍历，则输出的结点序列为 a＊b－c。

上述程序的运行结果如下所示。

```
程序构建由前序序列:
['-', '*', 'a', '#', '#', 'b', '#', '#', 'c', '#', '#']
构建的二叉树。
二叉树的中序遍历结果为:
a * b - c
```

3. 后序遍历

后序遍历的递归定义为：若二叉树不空，则执行如下操作。

- 按后序遍历左子树。
- 按后序遍历右子树。
- 访问根结点。

用Python语言描述的算法如下。

例5-4

```
class TreeNode():                                          #二叉树结点
  def __init__(self,val,lchild=None,rchild=None):
    self.val=val                                           #二叉树的结点值
    self.lchild=lchild                                     #左孩子
    self.rchild=rchild                                     #右孩子
def Creat_Tree(Root,val):
  if len(val)==0:#终止条件:val 列表中的数据用完了
    return Root
  if val[0]!='#':#构建 Root、Root.lchild、Root.rchild 3 个结点
    Root = TreeNode(val[0])
    vals.pop(0)
    Root.lchild = Creat_Tree(Root.lchild,val)
    Root.rchild = Creat_Tree(Root.rchild,val)
    return Root#本次递归要返回给上一次本层构造好的树的根结点
  else:
    Root=None
    vals.pop(0)
    return Root#本次递归要返回给上一次本层构造好的树的根结点

#后序遍历,左右根
def postOrderTraversal(root):
```

```
        if root is None:
            return
        #按后序遍历左子树
        postOrderTraversal(root.lchild)
        #按后序遍历右子树
        postOrderTraversal(root.rchild)
        #输出当前访问的根结点值
        print(root.val, end=' ')
if __name__ == '__main__':
    Root = None
    strs="-*a##b##c##"#前序遍历扩展的二叉树序列
    vals = list(strs)
    #递归创建二叉树
    print("程序构建由前序序列:\n%s\n构建的二叉树。\n" %vals)
    Root=Creat_Tree(Root,vals)#Root就是要构建的二叉树的根结点
    print("二叉树的后序遍历结果为:\n")
    postOrderTraversal(Root)
```

若对图5-9所示的二叉树实行后序遍历,则输出的结点序列为 $ab*c-$。

上述程序的运行结果如下所示:

```
程序构建由前序序列:
['-', '*', 'a', '#', '#', 'b', '#', '#', 'c', '#', '#']
构建的二叉树。
二叉树的后序遍历结果为:
a b * c -
```

4. 前序遍历二叉树的非递归算法

前面讲述了二叉树遍历的递归算法,但在有些算法语言中是不允许递归调用的,所以有必要讨论二叉树遍历的非递归算法。下面利用栈写出各种遍历二叉树的非递归算法。

使用栈实现前序遍历二叉树的基本思想是:从二叉树的根结点开始,沿左支一直走到没有左孩子的结点为止,在走的过程中访问所遇结点,并使非空右孩子进栈。当找到没有左孩子的结点时,从栈顶退出某结点的右孩子,此时该结点的左子树已遍历完,再按上述过程遍历结点的右子树。如此重复,直到二叉树中的所有结点都访问完毕为止。前序遍历二叉树的非递归算法如下。

例5-5

```
#前序遍历的非递归算法
class TreeNode():                                          #二叉树结点
    def __init__(self,val,lchild=None,rchild=None):
        self.val=val                                       #二叉树的结点值
```

```
        self.lchild=lchild                          #左孩子
        self.rchild=rchild                          #右孩子
def Creat_Tree(Root,val):
    if len(val)==0:#终止条件:val列表中的数据用完了
        return Root
    if val[0]!='#':#构建Root、Root.lchild、Root.rchild 3个结点
        Root = TreeNode(val[0])
        vals.pop(0)
        Root.lchild = Creat_Tree(Root.lchild,val)
        Root.rchild = Creat_Tree(Root.rchild,val)
        return Root#本次递归要返回给上一次本层构造好的树的根结点
    else:
        Root=None
        vals.pop(0)
        return Root#本次递归要返回给上一次本层构造好的树的根结点

def preOrderTraversal(root):
    stack=[root]#设计栈来存放没被访问的结点
    while len(stack)>0:
        print(root.val,end=" ")
        if root.rchild is not None:
            #如果右孩子不空,就将右孩子及其分支入栈
            stack.append(root.rchild)
        if root.lchild is not None:
            #如果左孩子不空,就将左孩子及其分支入栈
            stack.append(root.lchild)
        root=stack.pop()

if __name__ == '__main__':
    Root = None
    strs="-*a##b##c##"#前序遍历扩展的二叉树序列
    vals = list(strs)
    #递归创建二叉树
    print("程序构建由前序序列:\n%s\n构建的二叉树。\n" %vals)
    Root=Creat_Tree(Root,vals)#Root就是要构建的二叉树的根结点
    print("二叉树的前序遍历结果为:\n")
    preOrderTraversal(Root)
```

上述程序的运行结果如下所示。

```
程序构建由前序序列:
['-', '*', 'a', '#', '#', 'b', '#', '#', 'c', '#', '#']
构建的二叉树。
```

```
二叉树的前序遍历结果为:
- * a b c
```

5. 中序遍历二叉树的非递归算法

使用栈实现中序遍历二叉树的基本思想与前序遍历类似,只是在沿左支向前走的过程中使所遇结点进栈,待到遍历完左子树时,从栈顶取出结点并访问、退栈,然后再遍历右子树。中序遍历二叉树的非递归算法如下。

例 5-6

```
#中序遍历的非递归算法
class TreeNode():                                    #二叉树结点
  def __init__(self,val,lchild=None,rchild=None):
    self.val=val                                     #二叉树的结点值
    self.lchild=lchild                               #左孩子
    self.rchild=rchild                               #右孩子
def Creat_Tree(Root,val):
  if len(val)==0:#终止条件:val 列表中的数据用完了
    return Root
  if val[0]!='#':#构建 Root、Root.lchild、Root.rchild 3 个结点
    Root = TreeNode(val[0])
    vals.pop(0)
    Root.lchild = Creat_Tree(Root.lchild,val)
    Root.rchild = Creat_Tree(Root.rchild,val)
    return Root#本次递归要返回给上一次本层构造好的树的根结点
  else:
    Root=None
    vals.pop(0)
    return Root#本次递归要返回给上一次本层构造好的树的根结点

def inOrderTraversal(root):
    stack=[]#设计栈来存放没被访问的结点
    while root is not None or len(stack)>0:
        if root is not None:
            stack.append(root)
            root=root.lchild
        else:
            root=stack.pop()
            print(root.val,end=" ")
            root=root.rchild


if __name__ == '__main__':
  Root = None
  strs="-*a##b##c##"#前序遍历扩展的二叉树序列
```

```
    vals = list(strs)
    #递归创建二叉树
    print("程序构建由前序序列:\n%s\n 构建的二叉树。\n" %vals)
    Root=Creat_Tree(Root,vals)#Root 就是要构建的二叉树的根结点
    print("二叉树的中序遍历结果为:\n")
    inOrderTraversal(Root)
```

以上程序的运行结果如下所示。

```
程序构建由前序序列:
['-', '*', 'a', '#', '#', 'b', '#', '#', 'c', '#', '#']
构建的二叉树。
二叉树的中序遍历结果为:
a * b - c
```

6. 后序遍历二叉树的非递归算法

使用栈实现后序遍历二叉树要比前序及中序遍历复杂一些。每个结点要等到遍历左、右子树之后才得以访问,所以在遍历左、右子树之前,结点都需要进栈。当它出栈时,需要判断是从遍历左子树后的返回(刚遍历完左子树,需要继续遍历右子树),还是从遍历右子树后的返回(刚遍历完右子树,需要访问这个结点)。为了区分同一个结点的两次退栈,设两个栈对没访问的结点进行存储,第一个栈按后序遍历过程将左结点→右结点→根点的顺序将结点依次入栈,出栈次序正好相反;第二个栈存储为第一个栈的每个弹出依次进栈,最后对第二栈出栈的结点数据进行遍历输出。后序遍历二叉树的非递归算法如下。

例 5-7

```
#后序遍历的非递归算法
class TreeNode():                                              #二叉树结点
  def __init__(self,val,lchild=None,rchild=None):
    self.val=val                                               #二叉树的结点值
    self.lchild=lchild                                         #左孩子
    self.rchild=rchild                                         #右孩子
def Creat_Tree(Root,val):
  if len(val)==0:#终止条件:val 列表中的数据用完了
    return Root
  if val[0]!='#':#构建 Root、Root.lchild、Root.rchild 3 个结点
    Root = TreeNode(val[0])
    vals.pop(0)
    Root.lchild = Creat_Tree(Root.lchild,val)
    Root.rchild = Creat_Tree(Root.rchild,val)
    return Root#本次递归要返回给上一次本层构造好的树的根结点
  else:
    Root=None
```

```
        vals.pop(0)
        return Root#本次递归要返回给上一次本层构造好的树的根结点

#后序遍历,左右根
def postOrderTraversal(root):
    #第一个栈进栈顺序为:左结点→右结点→根结点
    #第一个栈出线顺序:根结点→右结点→左节点
    stack=[root]
    #第二栈存储为第一个栈的每个弹出依次进栈
    stack2=[]
    while len(stack)>0:
        root=stack.pop()
        stack2.append(root)
        if root.lchild is not None:
            stack.append(root.lchild)
        if root.rchild is not None:
            stack.append(root.rchild)
    while len(stack2)>0:
        print(stack2.pop().val,end=" ")

if __name__ == '__main__':
  Root = None
  strs="-*a##b##c##"#前序遍历扩展的二叉树序列
  vals = list(strs)
  #递归创建二叉树
  print("程序构建由前序序列:\n%s\n 构建的二叉树。\n" %vals)
  Root=Creat_Tree(Root,vals)#Root 就是要构建的二叉树的根结点
  print("二叉树的后序遍历结果为:\n")
  postOrderTraversal(Root)
```

上述程序的运行结果如下所示。

```
程序构建由前序序列:
['-', '*', 'a', '#', '#', 'b', '#', '#', 'c', '#', '#']
构建的二叉树。
二叉树的后序遍历结果为:
a b * c -
```

由于遍历二叉树的基本操作是访问结点,因此不论按哪种次序进行遍历,对含 n 个结点的二叉树,其时间复杂度均为 $O(n)$。

7. 由结点前序序列和中序序列构造对应的二叉树

假定二叉树中各结点的数据域值均不相同,如果给定一棵二叉树结点的前序序列和

中序序列,就可以唯一地确定一棵二叉树。下面介绍由这两种序列构造一棵二叉树的方法。

根据前序遍历的定义,前序序列中的第一个元素必为二叉树的根结点。由中序遍历定义可知,中序序列中根结点元素恰为左、右子树的中序序列的分界点,根结点元素把中序序列划分成两个子序列,即左子树的中序序列和右子树的中序序列。然后就可以根据左子树的中序序列结点个数,在前序序列中找到对应的左子树的前序序列和右子树的前序序列。此时可先建立一个根结点,再确定其左、右子树各自的中序序列和前序序列,然后用同样的方法分别找出其左、右子树的根结点及子树根结点的左、右子树各自的中序序列和前序序列,依次类推,直至左、右子树中只含一个结点为止。

例如,已知结点的前序序列为 $ABCDEFGH$,中序序列为 $CBEDAGHF$,按上述方法构造一棵二叉树,构造过程如图 5-10 所示。

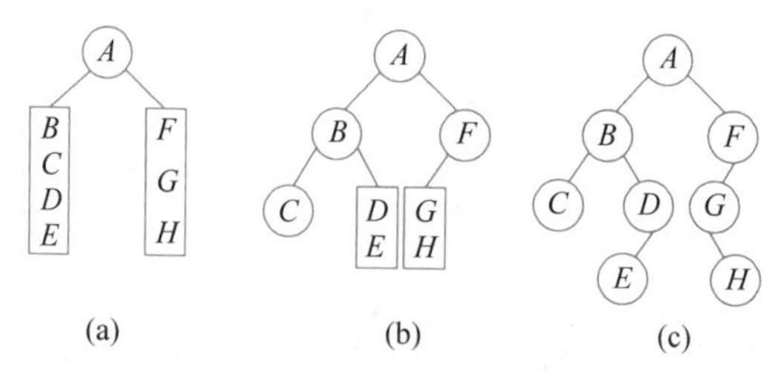

图 5-10 由前序序列和中序序列构造一棵二叉树的过程示例

首先由前序序列得知二叉树的根为 A,则其左子树的中序序列为 $CBED$,其元素个数为 4,右子树的中序序列为 GHF。由左子树中的元素个数可确定左子树的前序序列为 $BCDE$,右子树的前序序列为 FGH。类似地,可由左子树的前序序列和中序序列构造 A 的左子树,由右子树的前序序列和中序序列构造 A 的右子树。

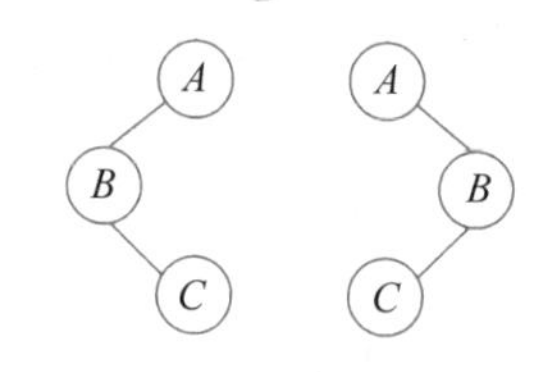

图 5-11 两棵前序和后序序列相同的二叉树

与上述方法类似,把后序序列中最后一个元素作为根结点,即可以根据结点的中序序列和后序序列唯一确定一棵二叉树。但不能根据结点的前序序列和后序序列唯一确定一棵二叉树,因为两棵不同的二叉树可能有相同的前序序列和后序序列,如图 5-11 所示的两棵二叉树,它们有相同的前序序列 ABC 和后序序列 CBA。

5.3 线索二叉树

由 5.2 节的讨论可知,遍历二叉树时是按一定的规则将二叉树中的结点排成一个线性序列,得到二叉树中结点的前序序列、中序序列或后序序列。这实质上是对一个非线性结构进行线性化,使每个结点(除序列中第一个和最后一个结点外)在线性序列中有且仅有一个直接前驱和直接后继。例如,在图 5-9 所示的二叉树的结点的前序序列($- * abc$)中,b 的前驱是 a,后继是 c。

但是，当以二叉链表作为存储结构时，如何保存这种在遍历的过程中才能得到的信息呢？有两种解决方法，最简单的方法是在每个结点上增加指针域，即前驱域和后继域，分别指示结点在以任一次序遍历时得到的前驱和后继信息，但这样做使得结构的存储密度大大降低。另一种方法是利用二叉链表中的空链域存放结点的前驱和后继信息。

5.3.1 线索二叉树的定义

有 n 个结点的二叉树，有 $2n$ 个指针域，其中只有 $n-1$ 个域用来指向结点的孩子，另外 $n+1$ 个域存放的是 NULL。现在，我们在这些空链域中存放指向结点的前驱和后继的指针，这样的指针称为线索。为了区别指针域中存放的是正常指针还是线索，必须在二叉链表的结点结构中增加两个标记域，如图 5-12 所示。

ltag	lchild	data	rchild	rtag

图 5-12 线索二叉树的结点结构

其中，$\text{ltag}=\begin{cases}0 & \text{lchild 域指向结点的左孩子}\\1 & \text{lchild 域指向结点的前驱}\end{cases}$

$\text{rtag}=\begin{cases}0 & \text{rchild 域指向结点的右孩子}\\1 & \text{rchild 域指向结点的后继}\end{cases}$

以这种结点结构构成的二叉链表作为二叉树的存储结构叫作线索链表，加上线索的二叉树称为线索二叉树。对二叉树以某种次序遍历，使其变为线索二叉树的过程称为线索化。图 5-13 所示为线索二叉树及其存储结构，图中的实线是树中真正的指针，虚线为线索。

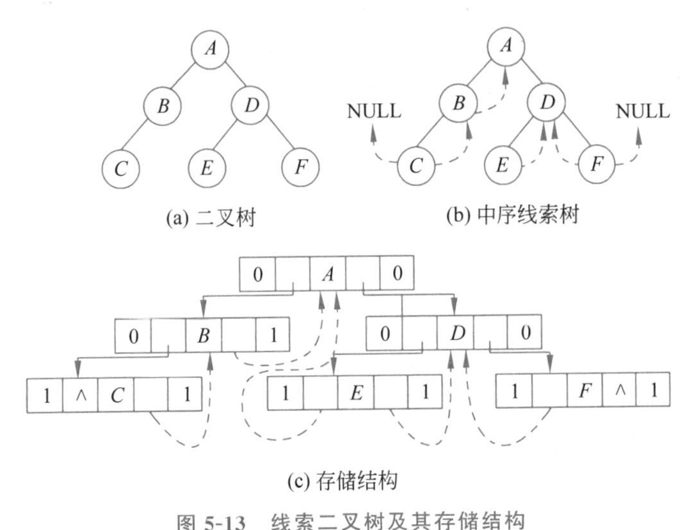

图 5-13 线索二叉树及其存储结构

用 Python 语言描述线索二叉树结点结构的定义如下。

```
class TreeNode(object):
    def __init__(self, val='#'):
```

```
        self.val = val
        self.lchild = None
        self.rchild = None

        #设线索化标志
        #如果 ltag==0 表示指向的是左子树,则 ltag=1 表示指向的是前驱结点
        #如果 rtag==0 表示指向的是右子树,则 rtag=1 表示指向的是后继结点
        self.itag = 0 #注意,这里必须写 0,不能写空值
        self.rtag = 0
```

对于一棵给定的二叉树,按不同遍历方法进行线索化时,得到的是不同的线索树。下面讨论建立中序线索树的算法。

线索化的过程即在遍历的过程中修改空指针的过程。为了记下遍历过程中访问结点的先后关系,用搜索指针 node 指向当前访问的结点,设 node 的前驱指针为 pre,算法初始时,令 pre 为 NULL,node 指向根结点。建立中序线索树的算法如下。

例 5-8

```
class TreeNode(object):
    def __init__(self, val='#'):
        self.val = val
        self.lchild = None
        self.rchild = None

        #设线索化标志
        #如果 ltag==0 表示指向的是左子树,则 ltag=1 表示指向的是前驱结点
        #如果 rtag==0 表示指向的是右子树,则 rtag 表示指向的是后继结点
        self.itag = 0 #注意,这里必须写 0,不能写空值
        self.rtag = 0

class ThreadedBinaryTree(object):
    def __init__(self):
        self.root = None
        #递归进行线索化,总是保留前一个结点
        self.pre = None        #为实现线索化,需要创建指向当前结点的前驱结点的指针

    #中序遍历测试
    def in_order(self, node):
        if node is None:
            return
        self.in_order(node.lchild)
        print(node.val, end=' ')
        self.in_order(node.rchild)

    #二叉树进行中序线索化的方法
```

```
    def threaded_node(self, node):    #node 就是当前需要线索化的结点
        if node is None:
            return
        #先线索化左子树
        self.threaded_node(node.lchild)

        #线索化当前结点
        #处理当前结点的前驱结点
        if node.lchild is None:          #如果当前结点的左子结点为空
            node.lchild = self.pre       #让当前结点的左指针指向前驱结点
            node.itag = 1                #修改当前结点的左指针类型为前驱结点
        #处理当前结点的后继结点
        if self.pre and self.pre.rchild is None:
            self.pre.rchild = node       #让前驱结点的右指针指向当前结点
            self.pre.rtag = 1            #修改前驱结点的右指针类型
        self.pre = node          #每处理一个结点后,让当前结点是下一个结点的前驱结点

        #线索化右子树
        self.threaded_node(node.rchild)


if __name__ == '__main__':
    t = ThreadedBinaryTree()
   #手动创建每个结点及其二叉树
    #只是为了更好地测试线索化有没有成功
    t1 = TreeNode('A')
    t2 = TreeNode('B')
    t3 = TreeNode('C')
    t4 = TreeNode('D')
    t5 = TreeNode('E')
    t6 = TreeNode('F')
    t1.lchild = t2
    t1.rchild = t4
    t2.lchild = t3
    t4.lchild = t5
    t4.rchild = t6

    print("对图 5-13 手动建立的二叉树进行中序遍历,结果为:")
    t.in_order(t1)
    #线索化二叉树
    t.threaded_node(t1)
    #测试:以值为 B 的结点测试
    left_node = t2.lchild
```

```
    print()
    print("测试线索化建立的结果:")
    print("B 的前驱结点是:%c" % left_node.val)
    right_node = t2.rchild
    print("B 的后继结点是:%c" % right_node.val)
```

上述程序的运行结果如下所示。

```
对图 5-13 手动建立的二叉树进行中序遍历,结果为:
C B A E D F
测试线索化建立的结果:
B 的前驱结点是:C
B 的后继结点是:A
```

此算法的时间复杂度和附加空间复杂度分别为 $O(n)$ 及 $O(k)$。n 为二叉树的结点数,k 为二叉树的深度。

5.3.2 线索二叉树的基本操作

二叉树进行线索化后,检索结点的前驱与后继就方便了。下面分别讨论求指定结点的前驱或后继的算法。

1. 求结点 q 的前驱

若结点 q 的左标记域等于 1,即 q.ltag=1,则 q 的左指针域指向前驱;若 q.ltag=0,则取 q 的左孩子 p;此时,若 p 没有右孩子,即 p.rtag=1,则 p 为 q 的前驱,但若 p 有右孩子,则需沿着右孩子的右指针链查询右孩子的右标记域,一直查到某结点无右孩子(即 rtag=1)为止,该结点即 q 的前驱。

2. 求结点 q 的后继

若 q 的右标记域等于 1,即 q.rtag=1,则 q 的右指针域指向后继。若 q.rtag=0,则取 q 的右孩子 p;此时,若 p 没有左孩子,则 p 是 q 的后继,但若 p 有左孩子,则需沿着左孩子的左链查询左孩子的左标记域,一直查到某一结点的左标记域等于 1 为止,此结点即 q 的后继。此时称 q 为右子树的最左结点。

5.4 树和森林

5.4.1 树的存储结构

在计算机内存中,树可以用顺序结构存储,也可以用链式结构存储。由于树的应用十分广泛,所以其存储方式也多种多样,针对不同的应用,可采用不同的存储方式。

1. 双亲表示法

可用数组 T 顺序地存放树的各个结点，结点的存放次序是任意的。结点的类型定义和数组说明如下。

```
class Node:
    def  __init__(self,data,parent):
        self.data= data
        self.parent = parent
class tree:
    def __init__(self):
        self.t = []
```

其中，parent 是存放双亲结点的存储位置，存储位置是结点在数组中的下标。一般地，t[0].parent 存放树中的结点个数 n，t[0].data=0(可作它用)。树的根结点没有双亲，其双亲域值为 0。图 5-14 为一棵树及其双亲表示。

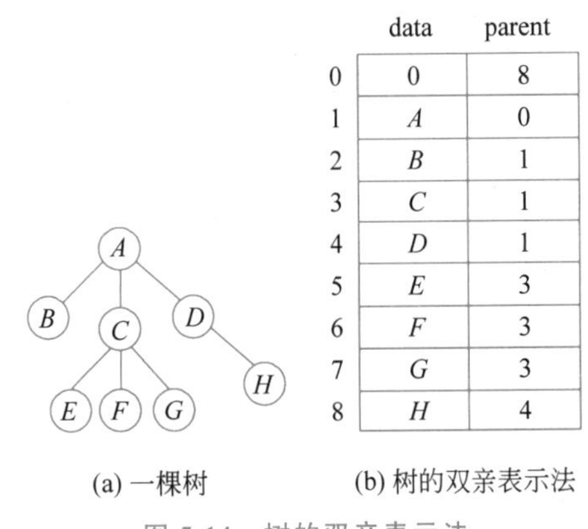

	data	parent
0	0	8
1	A	0
2	B	1
3	C	1
4	D	1
5	E	3
6	F	3
7	G	3
8	H	4

(a) 一棵树　　(b) 树的双亲表示法

图 5-14　树的双亲表示法

用这种方法存储，容易找到双亲结点及所有的祖先，但找结点的孩子却比较麻烦，需要顺序扫描数组。用 Python 语言实现树的存储的算法如下。

例 5-9

```
#树的双亲表示法
class Node:
    def  __init__(self,data,parent):
        self.data = data
        self.parent = parent
class tree:
    def __init__(self):
        self._array = []
    def addNode(self,data,parent):
        node = Node(data,parent)
```

```
        self._array.append(node)
    def show(self):
        for i,v in enumerate(self._array):
            print('结点下标为 = {} 值为 = {} 父结点下标为{}'.format(i,v.data,v.
parent))
    def findparent(self,node):
        return self._array[node.parent]
if __name__=='__main__':
    print("-----1.建立双亲表示树-----\n-----2.显示建立结果-----\n")
    print("-----3.输入结点求双亲结点-----\n-----4.退出-----\n")
    tree = tree()
    while True:

        number=int(input("请输入选择(1-4)"))
        if number==1:
            print("请输入结点 data 以及双亲 parent 所在的下标")
            data=input();
            parent=int(input())
            if data!='#':#用#代表数据输入结束
                tree.addNode(data.strip(),parent)
            else:
                print("数据输入结束,请选择其他选项\n")
        elif number==2:
            tree.show()
        elif number==3:
            print("请输入某一结点的数据值 data,以及双亲结点的下标 parent,求双亲结点")
            data=input();
            parent=int(input())
            node = Node(data,parent)
            node_parent = tree.findparent(node)
            print('父结点为={}'.format(node_parent.data))
        elif number==4:
            break
        else:
            print("输入错误请重新输入数字(1-4)\n")
```

上述程序的运行结果如下所示。

```
-----1.建立双亲表示树-----
-----2.显示建立结果-----
-----3.输入结点求双亲结点-----
-----4.退出-----
请输入选择(1-4) 1
```

```
请输入结点 data 以及双亲 parent 所在的下标
0
8
请输入选择(1-4) 1
请输入结点 data 以及双亲 parent 所在的下标
A
0
请输入选择(1-4) 1
请输入结点 data 以及双亲 parent 所在的下标
B
1
请输入选择(1-4) 1
请输入结点 data 以及双亲 parent 所在的下标
C
1
请输入选择(1-4) 1
请输入结点 data 以及双亲 parent 所在的下标
D
1
请输入选择(1-4) 1
请输入结点 data 以及双亲 parent 所在的下标
E
3
请输入选择(1-4) 1
请输入结点 data 以及双亲 parent 所在的下标
F
3
请输入选择(1-4) 1
请输入结点 data 以及双亲 parent 所在的下标
G
3
请输入选择(1-4) 1
请输入结点 data 以及双亲 parent 所在的下标
H
4
请输入选择(1-4) 2
结点下标为 = 0 值为 = 0 父结点下标为 8
结点下标为 = 1 值为 = A 父结点下标为 0
结点下标为 = 2 值为 = B 父结点下标为 1
结点下标为 = 3 值为 = C 父结点下标为 1
结点下标为 = 4 值为 = D 父结点下标为 1
结点下标为 = 5 值为 = E 父结点下标为 3
结点下标为 = 6 值为 = F 父结点下标为 3
```

```
结点下标为 = 7 值为 = G 父结点下标为 3
结点下标为 = 8 值为 = H 父结点下标为 4
请输入选择(1-4) 3
请输入某一结点的数据值 data,以及双亲结点的下标 parent,求双亲结点
H
4
父结点为=D
请输入选择(1-4) 4
```

2. 多重链表表示法

若树中每个结点可能有多棵子树，则可用多重链表表示树，即每个结点设多个指针域，其中每个指针域指向一棵子树的根结点，此时链表中的结点可有定长结点和不定长结点两种形式。

(1) 定长结点的多重链表

取树的度数作为每个结点的指针域个数。由于树中大部分结点的度数可能小于树的度数，所以这种方法使很多结点的部分指针域为空，空间较浪费。不难推出，在一棵有 n 个结点、度为 k 的树中，必有 $n(k-1)+1$ 个空链域，如图 5-15(a)所示的树，若采用此方式的存储状态，则如图 5-15(b)所示。

(2) 不定长结点的多重链表

树中每个结点都取它自己的度数作为指针域的个数，对终端结点就不设指针域了。另外，在每个结点中设置一个度数域，指出该结点的度数。其表示方法如图 5-15(c)所示。与前一种方法相比，这种方法虽能节约存储空间，但操作不方便。

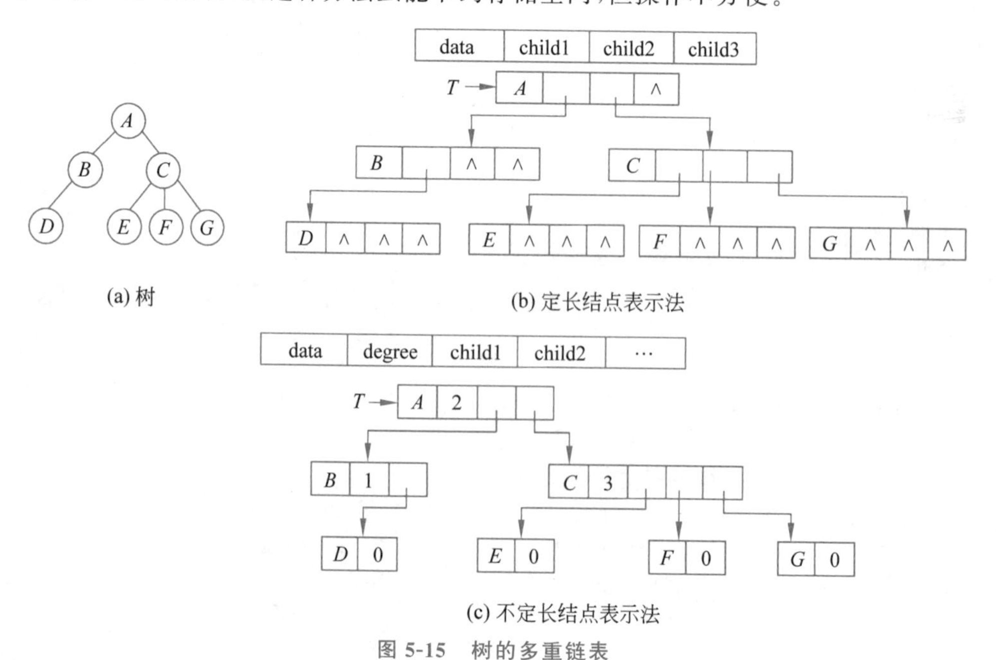

(a) 树　　(b) 定长结点表示法

(c) 不定长结点表示法

图 5-15　树的多重链表

3. 孩子兄弟表示法

孩子兄弟表示法又称二叉树表示法，或二叉链表表示法。它以二叉链表作为树的存储结构，链表中每个结点设两个指针域，分别指向该结点的第一个孩子结点和下一个兄弟结点，分别命名为 fc 域和 ns 域。对于图 5-15(a)所示的树，它的孩子兄弟表示法如图 5-16 所示。

此种结构表示法可方便地实现各种树的操作，尤其易于实现找结点孩子等操作。

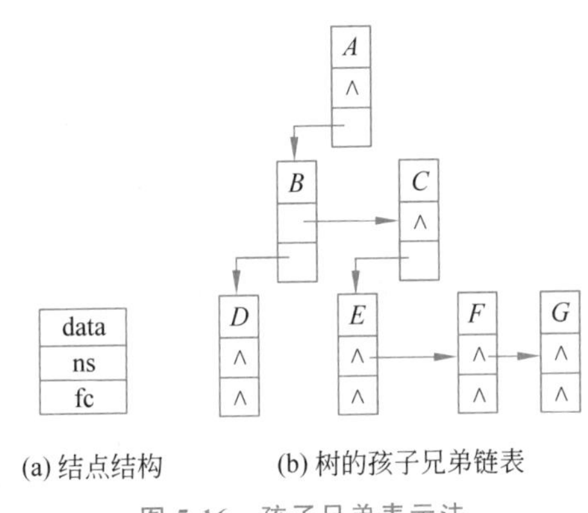

(a) 结点结构 (b) 树的孩子兄弟链表

图 5-16 孩子兄弟表示法

5.4.2 二叉树与树的转换

在讨论树的存储表示时可以看到，采用定长结点的多重链表表示一般树时，尽管具有结构简单的优点，但浪费的存储空间较多。例如，对于一棵有 $n(n\geqslant 1)$个结点的 k 度树，采用定长结点的多重链表形式存储，总共需要 nk 个指针域。但除根结点以外，只有 $n-1$ 个结点被某个指针域指向，即仅需 $n-1$ 个指针域。因此，空指针域有 $nk-(n-1)=n(k-1)+1$ 个。而对于二叉树而言，它的存储空间利用率最高，因此，如果能将一般树转化为一棵二叉树，不但存储代价小，而且对树的操作也简单得多。

由于二叉树和一般树都可用二叉链表作为存储结构，因此一般树与二叉树之间有一个自然的对应关系，即给定一棵树，可以找到唯一的一棵二叉树与之对应。一般树转换成二叉树的步骤如下。

(1) 加线：在各兄弟结点之间加一连线。

(2) 抹线：只保留双亲到最左的孩子连线，抹掉双亲到其他孩子的连线。

(3) 旋转：以树根为轴心，按顺时针方向稍加旋转形成二叉树的结构。

图 5-17 所示为一般树转换成二叉树的过程。

5.4.3 森林与二叉树的转换

把森林转换成一棵二叉树的步骤如下。

(1) 将各棵树分别转换为二叉树。

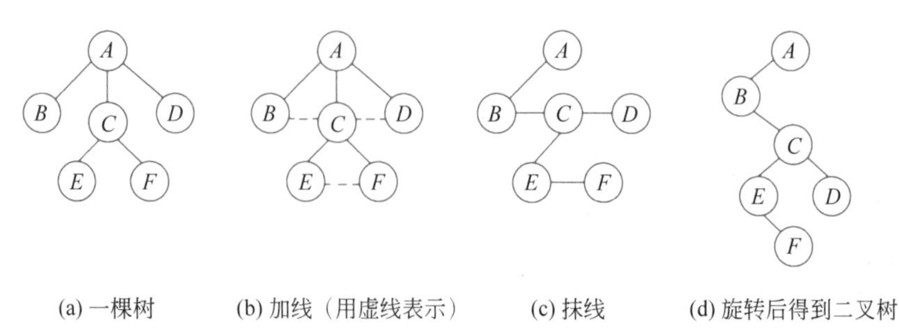

图 5-17 一般树转换成二叉树的过程

(2) 把每棵树的根结点用线相连。

(3) 以第一棵树的根结点作为二叉树的根结点，并以根结点为轴心，按顺时针方向稍加旋转，形成二叉树的结构。

把森林转换成二叉树的方法定义如下。

若 $F=\{T_1,T_2,\cdots,T_n\}$ 是森林，则可按如下规则将 F 转换成一棵二叉树 $B(F)$。

(1) 若 $n=0$，则 B 为空二叉树。

(2) 若 $n>0$，则 $B(F)$ 的根是 T_1 的根，其左子树为 $B(T_{11},T_{12},\cdots,T_{1m})$，其中 T_{11}，$T_{12},\cdots,T_{1m}$ 是 T_1 的子树，$B(F)$ 的右子树是 $B(T_2,T_3,\cdots,T_n)$。

图 5-18 给出了森林转换成二叉树的示例。

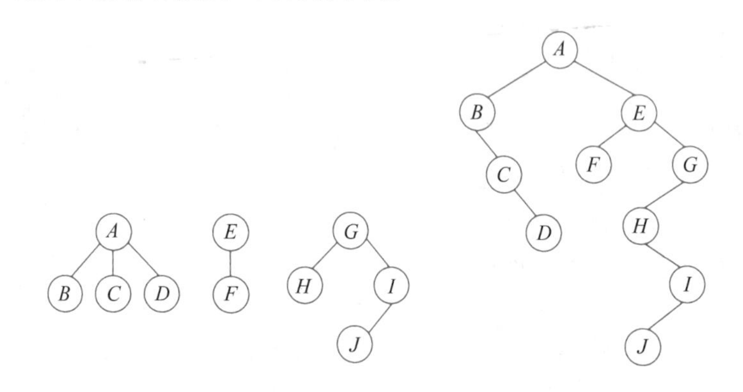

图 5-18 森林转换成二叉树的示例

从森林转换成二叉树时，其根结点是有右子树的。可以看出，上述转换过程是一个递归过程。同时，森林和树的操作也可转换成二叉树的操作来实现。

5.4.4 树与森林的遍历

由树结构的定义可知遍历树有两种方法：一种是先根遍历树，即先访问树的根结点，然后依次先根遍历根的每棵子树；另一种是后根遍历树，即先依次后根遍历每棵子树，然后访问根结点。

例如，对图 5-17(a)所示的树进行先根遍历，可得到树的先根序列为 $ABCEFD$，若对此树进行后根遍历，则得到树的后根序列为 $BEFCDA$。

按照森林和树相互递归的定义，可以推出森林的两种遍历方法。

1. 前序遍历森林

若森林非空，则按下列规则进行操作。

(1) 访问森林中第一棵树的根结点。

(2) 前序遍历第一棵树中根结点的子树森林。

(3) 前序遍历删除第一棵树之后剩余的树构成的森林。

例如，对图 5-18(a) 中的森林进行前序遍历，可得到森林的前序序列为 $ABCDEFGHIJ$。

2. 中序遍历森林

若森林非空，则可按下列规则进行操作。

(1) 中序遍历森林中第一棵树的根结点的子树森林。

(2) 访问第一棵树的根结点。

(3) 中序遍历删除第一棵树之后剩余的树构成的森林。

例如，对图 5-18(a) 中的森林进行中序遍历，可得到森林的中序序列为 $BCDAFEHGJI$。

由 5.4.3 节森林与二叉树之间转换的规则可知，当森林转换成二叉树时，其第一棵树的子树森林转换成左子树，剩余树的森林转换成右子树，而上述森林的前序和中序遍历即其对应的二叉树的前序和中序遍历。由此可见，当以二叉链表作为树的存储结构时，树的先根遍历和后根遍历可借用二叉树的前序遍历和中序遍历的算法实现。

5.5 二叉树应用实例

5.5.1 二叉排序树

所谓排序，是指把一组无序的数据元素按指定的关键字值重新组织起来，形成一个有序的线性序列。二叉排序树是一种特殊结构的二叉树，它利用二叉树的结构特点实现排序。

1. 二叉排序树的定义

二叉排序树或是空树，或是具有下述性质的二叉树：若其左子树非空，则其左子树上所有结点的数据值均小于根结点的数据值；若其右子树非空，则其右子树上所有结点的数据值均大于或等于根结点的数据值；左子树和右子树又各是一棵二叉排序树。图 5-19 所示就是一棵二叉排序树。

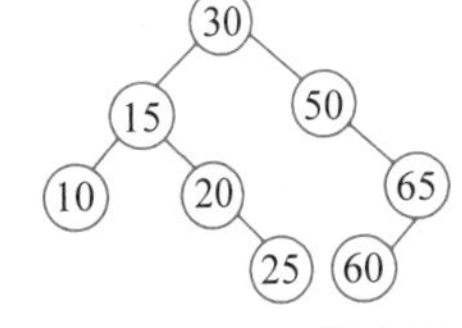

图 5-19 二叉排序树

对图 5-19 中的二叉排序树进行中序遍历，会发现其中序序列为{10,15,20,25,30,50,60,65}是一个递增的有序序列。所以若要使一个任意序列变成一个有序序列，可以通过将这个序列构成一棵二叉排序树来实现。

2. 二叉排序树的基本操作

二叉排序树是一种重要的数据类型，它有很大的应用价值。在二叉排序树上，能有效地实现查找算法，而不必遍历整棵二叉树；可以在二叉排序树上插入和删除一个结点而保留原二叉排序树的性质。下面讨论在二叉排序树上的基本运算：插入和删除操作。

（1）二叉排序树的插入和生成

生成二叉排序树的过程是将一系列结点连续插入的过程。对任意一组数据元素序列$\{R_1,R_2,\cdots,R_n\}$，生成一棵二叉排序树的过程如下。

① 令R_1为二叉树的根。

② 若$R_2<R_1$，令R_2为R_1左子树的根结点，则R_2为R_1的右子树的根结点。

③ $R_3,R_3,\cdots,R_n$结点的插入方法同上。

算法描述如下。

例 5-10

```
#二叉排序树完整的插入、删除算法
class BSTNode:
    #定义一个二叉树结点类
    #以算法为主,忽略对数据类型进行判断的问题

    def __init__(self, data, left=None, right=None):

        self.data = data
        self.lchild = left
        self.rchild = right

class BinarySortTree:

    #基于 BSTNode 类的二叉排序树,设计一个根结点的指针

    def __init__(self):
        self._root = None

    def is_empty(self):
        return self._root is None


    def insert(self, key):
        """
        插入操作
        参数 key:要插入的关键字
```

```
        """
        if self.is_empty():
            self._root = BSTNode(key)

        bt = self._root

        while True:
            entry = bt.data

            if key < entry:
                if bt.lchild is None:
                    bt.lchild = BSTNode(key)
                bt = bt.lchild
            elif key > entry:
                if bt.rchild is None:
                    bt.rchild = BSTNode(key)
                bt = bt.rchild
            else:
                bt.data = key
                return


def inOrderTraversal(root):
    if root is None:
        return

    #按中序遍历左子树
    inOrderTraversal(root.lchild)
    #输出当前访问的根结点值
    print(root.data, end=' ')
    #按中序遍历右子树
    inOrderTraversal(root.rchild)
if __name__ == '__main__':
    #利用列表中的数据建立二叉排序树
    #也可以利用列表推导式自动产生任意多个数生成列表,完成二叉排序树的建立
    #lis=[randint(1,100) for i in rang(10)]
    lis = [12,5,17,3,14,20,9,15,8]
    bs_tree = BinarySortTree()
    print("-----1.建立二叉排序树-----\n-----2.中序遍历二叉排序树-----")
    print("-----3.退出-----\n")
    while True:
        number=int(input("请输入选择(1-3)"))
```

```
        if number==1:
            for i in range(len(lis)):
                bs_tree.insert(lis[i])
        elif number==2:
            root=bs_tree._root
            print("中序遍历结果为:")
            inOrderTraversal(root)
        elif number==3:
            break
```

上述程序的运行结果如下所示。

```
-----1.建立二叉排序树-----
-----2.中序遍历二叉排序树-----
-----3.退出-----
请输入选择(1-3) 1
请输入选择(1-3) 2
中序遍历结果为:
3 5 8 9 12 14 15 17 20
请输入选择(1-3) 3
```

从执行结果可看出,无序的列表结点按照前面所讲的建立二叉排序树的方法建立一棵二叉排序树后,对其进行中序遍历,可以得到一个从小到大排好序的线性序列。

如图 5-20 所示,是将上述插入程序中的所用序列{12,5,17,3,14,20,9,15,8}利用插入算法构成一棵二叉排序树的过程。由以上插入过程可以看出,每次插入的新结点都是二叉排序树的叶子结点,在插入操作中不必移动其他结点。这一特性可用于需要经常插入和删除的有序表。

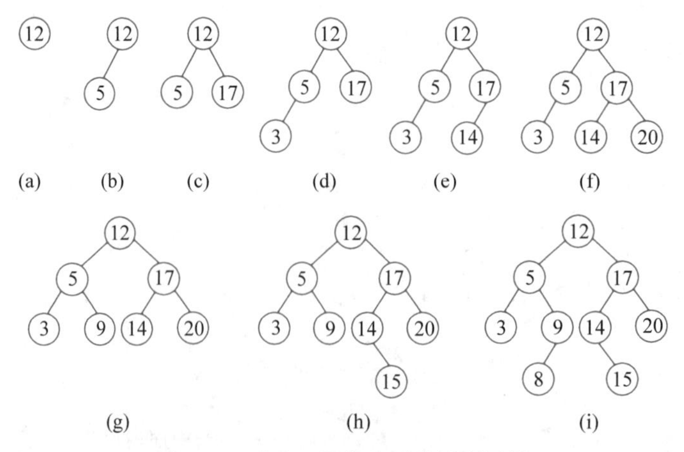

图 5-20 建立二叉排序树的过程示例

(2) 删除二叉排序树上的结点

从二叉排序树上删除一个结点时,要求能保持二叉排序树的特征,即删除一个结点后的二叉排序树仍是一棵二叉排序树。删除算法要比插入算法难实现。由插入结点的过程可以看到,被插入的结点都链接到树中的叶子结点上,因而不会破坏树的结构。而删除结点则不同,它删除的可能是叶子结点,也可能是分支结点。当删除分支结点时,破坏了原有结点之间的链接关系,需要重新修改指针,使得删除后仍为一棵二叉排序树。

下面结合图 5-21(a)所示的二叉排序树,分 3 种情况说明删除结点的操作。设 q 为要删除的结点:

- 被删除结点是叶子结点,只需修改其双亲结点的指针,令其 lchild 或 rchild 域为 NULL。
- 被删除结点 q 有一个孩子,即只有右子树时,使其左子树或右子树直接成为其双亲结点 p 的左子树或右子树即可,如图 5-21(b)和图 5-21(c)所示。
- 若被删除结点 q 的左、右子树均非空,则可用该结点的前驱结点 r(被删结点左子树中关键字值最大的结点)代替被删结点。由于 r 结点无右子树,因此用 r 结点的左子树的根结点代替 r 结点的位置,如图 5-21(d)所示。

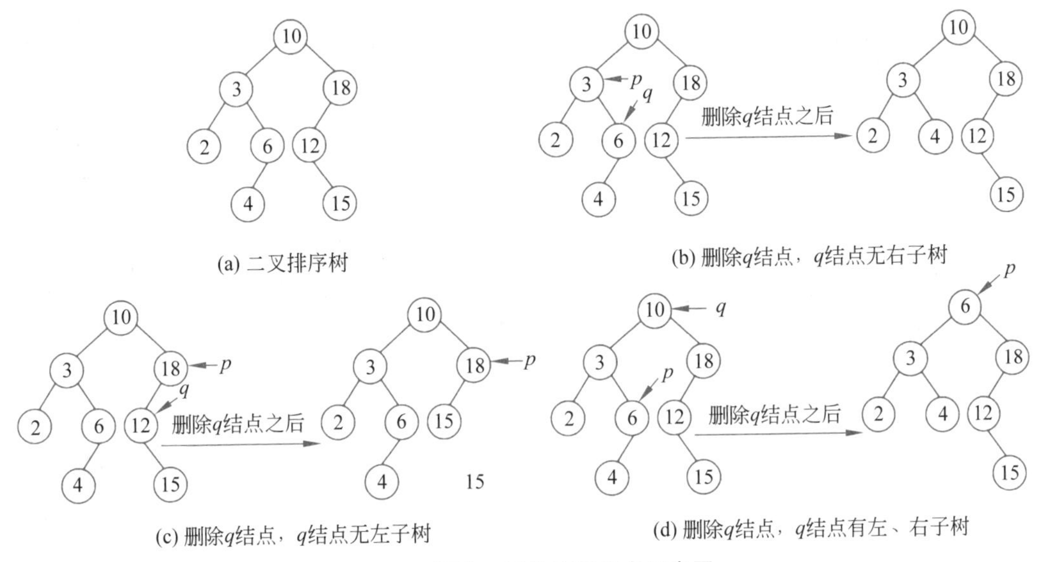

(a) 二叉排序树
(b) 删除q结点,q结点无右子树
(c) 删除q结点,q结点无左子树
(d) 删除q结点,q结点有左、右子树

图 5-21 删除二叉排序树结点示意图

用 Python 语言实现二叉排序树的删除算法如下所示。

例 5-11

```
#二叉排序树完整的插入、删除算法
class BSTNode:
    #定义一个二叉树结点类
    #以算法为主,忽略对数据类型进行判断的问题

    def __init__(self, data, left=None, right=None):

        self.data = data
```

```
        self.lchild = left
        self.rchild = right

class BinarySortTree:

    #基于 BSTNode 类的二叉排序树,设计一个根结点的指针

    def __init__(self):
        self._root = None

    def is_empty(self):
        return self._root is None


    def insert(self, key):
        """
        插入操作
        参数 key:要插入的关键字

        """
        if self.is_empty():
            self._root = BSTNode(key)

        bt = self._root

        while True:
            entry = bt.data

            if key < entry:
                if bt.lchild is None:
                    bt.lchild = BSTNode(key)
                bt = bt.lchild
            elif key > entry:
                if bt.rchild is None:
                    bt.rchild = BSTNode(key)
                bt = bt.rchild
            else:
                bt.data = key
                return

    def delete(self, key):
        """
        二叉排序树最复杂的方法
        要删除的 key: 关键字
```

```
        """
        p, q = None, self._root #维持 p 为 q 的父结点,用于后面的链接操作
        if not q:
            print("空树!")
            return
        while q and q.data != key:
            p = q
            if key < q.data:
                q = q.lchild
            else:
                q = q.rchild
            if not q: #当树中没有关键码 key 时,结束退出
                return
        #上面已找到要删除的结点,用 q 引用,而 p 则是 q 的父结点或者 None(q 为根结点时)
        if not q.lchild:
            if p is None:
                self._root = q.rchild
            elif q is p.lchild:
                p.lchild = q.rchild
            else:
                p.rchild = q.rchild
            return
        #查找结点 q 的左子树的最右结点,将 q 的右子树链接为该结点的右子树
        #该方法可能增大树的深度,效率并不算高。可以设计其他的方法
        r = q.lchild
        while r.rchild:
            r = r.rchild
        r.rchild = q.rchild
        if p is None:
            self._root = q.lchild
        elif p.lchild is q:
            p.lchild = q.lchild
        else:
            p.rchild = q.lchild
def inOrderTraversal(root):
    if root is None:
        return

    #按中序遍历左子树
    inOrderTraversal(root.lchild)
    #输出当前访问的根结点值
    print(root.data, end=' ')
    #按中序遍历右子树
```

```
    inOrderTraversal(root.rchild)

if __name__ == '__main__':
    #利用列表中的数据建立二叉排序树
    #也可以利用列表推导式自动产生任意多个数生成列表,完成二叉排序树的建立
    #lis=[randint(1,100) for i in rang(10)]
    lis = [12,5,17,3,14,20,9,15,8]
    bs_tree = BinarySortTree()
    print("-----1.建立二叉排序树-----\n-----2.中序遍历二叉排序树-----")
    print("-----3.删除二叉排序树指定结点-----\n-----4.退出-----\n")
    while True:

        number=int(input("请输入选择(1-3)"))
        if number==1:

            for i in range(len(lis)):
                bs_tree.insert(lis[i])

        elif number==2:
            root=bs_tree._root
            print("中序遍历结果为:")
            inOrderTraversal(root)
        elif number==3:
            x=int(input("请输入要删除的结点数据 x:"))
            bs_tree.delete(x)

        elif number==4:
            break
```

上述程序的运行结果如下所示。

```
-----1.建立二叉排序树-----
-----2.中序遍历二叉排序树-----
-----3.删除二叉排序树指定结点-----
-----4.退出-----

请输入选择(1-3) 1
请输入选择(1-3) 2
中序遍历结果为:
3 5 8 9 12 14 15 17 20
请输入选择(1-3) 3
请输入要删除的结点数据 x: 9
请输入选择(1-3) 2
```

```
中序遍历结果为:
3 5 8 12 14 15 17 20
请输入选择(1-3) 4
```

在二叉排序树上删除一个结点有多种方法,只要删除结点之后仍然是一棵二叉排序树就行。

5.5.2 平衡二叉树

平衡二叉树又称 AVL 树,是一种附加一定限制条件的二叉树。平衡二叉树的定义为:它或者是一棵空树,或者是具有下列性质的二叉树:它的左子树和右子树的高度之差的绝对值不超过 1。通常将某结点的左子树和右子树的高度之差定义为该结点的平衡因子,因此由平衡二叉树的定义可知,平衡二叉树上所有结点的平衡因子只可能是－1、0 和 1,如图 5-22 所示,其中图 5-22(a)为平衡二叉树,图 5-22(b)为非平衡二叉树。

平衡二叉树上任何结点的左、右子树的深度之差都不超过 1,所以其深度和 $\log N$ 是同数量级的(其中 N 为结点个数),其平均查找长度和 $\log N$ 也是同数量级的。

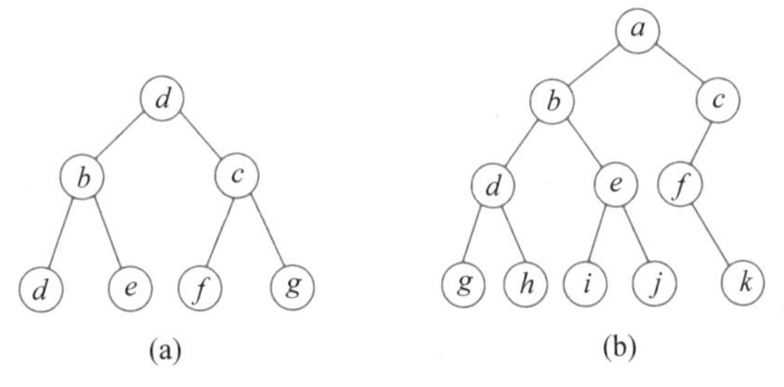

图 5-22 平衡二叉树与非平衡二叉树

如何构造一棵平衡的二叉排序树呢?基本思想是:在构造过程中,每插入一个新结点,首先检查插入该结点之后树的平衡性是否被破坏,若是,则在保持排序树特性的前提下,通过调整使它满足平衡树的特性,以达到平衡;若否,则继续插入下一个结点,并重复上述过程,检查树的平衡性。例如,假设表中的关键字序列为(12,23,36,89,52),现为该表构造一棵平衡的二叉排序树,如图 5-23 所示,其中图 5-23(a)为一棵空树,图 5-23(b)在图 5-23(a)的基础上插入第一个结点 12,这两棵树显然都是平衡二叉树,继续向该树中插入下一个结点 23。图 5-23(c)在插入结点 23 之后仍然是平衡的,只是根结点的平衡因子由 0 变为－1;在继续插入 36 之后的图 5-23(d)中,结点 12 的平衡因子由－1 变为－2,出现了不平衡的现象,此时可以对树进行一个向左逆时针"旋转"的操作,即令结点 23 为根,而结点 12 为它的左子树,此时,结点 12 和 23 的平衡因子都为 0,而且仍然保持二叉排序树的特性,如图 5-23(e)所示。在继续插入 89 和 52 之后的图 5-23(f)中,结点 36 的平衡因子由－1 变为－2,排序树中出现了新的不平衡现象,因此需要进行调整。但此时由于结点 52 插在结点 89 的左子树上,所以不能像刚才那样做简单调整,对于以结点 36 为根的子树来说,既要保持二叉排序树的特性,又要平衡,则必须以 52 为根结点,而使 36 作为它的左子树的根,89 作为它的右子树的根。这好比对树做了两次"旋转"操作——先向右顺时针,后向左逆时针,如图 5-23(f)～图 5-23(h)所示,使二叉排序树由不平衡转换为平衡。

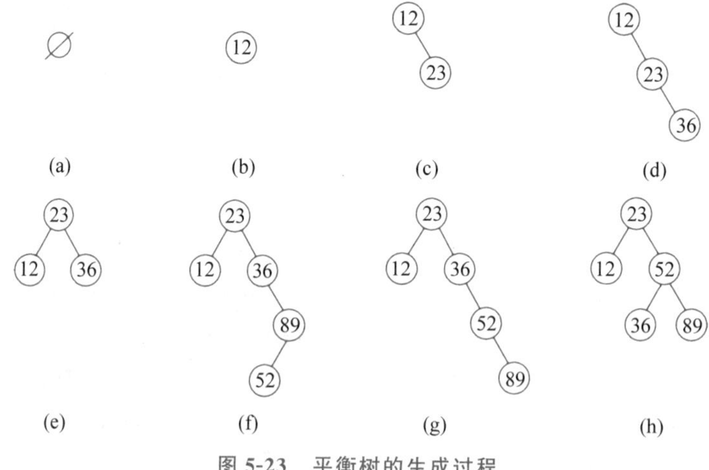

图 5-23 平衡树的生成过程

设在插入结点的过程中,使二叉树失去平衡的最小子树的根结点为结点 a,则依据插入结点位置的不同,可有以下 4 种平衡调整规则。

(1) LL 型平衡旋转

在结点 a 的左孩子的左子树上插入新结点,使一棵二叉树上结点 a 的平衡因子由 1 增至 2 而失去平衡,此时需要进行一次顺时针旋转操作,即以结点 b 为轴心做顺时针旋转,使结点 a 作为结点 b 的右孩子,如图 5-24(a)所示。

(2) RR 型平衡旋转

在结点 a 的右孩子的右子树上插入新结点,使结点 a 的平衡因子由 −1 变成 −2 而失去平衡,此时应以 b 为轴心做逆时针旋转,使结点 a 作为结点 b 的左孩子,如图 5-24(b)所示。

(3) LR 型平衡旋转

在结点 a 的左孩子的右子树上插入新结点,使结点 a 的平衡因子由 1 增至 2 而失去平衡,此时需要进行两次旋转。首先以结点 c 为轴心做逆时针旋转,使结点 a 的左孩子变为结点 c;然后再以结点 c 为轴心做顺时针旋转,使结点 a 变为结点 c 的右孩子,如图 5-24(c)所示。

(4) RL 型平衡旋转

在结点 a 的右孩子的左子树中插入新结点,使结点 a 的平衡因子由 −1 变成 −2 而失去平衡,此时需要进行两次旋转。首先以结点 c 为轴心做顺时针旋转,使结点 a 的右孩子变为结点 c;然后再以结点 c 为轴心做逆时针旋转,使结点 a 变为结点 c 的左孩子,如图 5-24(d)所示。

例如,对关键字序列{8,2,5,7,6,9}建立一棵平衡二叉排序树,其过程如图 5-25 所示。

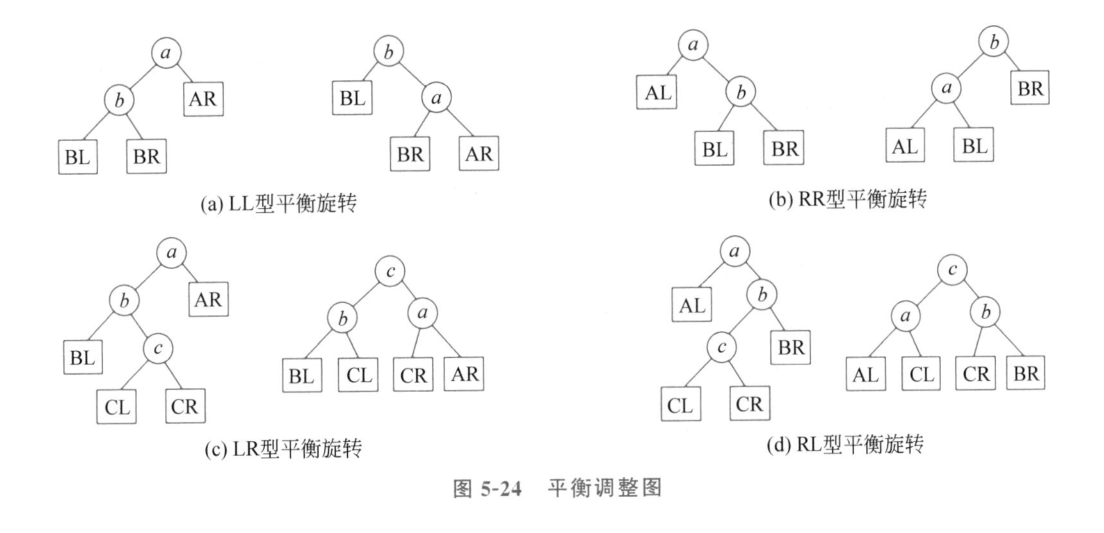

(a) LL型平衡旋转

(b) RR型平衡旋转

(c) LR型平衡旋转

(d) RL型平衡旋转

图 5-24 平衡调整图

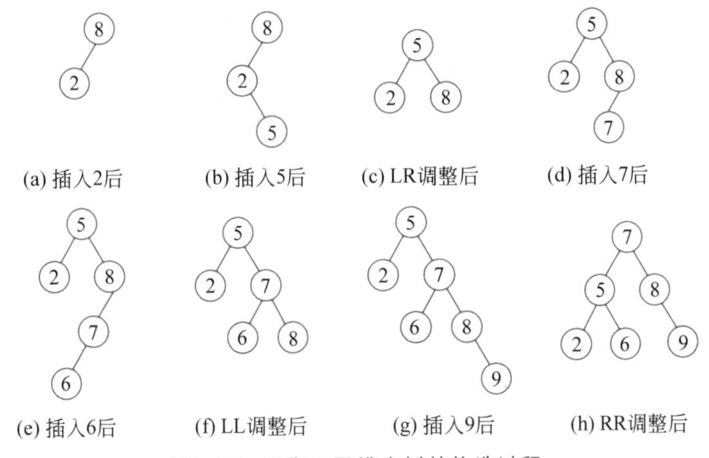

(a) 插入2后 (b) 插入5后 (c) LR调整后 (d) 插入7后

(e) 插入6后 (f) LL调整后 (g) 插入9后 (h) RR调整后

图 5-25 平衡二叉排序树的构造过程

5.5.3 B树

在文件组织中,树形结构通常作为索引文件的索引表结构,利用它可以非常方便地进行插入、删除和查找操作,该索引表结构通常采用B树结构。B树分为B_-和B_+树两种,它们都是平衡多叉树,本书仅讨论B_-树的结构及插入、删除和查找操作。

1. B_-树的定义

一棵m阶的B_-树,或为空树,或为满足下列特性的m叉树。

(1) 树中的每个结点至多有m棵子树。

(2) 若根结点不是叶子结点,则至少有两棵子树。

(3) 除根之外的所有非终端结点至少有$m/2$棵子树。

(4) 所有的非终端结点中包含下列信息数据:

$$(n, A_0, K_1, A_1, K_2, A_2, \cdots, K_n, A_n)$$

其中,$K_i(i=1,2,\cdots,n)$为关键字,且$K_i<K_{i+1}(i=1,2,\cdots,n-1)$;$A_i(i=0,1,\cdots,n)$为指向子树根结点的指针,且指针$A_{i-1}$所指子树中所有结点的关键字均小于$K_i(i=1,2,\cdots,n)$,$A_n$所指子树中所有结点的关键字均大于$K_n$,$n$为关键字的个数。

(5) 所有的叶子结点都出现在同一层上,并且不带信息(可以看成外部结点或查找失败的结点,实际上这些结点不存在,指向这些结点的指针为空)。

图5-26所示为一棵3阶的B_树,其深度为4。

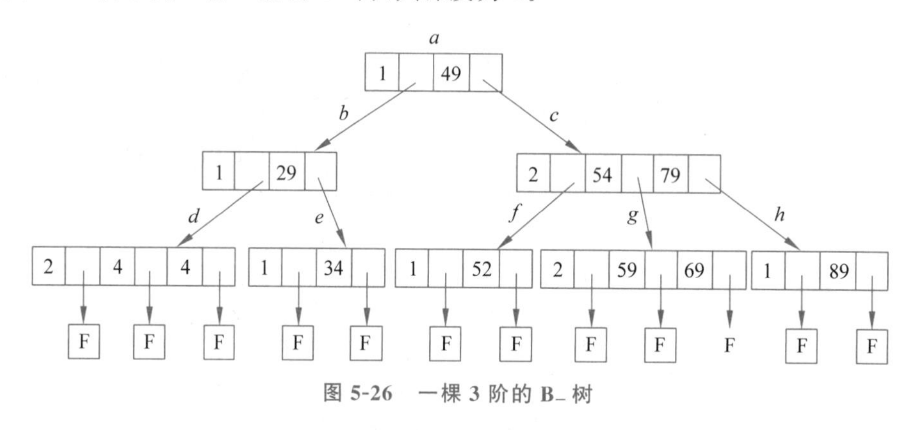

图5-26 一棵3阶的B_树

2. B_树的查找

由B_树的定义可知,B_树的查找过程类似于二叉排序树的查找过程。如图5-26所示,要查找关键字等于59的过程为:首先从根结点开始,找到结点a,由于a中只有一个关键字49,且给定值59>49,所以由指针A_1可找到结点c,该结点有两个关键字(54和79),且54<59<79,若待查找关键字59存在,则必在c结点中指针A_1所指的孩子内,由此找到结点g,在结点g中顺序查找,可查找到关键字59,此时查找成功。另外,例如,在图5-26中查找32,从根结点开始,经结点a、b最后到结点e,因32<34,故顺指针往下找,此时指针所指为叶子结点,说明此棵树中不存在关键字32,查找失败。

3. B_树的插入

B_树的生成也是从空树开始,逐个插入关键字而得到的。在一棵B_树上插入新的结点,因为叶子结点位于第$h+1$层,待插入的关键字总是进入第h层的结点。因此,必须先进行从树根结点到底h层结点的查找过程,检索出关键字的正确插入位置,然后再进行插入。不过,与二叉排序树不同的是,在B_树中不是添加新的叶子结点,而是先判断该结点是否已有$m-1$个关键字,若没有$m-1$个关键字,则按关键字K的大小有序地插入适当的位置;否则,由于结点的关键字个数为m,超过结点所规定的范围,因此需要进行结点的"分裂"。对一组关键字(24,79,39,44,55,74,84,19)而言,从3阶的空B_树开始,依次插入关键字,整个插入过程如图5-27所示。在3阶的B_树上,每个结点的关键字个数最少为1个,最多为2个。当插入后的结点的关键字总数为3时,必须将结点分裂成两个新结点，让原有结点值保留第一个关键字和它前后的两个指针，而让原有结点的第2个关键字和指向新结点的指针作为新结点的信息插入原有结点的双亲结点中，若没有双亲结点，就再分配一个新的结点，作为树根结点，使树根结点的 A_0 指针指向被分裂的原有结点，使新结点的信息插入新的树根结点中。在一棵 B_- 树中通过插入关键字可能导致根结点分裂，从而产生新的根结点，最终使 B_- 树的高度逐步增长。

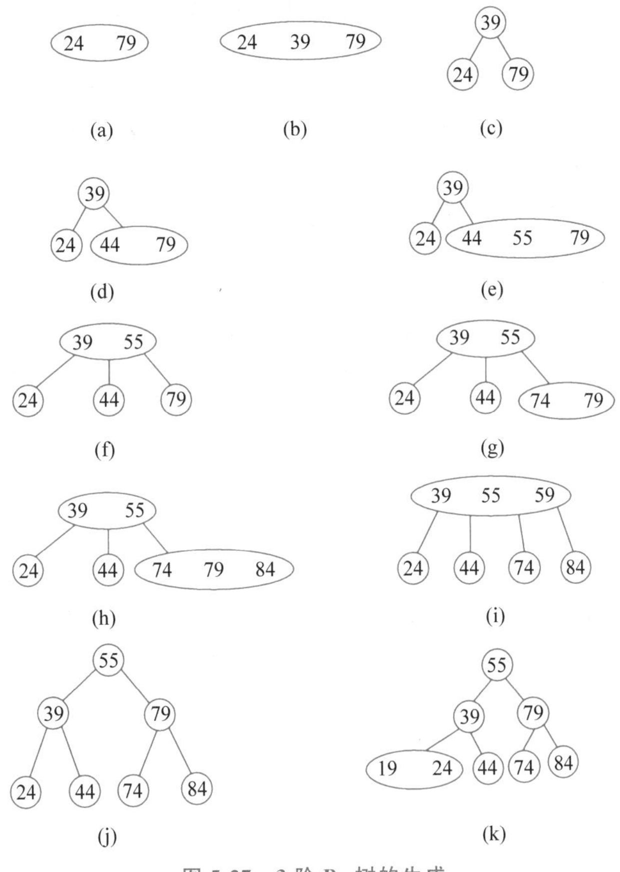

图 5-27 3阶 B_- 树的生成

4. B_- 树的删除

要在 B_- 树上删除一个关键字，首先应检索到这个关键字所在的结点，然后依据关键字所在结点的情况进行删除。若该结点为最下层的非终端结点，且其中的关键字数目不少于 $m/2$（m 为树的阶数），则直接删除，否则要"合并"结点。若所删关键字为非终端结点中的 K_i，则可以用指针 A_i 所指子树中的最小关键字 Y 替代 K_i，然后在相应的结点中删除 Y。下面只讨论删除最下层非终端结点中的关键字的情形，具体有以下3种可能。

(1) 若被删关键字所在结点中的关键字数目不小于 $m/2$，则只需从该结点中删除该关键字 K_i 和相应指针 A_i，树的其他部分不变。

(2) 若被删关键字所在结点中的关键字数目等于 $m/2-1$，而与该结点相邻的右兄弟

（或左兄弟）结点中的关键字数目大于 $m/2-1$，则需将其兄弟结点中的最小（或最大）关键字上移至双亲结点中，而将双亲结点中小于（或大于）该上移关键字的关键字下移至被删除关键字所在结点中。

（3）若删除后该结点的关键字数目小于 $m/2-1$，同时它的左兄弟和右兄弟结点中的关键字个数均等于 $m/2-1$，就无法从它的左、右兄弟中通过双亲结点调剂关键字来弥补不足，此时必须进行结点的合并。将该结点中的剩余关键字和指针连同双亲结点中指向该结点指针的左边（或右边）的一个关键字一起合并到左兄弟（或右兄弟）结点中，然后再删除该结点。有时，在合并结点的同时，实际上是它们的双亲结点因合并而被下移了一个关键字，相当于双亲结点中被删除了一个关键字。对于该情形，同叶子结点中删除一个关键字一样，也需按上述 3 种情况处理。

在 B_- 树上删除结点的过程如图 5-28 所示。

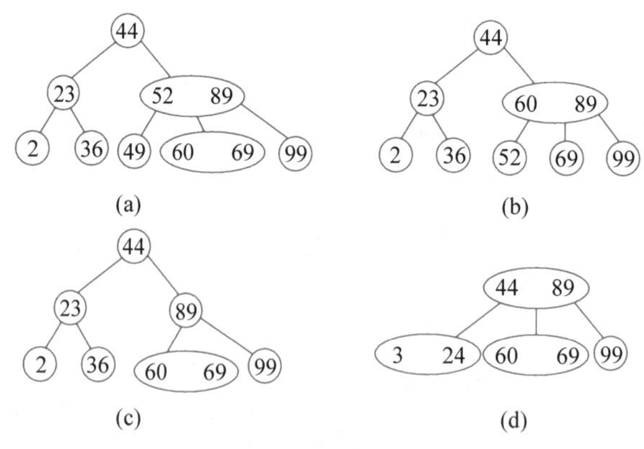

图 5-28 在 B_- 树上删除结点的过程

5.5.4 哈夫曼树

1. 哈夫曼树的定义

要了解哈夫曼树的概念，首先给出路径和路径长度的概念。从树中一个结点到另一个结点之间的分支构成这两个结点之间的路径，路径上的分支数目称为路径长度；树的路径长度是从树根到每个结点的路径长度之和。可将这一概念推广到一般情况：若考虑带权的结点，结点的带权路径长度为从该结点到树根之间路径长度与结点上权的乘积；树的带权路径长度为树中所有叶子结点的带权路径长度之和，通常记为

$$\mathrm{WPL}=\sum_{i=1}^{n} w_i l_i$$

其中，n 为二叉树的叶子结点个数，w_i 为第 i 个叶子结点的权值，l_i 为根结点到第 i 个叶子结点的路径长度。

我们把带权路径长度最小的二叉树称为最优二叉树或哈夫曼（Huffman）树。

如图 5-29 所示，3 棵二叉树都有 4 个终端结点，其权值分别是 8、6、4、2，它们的 WPL 分别为

$$WPL=8\times2+6\times2+4\times2+2\times2=40$$
$$WPL=4\times2+8\times3+6\times3+2\times1=52$$
$$WPL=8\times1+6\times2+4\times3+2\times3=38$$

图 5-29 是 3 棵具有相同数量叶子结点及其权值的二叉树，图 5-29(c)的 WPL 最小。从图中可以看出，权值越大的叶子离根越近时，二叉树的带权路径长度越小。

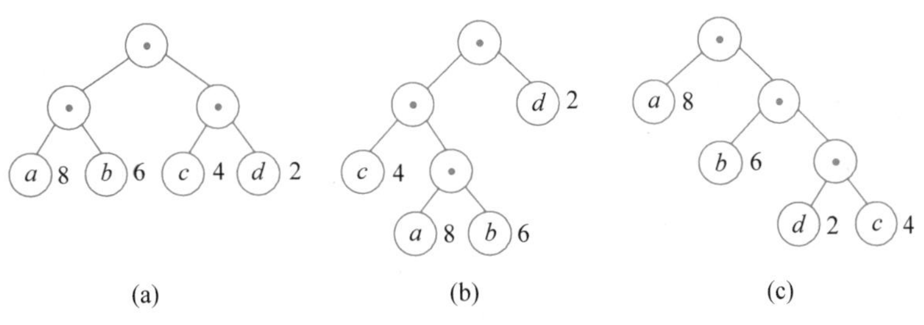

图 5-29 具有不同带权路径长度的二叉树

2. 构造哈夫曼树

构造最优二叉树的算法最早由哈夫曼于 1952 年提出，因此我们将构造最优二叉树的算法称为哈夫曼算法。下面介绍哈夫曼算法实现的过程。

(1) 根据给定的 n 个权值$\{w_1,w_2,\cdots,w_n\}$构成 n 棵二叉树的集合 $F=\{T_1,T_2,\cdots,T_n\}$，其中每棵二叉树 T_i 中只有一个权为 w_i 的根结点，其左、右子树均为空。

(2) 从集合中选取两棵根结点的权值最小和次小的二叉树 T_i 和 T_j 作为左、右子树，构造一棵新的二叉树，且新的二叉树的根结点的权值为其左、右子树上根结点的权值之和。

(3) 从 F 中删除这两棵树，同时将新得到的二叉树加到 F 中。

(4) 重复步骤(1)和(2)步骤，直到 F 只有一棵树为止，这棵树便是哈夫曼树。

给定一组权值(8,6,2,4)，根据哈夫曼算法构成一棵哈夫曼树的过程如图 5-30 所示。

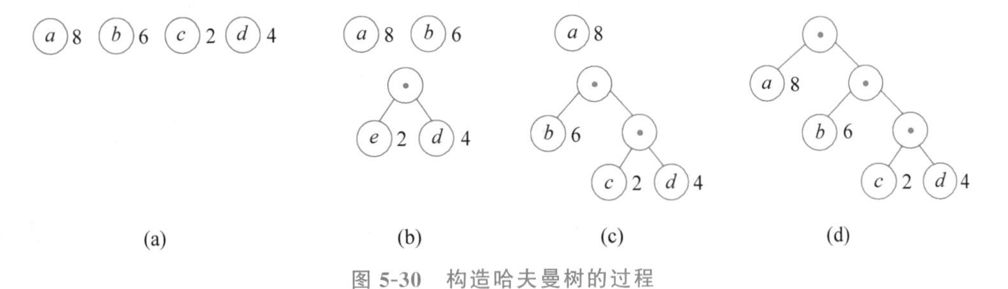

图 5-30 构造哈夫曼树的过程

3. 哈夫曼编码

利用哈夫曼树可以构造一种数据传送及通信用的二进制编码，这种编码称为哈夫曼编码。二进制编码原理如下：设需要编码的字符集 $D=\{d_1,d_2,\cdots,d_n\}$，D 中各个字符

的出现次数为 $W=\{w_1,w_2,\cdots,w_n\}$。要对 D 中的字符进行二进制编码,使待传输的电文通信编码总长最短,且当 $d_i \neq d_j$ 时,d_i 的编码不可能是 d_j 的编码的开始部分(前缀),即任一字符编码都不是其他字符编码的前缀。这样就使得译码可以一个字符接着一个字符地进行,不需要在字符之间添加分隔符。

利用哈夫曼算法,可以这样编码:用$\{w_1,w_2,\cdots,w_n\}$作为叶子结点的权值生成一棵哈夫曼树,并在对应权值 w_j 的叶子结点注明对应的字符 d_j。并且约定左分支标上字符"0",右分支标上字符"1",这样就可以把从根结点到叶子结点的路径分支上标明的字符组成的字符串作为每个叶子结点的字符编码。

例如:要传输的电文是{CAS;CAT;SAT;AT},请写出其哈夫曼编码。

要传输的字符集是 $D=\{C,A,S,T,;\}$,其中每个字符出现的次数是 $W=\{2,4,2,3,3\}$,利用哈夫曼算法构造出如图 5-31 所示的哈夫曼树。把这棵二叉树中的每个结点的左分支标上"0",右分支标上"1"。从叶子结点开始,顺着其双亲结点反推,一直到根结点,将从根结点到该叶子结点所对应字符的二进制编码顺序排列起来,从而得到各字符的编码为

T	;	A	C	S
00	01	10	110	111

从编码的结果可见,出现次数多的字符其编码较短。发送上述电文的编码是"11010111011101000011111000011000",其编码总长度 32 恰等于如图 5-31 所示的哈夫曼树的带权路径长。可见,哈夫曼编码是使电文具有最短长度的二进制编码。尽管各个字符的编码不等长,但用这棵哈夫曼树译码仍很方便。由于每个字符对应一个叶子结点,任何一个字符的编码都不是另一个字符的编码的前缀,因此,只要顺序扫描电文,就很容易译出相应的电文。具体译法是:从哈夫曼树的根结点出发,在待译码的二进制位串中逐位取码,与二叉树分支上标明的"0""1"相匹配,以确定一条到叶子结点的路径。即若编码是"0",则向左走,否则向右走到下一层的结点,一旦到达叶子结点,就译出一个字符。然后再重新从根出发,从二进制位串的下一位开始继续译码,直到二进制电文结束。例如,电文为"1101000"时,译文只能是"CAT"。

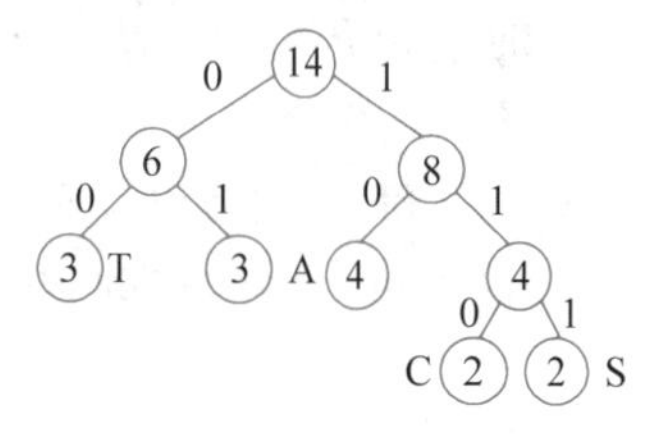

图 5-31 用于编码的哈夫曼树

5.6 本章小结

(1) 树形结构是一类非常重要的非线性结构,具有十分广泛的用途。树的定义是递归定义,是树的固有特性。树的存储结构有双亲表示法、多重链表表示法和孩子兄弟表示法。

(2) 二叉树是计算机科学中使用最广泛的树形结构,二叉树的存储结构有顺序存储和链式存储两种方式。对二叉树的遍历,可采用前序遍历、中序遍历和后序遍历。对于任意一棵树,存在唯一的一棵二叉树和它对应,因此,树、森林和二叉树之间是一一对应的关系,可以相互转换。

(3) 线索二叉树中的结点如果没有左孩子或右孩子，那么就有相应的线索。对二叉树以某种次序遍历，将其变为线索二叉树的过程，叫作线索化。

(4) 二叉排序树是把给定的一组无序元素按一定的规则构造成一棵二叉树，使其在中序遍历下是有序的。它是一种特殊结构的二叉树，是利用二叉树的结构特点实现排序。

(5) 哈夫曼树又称最优二叉树，是一类带权路径最短的树。哈夫曼编码是哈夫曼树最典型的应用。

习 题 5

一、选择题

1. 已知一算术表达式的中序遍历结果为($A+B*C-D/E$)，后序遍历结果为($ABC*+DE/-$)，其前序遍历结果为(　　)。

A. $-A+B*C/DE$　　B. $-A+B*CD/E$

C. $-+*ABC/DE$　　D. $-+A*BC/DE$

2. 下述结论中，正确的是(　　)。

① 只有一个结点的二叉树的度为0

② 二叉树的度为2

③ 二叉树的左、右子树可任意交换

④ 深度为 k 的完全二叉树的结点个数小于或等于深度相同的满二叉树

A. ①②③　　B. ②③④　　C. ②④　　D. ①④

3. 若一棵二叉树具有10个度为2的结点，5个度为1的结点，则度为0的结点个数是(　　)。

A. 9　　B. 11　　C. 15　　D. 不确定

4. 设森林 F 中有3棵树，结点个数分别为 M_1、M_2 和 M_3。与森林 F 对应的二叉树根结点的右子树上的结点个数是(　　)。

A. M_1　　B. M_1+M_2　　C. M_3　　D. M_2+M_3

5. 具有10个叶子结点的二叉树中，有(　　)个度为2的结点。

A. 8　　B. 9　　C. 10　　D. 11

6. 一棵完全二叉树上有1001个结点，其中叶子结点的个数是(　　)。

A. 250　　B. 500　　C. 254　　D. 505

E. 以上答案都不对

7. 有 n 个叶子的哈夫曼树的结点总数为(　　)。

A. 不确定　　B. $2n$　　C. $2n+1$　　D. $2n-1$

8. 二叉树的第 I 层上含有的结点最多为(　　)个。

A. 2^I　　B. $2^{I-1}-1$　　C. 2^{I-1}　　D. 2^I-1

9. 若利用二叉链表存储树，则根结点的右指针(　　)。

A. 指向最左孩子　　B. 指向最右孩子

C. 空　　D. 非空

10. 二叉树的结点从1开始连续编号,要求每个结点的编号大于其左、右孩子的编号,同一结点的左、右孩子中,其左孩子的编号小于其右孩子的编号,可采用(　　)次序的遍历实现编号。

A. 前序　　B. 中序

C. 后序　　D. 从根开始按层次遍历

11. 二叉树的前序遍历和中序遍历如下:前序遍历 $EFHIGJK$;中序遍历 $HFIEJKG$。该二叉树根的右子树的根是(　　)。

A. E　　B. F　　C. G　　D. H

12. 在完全二叉树中,若一个结点是叶子结点,则它没有(　　)。

A. 左子结点　　B. 右子结点

C. 左子结点和右子结点　　D. 左子结点、右子结点和兄弟结点

13. 从下列有关树的叙述中选出5条正确的叙述。(　　)

A. 二叉树中每个结点有两个子结点,而树无此限制,因此二叉树是树的特殊情况

B. 当 $k \geqslant 1$ 时,高度为 k 的二叉树至多有 2^{k-1} 个结点

C. 用树的前序遍历和中序遍历可以导出树的后序遍历

D. 线索二叉树的优点是,便于在中序遍历下查找前驱结点和后继结点

E. 将一棵树转换成二叉树后,根结点没有左子树

F. 一棵含有 n 个结点的完全二叉树,它的高度是 $[log_2 n]+1$

G. 在二叉树中插入结点,该二叉树便不再是二叉树

H. 采用二叉链表作为树的存储结构,树的前序遍历和其相应的二叉树的前序遍历的结果是一样的

I. 哈夫曼树是带权路径最短的树,路径上权值较大的结点离根较近

J. 用一维数组存储二叉树时,总是以前序遍历存储结点

二、判断题

1. 二叉树是度为2的有序树。(　　)
2. 完全二叉树一定存在度为1的结点。(　　)
3. 对于有 n 个结点的二叉树,其高度为 $\log_2 n$。(　　)
4. 深度为 k 的二叉树中,结点总数 $\leqslant 2^k - 1$。(　　)
5. 二叉树的后序遍历序列与前序遍历序列反映的信息一样(它们反映的信息不独立)。(　　)
6. 二叉树的遍历结果不是唯一的。(　　)
7. 二叉树的遍历只是为了在应用中找到一种线性次序。(　　)
8. 树可用投影法进行中序遍历。(　　)

9. 一棵树的叶子结点，在前序遍历和后序遍历下，皆以相同的相对位置出现。 ( )

10. 二叉树的前序遍历并不能唯一确定这棵树，但是，如果我们还知道该树的根结点是哪一个，则可以确定这棵二叉树。 ( )

11. 一棵一般树的结点的前序遍历和后序遍历分别与它相应二叉树的结点前序遍历和后序遍历一致。 ( )

12. 对一棵二叉树进行层次遍历时，应借助一个栈。 ( )

13. 用树的前序遍历和中序遍历可以导出树的后序遍历。 ( )

14. 采用二叉链表作为存储结构，树的前序遍历和其相应的二叉树的前序遍历的结果是一样的。 ( )

15. 用一维数组存储二叉树时，总是以前序遍历顺序存储结点。 ( )

16. 中序遍历二叉链存储的二叉树时，一般要用堆栈；中序遍历检索二叉树时，也必须使用堆栈。 ( )

17. 中序遍历一棵二叉排序树的结点就可得到排好序的结点序列。 ( )

18. 后序线索二叉树是不完善的，要对它进行遍历，还需要使用栈。 ( )

19. 任何二叉树的后序线索树进行后序遍历时都必须用栈。 ( )

20. 任何一棵二叉树都可以不用栈实现前序线索树的前序遍历。 ( )

21. 一棵二叉树的前序序列和后序序列可以唯一确定。 ( )

22. 在完全二叉树中，若一个结点没有左孩子，则它必是叶子结点。 ( )

23. 二叉树只能用二叉链表表示。 ( )

24. 一棵有 n 个结点的二叉树，从上到下、从左到右用自然数依次编号，则编号为 i 的结点的左孩子的编号为 $2i(2i<n)$，右孩子是 $2i+1(2i+1<n)$。 ( )

25. 给定一棵树，可以找到唯一的一棵二叉树与之对应。 ( )

26. 一棵树中的叶子结点数一定等于与其对应的二叉树的叶子结点数。 ( )

27. 用链表(llink-rlink)存储包含 n 个结点的二叉树，则结点的 $2n$ 个指针区域中有 $n-1$ 个空指针。 ( )

28. 二叉树中每个结点至多有两个子结点，而对一般树则无此限制。因此，二叉树是树的特殊情形。 ( )

29. 在树形结构中，元素之间存在一个对多个的关系。 ( )

30. 在二叉树的第 i 层上至少有 2^{i-1} 个结点($i\geqslant1$)。 ( )

31. 一般树必须转换成二叉树后才能进行存储。 ( )

32. 完全二叉树的存储通常采用顺序存储结构。 ( )

33. 将一棵树转换成二叉树，根结点没有左子树。 ( )

34. 若在二叉树中插入结点，则此二叉树便不再是二叉树了。 ( )

35. 二叉树是一般树的特殊情形。 ( )

36. 树与二叉树是两种不同的树形结构。 ( )

37. 非空的二叉树一定满足：某结点若有左孩子，则其中序前驱一定没有右孩子。 ( )

38. 若在任意一棵非空二叉排序树中删除某结点后又将其插入，则所得的二叉排序树与删除某结点前的原二叉排序树相同。（ ）

39. 度为 2 的树就是二叉树。（ ）

40. 深度为 k 具有 n 个结点的完全二叉树，其编号最小的结点序号为$\lfloor 2^{k-2} \rfloor+1$。（ ）

三、填空题

1. 二叉树由 (1) 、 (2) 、 (3) 3 个基本单元组成。

2. 树在计算机内的表示方式有 (1) 、 (2) 、 (3) 。

3. 在二叉树中，指针 p 所指结点为叶子结点的条件是________。

4. 中序遍历结果为 $a+b*3+4*(c-d)$；则前序遍历结果为________，后序遍历结果为 $ab3*+4cd-*+$。

5. 具有 256 个结点的完全二叉树的深度为________。

6. 已知一棵度为 3 的树有 2 个度为 1 的结点，3 个度为 2 的结点，4 个度为 3 的结点，则该树有________个叶子结点。

7. 深度为 H 的完全二叉树至少有 (1) 个结点；至多有 (2) 个结点；H 和结点总数 N 之间的关系是 (3) 。

8. 在顺序存储的二叉树中，编号为 i 和 j 的两个结点处于同一层的条件是________。

9. 在完全二叉树中，编号为 i 和 j 的两个结点处于同一层的条件是________。

10. 一棵有 n 个结点的满二叉树有 (1) 个度为 1 的结点，有 (2) 个分支(非终端)结点和 (3) 个叶子结点，该满二叉树的深度为 (4) 。

11. 假设根结点的层数为 1，则具有 n 个结点的二叉树的最大高度是________。

12. 在一棵二叉树中，若度为零的结点的个数为 N_0，度为 2 的结点的个数为 N_2，则有 $N_0=$________。

13. 设只含根结点的二叉树的高度为 0，则高度为 k 的二叉树的最大结点数为________，最小结点数为________。

14. 高度为 k 的完全二叉树至少有________个叶子结点。

15. 已知二叉树有 50 个叶子结点，则该二叉树的总结点数至少是________。

16. 一个有 2001 个结点的完全二叉树的高度为________。

17. 设 F 是由 T_1、T_2、T_3 3 棵树组成的森林，与 F 对应的二叉树为 B，已知 T_1、T_2、T_3 的结点数分别为 n_1、n_2 和 n_3，则二叉树 B 的左子树中有 (1) 个结点，右子树中有 (2) 个结点。

18. 如某二叉树有 20 个叶子结点，有 30 个结点仅有一个孩子，则该二叉树的总结点数为________。

19. 如果结点 A 有 3 个兄弟，且 B 是 A 的双亲，则 B 的度是________。

20. 在完全二叉树中，结点个数为 n，则编号最大的分支结点的编号为________。

21. 对于一个具有 n 个结点的二元树，当它为一棵 (1) 二叉树时，具有最小高度；当它为一棵 (2) 时，具有最大高度。

22. 具有 n 个结点的二叉树，采用二叉链表存储，共有________个空链域。

23. 8 层完全二叉树至少有__(1)__个结点，拥有 100 个结点的完全二叉树的最大层数为__(2)__。

四、应用题

1. 从概念上讲，树、森林和二叉树是 3 种不同的数据结构，将树、森林转换为二叉树的基本目的是什么？指出树和二叉树的主要区别。

2. 树和二叉树之间有什么样的区别与联系？

3. 请分析线性表、树、广义表的主要结构特点，以及相互的差异与关联。

4. 设有一棵算术表达式树，用什么方法可以对该树所表示的表达式求值？

5. 一棵有 $n(n>0)$个结点的 d 度树，若用多重链表表示，树中每个结点都有 d 个链域，则在表示该树的多重链表中有多少个空链域？为什么？

6. 证明：若一棵二叉树中的结点的度或为 0 或为 2，则二叉树的支数为 $2(n_0-1)$，其中 n_0 是度为 0 的结点的个数。

五、算法设计题

1. 要求二叉树按二叉链表形式存储。

(1) 写一个建立二叉树的算法。

(2) 写一个判别给定二叉树是否为完全二叉树的算法。

其中完全二叉树的定义为：深度为 k，具有 n 个结点的二叉树的每个结点都与深度为 k 的满二叉树中编号从 1 至 n 的结点一一对应。此题以此定义为准。

2. 二叉树采用二叉链表存储。

(1) 编写计算整个二叉树高度的算法（二叉树的高度也叫作二叉树的深度）。

(2) 编写计算二叉树最大宽度的算法（二叉树的最大宽度是指二叉树所有层中结点个数的最大值）。

实 训 4

实训目的和要求

- 了解建立二叉树的方法。
- 掌握用 Python 语言实现哈夫曼树建立的方法。

实训内容

利用哈夫曼树可以构造一种数据传送及通信用的二进制编码，这种编码称为哈夫曼编码。二进制编码原理如下：设需要编码的字符集 $D=\{d_1,d_2,\cdots,d_n\}$，D 中各个字符的出现次数为 $W=\{w_1,w_2,\cdots,w_n\}$。要对 D 中的字符进行二进制编码，使待传输的电文通信编码总长最短，且当 $d_i\neq d_j$ 时，d_i 的编码不可能是 d_j 的编码的开始部分（前缀），即任一字符编码都不是其他字符编码的前缀。这样就使得译码可以一个字符接着一个字符地进行，不需要在字符之间添加分隔符。

利用哈夫曼算法，可以这样编码：用$\{w_1,w_2,\cdots,w_n\}$作为叶子结点的权值生成一棵哈夫曼树，并在对应权值w_j的叶子结点注明对应的字符d_j。并且约定左分支标上字符"0"，右分支标上字符"1"，这样就可以把从根结点到叶子结点的路径分支上标明的字符组成的字符串作为每个叶子结点的字符编码。

例如：要传输的电文是{CAS;CAT;SAT;AT}，请写出其哈夫曼编码。

实训参考程序

```
#哈夫曼树

#Tree-Node Type
class Node:
    def __init__(self,freq):
        self.left = None
        self.right = None
        self.father = None
        self.freq = freq
    def isLeft(self):
        return self.father.left == self
#创建叶子结点
def createNodes(freqs):
    return [Node(freq) for freq in freqs]

#创建哈夫曼树
def createHuffmanTree(nodes):
    queue = nodes[:]
    while len(queue) > 1:
        queue.sort(key=lambda item:item.freq)
        node_left = queue.pop(0)
        node_right = queue.pop(0)
        node_father = Node(node_left.freq + node_right.freq)
        node_father.left = node_left
        node_father.right = node_right
        node_left.father = node_father
        node_right.father = node_father
        queue.append(node_father)
    queue[0].father = None
    return queue[0]
#哈夫曼编码
def huffmanEncoding(nodes,root):
```

```
    codes = [''] * len(nodes)
    for i in range(len(nodes)):
        node_tmp = nodes[i]
        while node_tmp != root:
            if node_tmp.isLeft():
                codes[i] = '0' + codes[i]
            else:
                codes[i] = '1' + codes[i]
            node_tmp = node_tmp.father
    return codes

if __name__ == '__main__':
    chars_freqs = [('A', 4), ('C', 2), ('S', 2), ('T', 3), (';',3)]
    nodes = createNodes([item[1] for item in chars_freqs])
    root = createHuffmanTree(nodes)
    codes = huffmanEncoding(nodes,root)
    for item in zip(chars_freqs,codes):
        print('字母:%s 出现次数为:%-2d   编码: %s' % (item[0][0],item[0][1],
item[1]))
```

该程序的运行结果如下。

```
字母:A 出现次数为:4     编码: 10
字母:C 出现次数为:2     编码: 110
字母:S 出现次数为:2     编码: 111
字母:T 出现次数为:3     编码: 00
字母:; 出现次数为:3     编码: 01
```

第6章 chapter 6

图

本章导读

图是比树更为复杂的非线性结构。在树中,结点之间有明显的层次关系,每一层上的数据元素可以与它下面一层中的多个数据元素(即孩子结点)相关,但是只能和它上面一层的一个数据元素(双亲结点)相关。但是,在图结构中,任意两个数据元素之间均有可能相关。在现实生活中,许多问题可以用图表示,图的应用相当广泛。本章主要介绍图的定义及基本术语、图在计算机中的存储方法、图的遍历和图的应用等内容。

教学目标

本章要求掌握以下内容。

- 掌握图的基本概念。
- 熟练掌握图的存储结构。
- 熟练掌握图的深度优先遍历和广度优先遍历的方法和算法。
- 掌握最小生成树的算法。
- 掌握最短路径的两个经典算法:迪杰斯特拉(Dijkstra)和弗洛伊德(Floyd)算法。
- 掌握拓扑排序的概念,会求拓扑序列。

6.1 图的基本概念

6.1.1 图的定义

图(Graph):由两个集合 $V(G)$ 和 $E(G)$ 所组成,记为 $G=(V,E)$,其中 $V(G)$ 是图中顶点的非空有限集合,$E(G)$ 是边的有限集合。

无向图(Undigraph):如果图中每条边都是顶点的无序对,则称此图为无向图。无向图中的边称为无向边,用圆括号括起来的两个相关顶点表示。所以,在无向图 G_2 中,(V_1,V_2) 和 (V_2,V_1) 表示同一条边,如图 6-1 所示。

有向图(Digraph):如果图中每条边都是顶点的有序对,则称此图为有向图。有向图的边也称为弧,用尖括号括起来的两个相关顶点表示,如 $<V_1,V_2>$ 即图 6-1 中 G_1 的一条弧，其中 V_1 称为弧尾或初始点，V_2 称为弧头或终端点。但应注意：$<V_2,V_1>$ 与 $<V_1,V_2>$ 表示的是不同的弧。

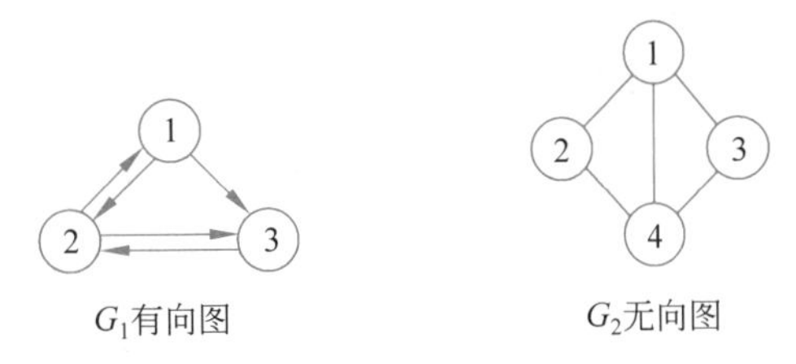

图 6-1 有向图和无向图

图 6-1 所示的 G_1 是有向图，它由 $V(G_1)$ 和 $E(G_1)$ 组成。

$V(G_1)=\{V_1,V_2,V_3\}$

$E(G_1)=\{<V_1,V_2>,<V_2,V_1>,<V_2,V_3>,<V_3,V_2>,<V_1,V_3>\}$

其中，$<V_1,V_2>$ 和 $<V_2,V_1>$ 是两条不同的弧。

图 6-1 所示的 G_2 是无向图，它由 $V(G_2)$ 和 $E(G_2)$ 组成。

$V(G_2)=\{V_1,V_2,V_3,V_4\}$

$E(G_2)=\{(V_1,V_2),(V_2,V_4),(V_1,V_3),(V_3,V_4),(V_1,V_4)\}$

其中，边 (V_1,V_2) 和 (V_2,V_1) 代表同一条边，即 $(V_1,V_2)=(V_2,V_1)$。

在下面的讨论中，均假定不存在一个顶点到其自身的弧或边，即若 $<V_i,V_j>\in E(G)$ 或 $(V_i,V_j)\in E(G)$，则 $V_i\neq V_j$。对有向图 $G=(V,E)$，如果弧 $<V_i,V_j>\in E(G)$，则称顶点 V_i 邻接到顶点 V_j，顶点 V_j 邻接自顶点 V_i。弧 $<V_i,V_j>$ 和顶点 V_i、V_j 相关联。对于无向图 $G=(V,E)$，如果边 $(V_i,V_j)\in E(G)$，则称顶点 V_i 和 V_j 为邻接点，即 V_i 和 V_j 相邻接。边 (V_i,V_j) 依附于顶点 V_i 和 V_j，或者说，边 (V_i,V_j) 和顶点 V_i、V_j 相关联。

6.1.2 图的基本术语

由于图分为无向图和有向图，所以完全图(Completed Graph)也分为无向完全图和有向完全图。

无向完全图(Completed Undigraph)：若一个无向图有 n 个顶点，且每个顶点与其他 $n-1$ 个顶点之间都有边，这样的图称为无向完全图。一个具有 n 个顶点的无向完全图，共有 $n(n-1)/2$ 条边。

有向完全图(Completed Digraph)：若一个有向图有 n 个顶点，且每个顶点与其他 $n-1$ 个顶点之间都有一条以该顶点为弧尾的弧和以该顶点为弧头的弧，这样的图称为有向完全图。一个具有 n 个顶点的有向完全图，共有 $n(n-1)$ 条弧。

很显然，在图 6-1 中的图都不是完全图，与图 6-1 中的图具有相同顶点的完全图如图 6-2 所示。

子图(Subgraph)：设有两个图 A 和 B，且满足条件：$V(B)$ 是 $V(A)$ 的子集，$E(B)$ 是 $E(A)$ 的子集，则称图 B 是图 A 的子图，如图 6-3 所示。

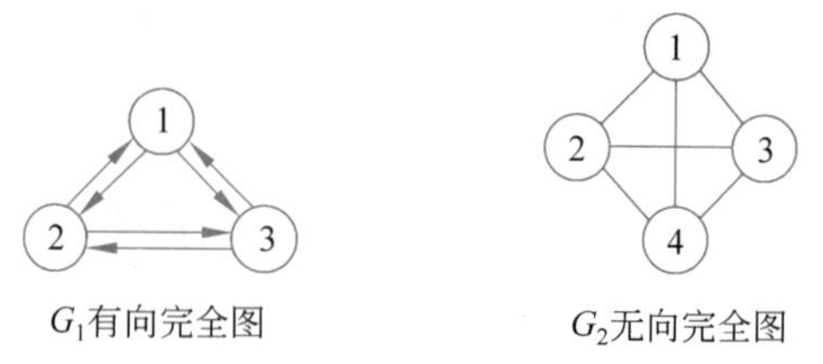

图 6-2　完全图

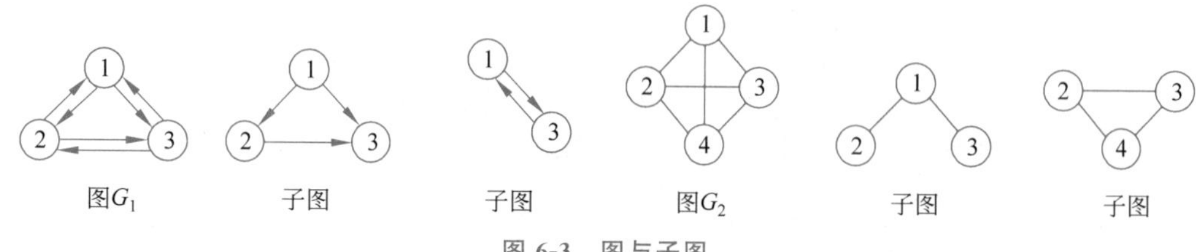

图 6-3　图与子图

路径(Path)：在无向图 G 中，从顶点 V_p 到 V_q 的一条路径是顶点序列$(V_p, V_{i1}, V_{i2}, \cdots, V_{in}, V_q)$，且$(V_p, V_{i1})$，$(V_{i1}, V_{i2})$，…，$(V_{in}, V_q)$是 $E(G)$中的边。路径上的边的数目称为路径长度。例如，图 6-4 中的 G_1 图，(V_1, V_2, V_3)是无向图 G_1 的一条路径，其路径长度为 2。但(V_1, V_2, V_3, V_4)不是图 G_1 的一条路径，因为(V_3, V_4)不是图 G_1 的一条边。

对于有向图，其路径也是有向的。路径由弧组成。例如图 6-4 中的 G_2 图，(V_1, V_2, V_3)是有向图 G_2 的一条路径，其路径长度为 2。而(V_3, V_2, V_1)不是图 G_2 的一条路径，因为$<V_3, V_2>$不是图 G_2 的一条弧。

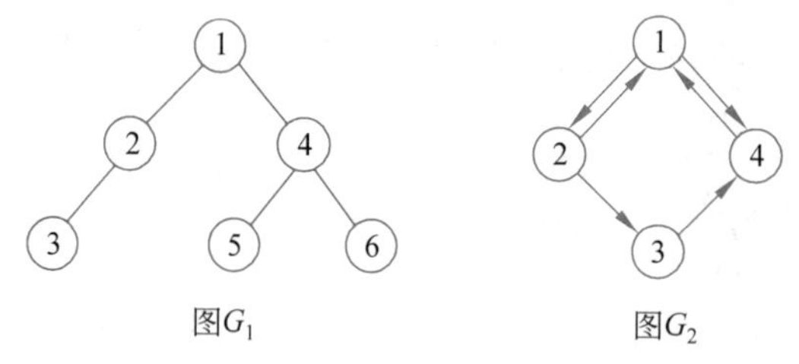

图 6-4　图的路径

简单路径：如果一条路径上所有顶点(起始点和终止点除外)彼此都是不同的，则称该路径是简单路径。对于有向图，其简单路径也是有向的。简单路径由弧组成。

例如图 6-4 的 G_1 图中，(V_1, V_2, V_3)和$(V_5, V_4, V_1, V_2, V_3)$都是简单路径，而$(V_1, V_2, V_3, V_2)$则不是一条简单路径。对于图 6-4 的 G_2 图，(V_1, V_2, V_3)和$(V_1, V_2, V_3, V_4, V_1)$也都是简单路径。

回路(Cycle)：在一条路径中，如果其起始点和终止点是同一顶点，则称其为回路。例如图 6-4 中的 G_2 图$(V_1, V_2, V_3, V_4, V_1)$是回路。

连通图(Connected Graph)和强连通图：在无向图 G 中，若从 V_i 到 V_j 有路径，则称 V_i 和 V_j 是连通的。若 G 中任意两顶点都是连通的，则称 G 是连通图。对于有向图 G，

若每一对顶点 V_i 和 V_j 之间都有从 V_i 到 V_j 和从 V_j 到 V_i 的路径，则称 G 为强连通图。

图 6-4 中的 G_1 图是强连通图，G_2 图是连通图，而图 6-5 则不是连通图，图 6-6 也不是强连通图。

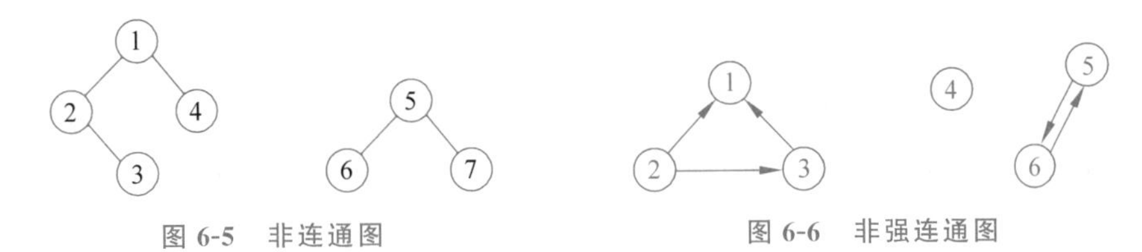

图 6-5 非连通图　　图 6-6 非强连通图

连通分量和强连通分量：连通分量指的是无向图 G 中的极大连通子图。图 6-5 中有两个连通分量。

强连通分量指的是有向图 G 中的极大强连通子图。图 6-6 中有 3 个强连通分量。

度(Degree)、入度(Indegree)和出度(Outdegree)：在无向图中，所谓顶点的度，就是指和该顶点相关联的边数。例如图 6-4 中的图 G_1 的顶点 V_1 的度为 2。

在有向图中，以某顶点为弧头，即终止于该顶点的弧的数目称为该顶点的入度；以某顶点为弧尾，即起始于该顶点的弧的数目称为该顶点的出度；某顶点的入度和出度之和，称为该顶点的度。例如图 6-4 中图 G_2 的顶点 V_1 的入度为 2，出度为 2，度为 4。

权和网：在一个图中，每条边都可以标上具有某种含义的数值，该数值称为该边的权。边上带权的图称为带权图，也称为网。图 6-7 所示为有向带权图，图 6-8 所示为无向带权图。

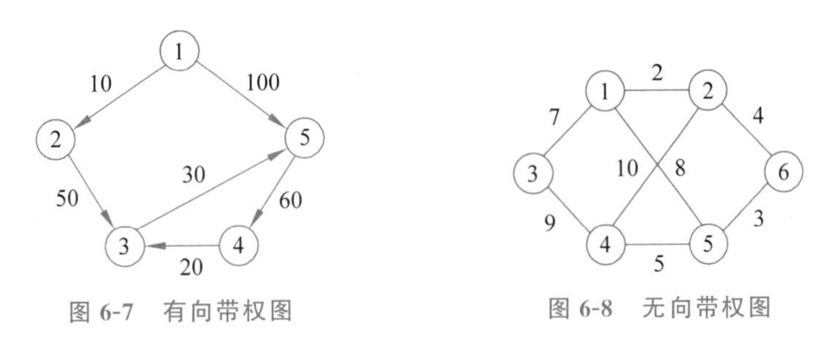

图 6-7 有向带权图　　图 6-8 无向带权图

6.2 图的存储结构

图的结构很复杂，表示图的存储结构有多种形式。常用的图的存储结构有邻接矩阵、邻接表、多重链表等，本节介绍最常用的邻接矩阵和邻接表。

6.2.1 邻接矩阵

邻接矩阵是表示顶点之间相邻关系的矩阵，可以用一个二维数组表示。设 $G=(V,E)$，有 $n(n\geqslant 1)$ 个顶点，则 G 的邻接矩阵 $\mathbf{A}$ 是按如下定义的一个 n 阶方阵。

$$A[i][j]=\begin{cases}1 & 对于无向图,(V_i,V_j)\in E(G);对于有向图,<V_i,V_j>\in E(G)\\0 & 其他\end{cases}$$

例如,图 6-9 表示的是图 6-1 中图 G_1 和图 G_2 的邻接矩阵,分别表示为矩阵 $\mathbf{A}_1$ 和 $\mathbf{A}_2$。

从图 6-9 中可以看出,一个无向图的邻接矩阵是一个对角线为零的对称矩阵,而有向图的邻接矩阵不一定对称。所以,对于有 n 个顶点的无向图的邻接矩阵,只需采用压缩存储形式存入上三角(或下三角)矩阵,即无向图邻接矩阵的存储单元有 $n(n+1)/2$ 个。

$$A_1=\begin{bmatrix}0 & 1 & 1\\1 & 0 & 1\\0 & 1 & 0\end{bmatrix}\qquad A_2=\begin{bmatrix}0 & 1 & 1 & 1\\1 & 0 & 0 & 1\\1 & 0 & 0 & 1\\1 & 1 & 1 & 0\end{bmatrix}$$

图 6-9　图与图的邻接矩阵

用邻接矩阵表示一个具有 n 个顶点的有向图时,需要 n^2 个单元存储邻接矩阵。

在 Python 语言中,图的邻接矩阵存储表示如下。

例 6-1

```
#创建图,输入图的顶点个数、顶点,以及创建邻接表和存储顶点的数组
class Graph(object):

    def __init__(self):
        self.count = int(input('输入图的顶点的个数:'))
        self.cost = [[None for i in range(self.count)] for i in range(self.
count)]
        #存储顶点
        self.list = []
        for i in range(self.count):
            self.num = input('输入顶点:')
            #将顶点添加到数组中
            self.list.append(self.num)

    #顶点之间的关系
    def creatcost(self):
        print('输入顶点之间的关系')
        for i in range(self.count):
            #顶点自身无连通,赋值为 0
            self.cost[i][i] = 0
            for j in range(self.count):
                while self.cost[i][j] == None:
                    #输入各个顶点之间的关系
                    msg = input('输入顶点%s--%s之间的关系(0表示无连通,1表示有
连通)' % (self.list[i],self.list[j]))
```

```
                if msg == '0' or msg == '1':
                    #将输入的内容只填入邻接矩阵中
                    self.cost[i][j] = int(msg)
                    self.cost[j][i] = self.cost[i][j]
                else:
                    print('输入错误....')
        #输出
        for k in range(self.count):
            print(self.cost[k])

if __name__ == '__main__':
    s = Graph()
    s.creatcost()
```

对于图 6-1 中的 G_2 图,运行时输入数据,运行结果如下。

```
输入图的顶点的个数: 4
输入顶点: v1
输入顶点: v2
输入顶点: v3
输入顶点: v4
输入顶点之间的关系
输入顶点 v1--v2 之间的关系(0 表示无连通,1 表示有连通) 1
输入顶点 v1--v3 之间的关系(0 表示无连通,1 表示有连通) 1
输入顶点 v1--v4 之间的关系(0 表示无连通,1 表示有连通) 1
输入顶点 v2--v3 之间的关系(0 表示无连通,1 表示有连通) 0
输入顶点 v2--v4 之间的关系(0 表示无连通,1 表示有连通) 1
输入顶点 v3--v4 之间的关系(0 表示无连通,1 表示有连通) 1
[0, 1, 1, 1]
[1, 0, 0, 1]
[1, 0, 0, 1]
[1, 1, 1, 0]
```

6.2.2 邻接表

邻接表是图的一种链式存储结构。在邻接表中,为图中的每个顶点建立一个单链表,对应邻接矩阵的一行。第 i 个链表中的结点是与顶点 i 相关联的边(对有向图,是以顶点 i 为始顶点的弧)。链表中的每个结点有两个域:顶点域(adjvex),用于保存和 i 有边相连的邻接顶点的编号;链域(next),指向含有与顶点 i 相邻的下一个邻接顶点的结点。链表中用于存放相邻结点边的类型定义如下。

```
class Anode:                                        #边集结点类
    def __init__(self, adjvex):
```

```
        #邻接点在顶点列表中的下标
        self.Adjvex = adjvex
        #用于链接下一个相邻的结点
        self.Next = None
```

为了能够快速访问任一顶点的链表,可以对每一个链表增设一个表头结点。表头结点由两个域组成,其中数据域存放顶点的有关信息,链域指向链表中的第一个结点。此时要以数组的形式存储这些表头结点。表头结点类型的定义如下。

```
class Vnode:                                    #顶点集结点类
    def __init__(self, data):
        #顶点的值
        self.Data = data
        #指向边表(单链表)的表头结点
        self.Firstedge = None
```

图的邻接表的类型定义如下。

```
class Graph:
    def __init__(self):
        #邻接表的表头列表
        self.vertList = []
        #邻接表中的实际顶点数
        self.numVertics = 0
```

若无向图有 n 个顶点、e 条边,则它的邻接表需 n 个表头结点和 $2e$ 个表中结点。通常,在图的边比较稀疏的情况下,用邻接表比用邻接矩阵节省存储空间。

在无向图的邻接表中,顶点 v_i 的度恰为第 i 个链表中的结点数;而在有向图中,第 i 个链表中的结点个数只是顶点 i 的出度,若求入度,必须遍历除第 i 个链表外的其他链表。在所有链表中,其邻接顶点域值为 v_i 的结点个数是顶点 v_i 的入度。有时为了确定顶点的入度或以顶点 v_i 为终点的弧数,可以建立逆邻接表,即对每个顶点 v_i 建立一个链接以顶点 v_i 为终点的链表。图 6-10 给出了加顶点信息的图 G_1 的邻接表及图 G_2 的邻接表和逆邻接表。

下面讨论无向图的邻接表生成算法。该算法先将图的顶点数据输入表头结点数组的数据域中,再将表头结点数组的链域均置"空",然后逐个输入表示边的顶点编号对 (v_i, v_j)。每输入一个顶点编号对 (v_i, v_j),就动态生成两个结点,它们的邻接顶点域分别为 v_j 和 v_i,并分别插到顶点 v_i 和顶点 v_j 链表之中。由于链表中的结点链接次序与邻接顶点的编号无关,为简便起见,将新结点插到链表的第一个结点之前。下面给出生成邻接表的算法。

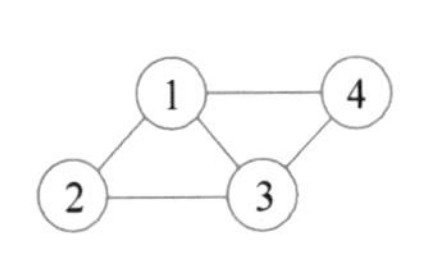

(a) 无向图G_1

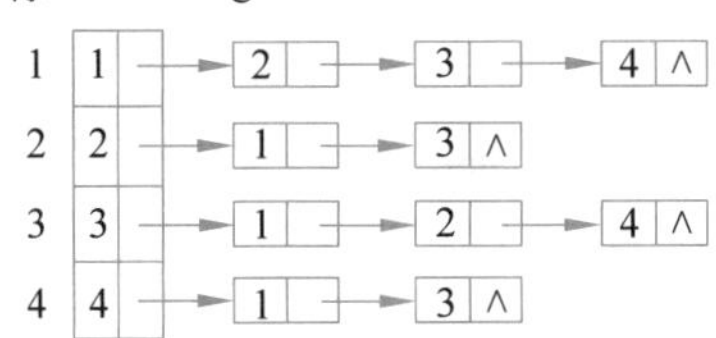

(b) 无向图G_2的邻接表

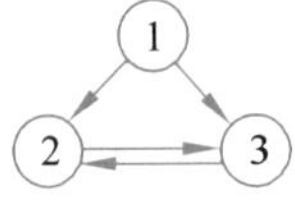

(c) 有向图表G_2

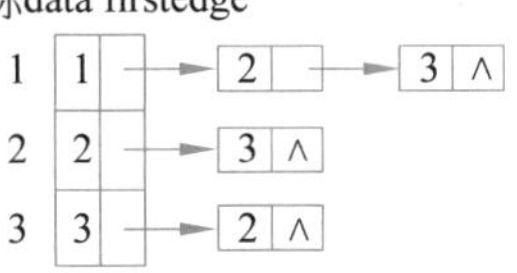

(d) 图G_2的邻接表

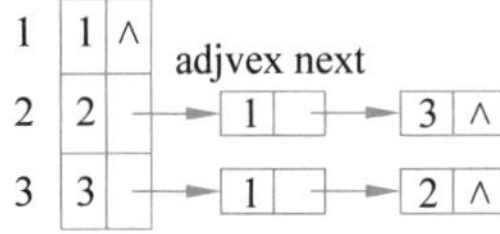

(e) 图G_2的逆邻接表

图 6-10 无向图和有向图的邻接表表示

例 6-2

```
class Anode:                                    #边集结点类
    def __init__(self, adjvex):
        #邻接点在顶点列表中的下标
        self.Adjvex = adjvex
        #用于链接下一个相邻的结点
        self.Next = None

class Vnode:                                    #顶点集结点类
    def __init__(self, data):
        #顶点的值
        self.Data = data
        #指向边表(单链表)的表头结点
        self.Firstedge = None

class Graph:
    def __init__(self):
        #邻接表的表头列表
        self.vertList = []
        #邻接表中的实际顶点数
        self.numVertics = 0

    def add_vertex(self, key):
        vertex = Vnode(key)
        self.vertList.append(vertex)
        self.numVertics = self.numVertics + 1
        return vertex
```

```
    def add_edge(self, val1, val2):         #在 val1 顶点和 val2 结点之间添加一条边
        i = 0
        while i < len(self.vertList):       #判断 val1 是否存在于顶点表中
            if val1 == self.vertList[i].Data:
                vnode1 = self.vertList[i]
                break
            i = i + 1
        if i == len(self.vertList):         #如果不在,就生成 val1 结点,并将其加入
                                            #顶点表中
            vnode1 = self.add_vertex(val1)

        i = 0
        while i < len(self.vertList):       #判断 val2 是否存在于顶点表中
            if val2 == self.vertList[i].Data:
                vnode2 = self.vertList[i]
                break
            i = i + 1
        if i == len(self.vertList):         #如果不在,就生成 val2 结点,并将其加入
                                            #顶点表中
            vnode2 = self.add_vertex(val2)

        v2id = self.vertList.index(vnode2)
        p = Anode(v2id)
        p.Next = vnode1.Firstedge           #头插法
        #将 val2 加入 val1 的边表中,采用头插法
        vnode1.Firstedge = p

if __name__ == '__main__':
    graph = Graph()
    v=input("请输入顶点给 v,输入#结束:")
    v=v.strip()
    while v!='#':
        graph.add_vertex(v)
        v=input("请输入顶点给 v,输入#结束:")
        v=v.strip()
    print("请输入由顶点对构成的边集\n")
    v1,v2=input("请输入相邻的顶点给 v1,v2 用逗号分开,输入#结束:").strip().split
(",")

    while v1!='#':
        graph.add_edge(v1, v2)
        v1,v2=input("请输入相邻的顶点给 v1,v2 用逗号分开,输入#结束:").strip().
split(",")
```

```
    print('\n顶点表的元素为：')
    for i in range(graph.numVertics):
        print(graph.vertList[i].Data, end=' ')
```

上述程序的运行结果如下所示。

```
请输入顶点给 v,输入#结束:1
请输入顶点给 v,输入#结束:2
请输入顶点给 v,输入#结束:3
请输入顶点给 v,输入#结束:4
请输入顶点给 v,输入#结束:#
请输入由顶点对构成的边集

请输入相邻的顶点给 v1,v2 用逗号分开,输入#结束:1,2
请输入相邻的顶点给 v1,v2 用逗号分开,输入#结束:1,3
请输入相邻的顶点给 v1,v2 用逗号分开,输入#结束:1,4
请输入相邻的顶点给 v1,v2 用逗号分开,输入#结束:2,3
请输入相邻的顶点给 v1,v2 用逗号分开,输入#结束:3,4
请输入相邻的顶点给 v1,v2 用逗号分开,输入#结束:#,#

顶点表的元素为:
1 2 3 4
```

建立有向图的邻接表与此类似，只是在每输入一个顶点编号对 $<v1,v2>$ 时，仅需要动态生成一个结点 $v2$，并插入顶点 $v1$ 链表中。

6.3 图的遍历

和树的遍历类似，从图中的一个给定顶点出发，系统地访问图中的所有顶点，并且使每个顶点仅被访问一次，这种运算被称为图的遍历。然而，图的遍历要比树的遍历复杂得多，因为在图中和同一个顶点相连的各顶点之间也可能有边，所以在访问了某个顶点之后，可能顺着某条路径又回到已被访问过的顶点。为了避免一个顶点被多次访问，可以设立一个标记数组 visited，先将初值置为 0，数组元素 visited[i]=1($0\leqslant i\leqslant n-1$)表示顶点 i 被访问过。通常有两种遍历图的方法：深度优先搜索遍历和广度优先搜索遍历，它们对无向图或有向图都适用。

6.3.1 深度优先搜索

深度优先搜索是树的前序次序遍历的推广。假设从图的某一顶点 v 出发进行遍历，首先访问顶点 v，再访问一个与顶点 v 相邻的顶点 w，接着访问一个与顶点 w 相邻且未被访问的顶点，以此类推，直至某个被访问的顶点的所有相邻顶点均被访问，再从最后所访问的顶点开始，依次退回到尚有邻接顶点未曾访问过的顶点 u，并从 u 开始继续深度优先搜索。重复上述过程，直至图中所有顶点都被访问到为止。例如，从顶点 1 出发，按深度优先搜索遍历有向图（见图 6-11），顶点的访问顺序为 1，2，6，5，7，3，4；从 1 出发，按深度优先搜索遍历无向图（见图 6-12），顶点的访问顺序为 1，4，5，3，2（依据建立链表采用的是前插法，具体程序如下）。

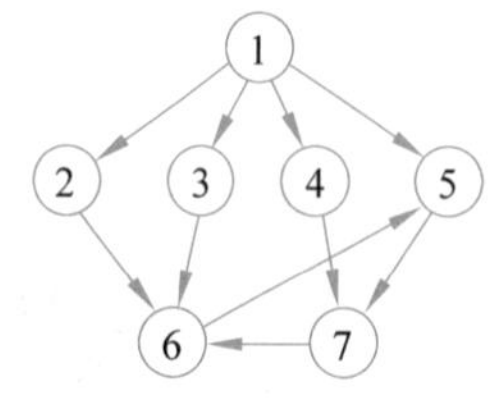

图 6-11 有向图

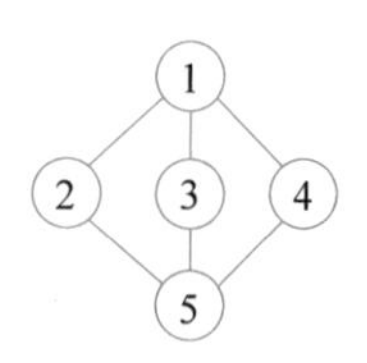

图 6-12 无向图

设无向图中有 n 个顶点，因此顶点编号为 1 到 n，i 为给定的出发顶点编号。用邻接表表示图时，按深度优先搜索的递归算法如下。

例 6-3

```
class Anode:                                        #边集结点类
    def __init__(self, adjvex):
        #邻接点在顶点列表中的下标
        self.Adjvex = adjvex
        #用于链接下一个相邻的结点
        self.Next = None

class Vnode:                                        #顶点集结点类
    def __init__(self, data):
        #顶点的值
        self.Data = data
        #指向边表(单链表)的表头结点
        self.Firstedge = None

class Graph:
    def __init__(self):
        #邻接表的表头列表
        self.vertList = []
        #邻接表中的实际顶点数
        self.numVertics = 0

    def add_vertex(self, key):
        vertex = Vnode(key)
        self.vertList.append(vertex)
        self.numVertics = self.numVertics + 1
        return vertex
```

```
    def add_edge(self, val1, val2):          #在 val1 顶点和 val2 结点之间添加一条边
        i = 0
        while i < len(self.vertList):        #判断 val1 是否存在于顶点表中
            if val1 == self.vertList[i].Data:
                vnode1 = self.vertList[i]
                break
            i = i + 1
        if i == len(self.vertList):          #如果不在,就生成 val1 结点,并将其加入
                                             #顶点表中
            vnode1 = self.add_vertex(val1)

        i = 0
        while i < len(self.vertList):        #判断 val2 是否存在于顶点表中
            if val2 == self.vertList[i].Data:
                vnode2 = self.vertList[i]
                break
            i = i + 1
        if i == len(self.vertList):          #如果不在,就生成 val2 结点,并将其加入
                                             #顶点表中
            vnode2 = self.add_vertex(val2)

        v2id = self.vertList.index(vnode2)
        p = Anode(v2id)
        p.Next = vnode1.Firstedge            #头插法
        #采用头插法将 val2 加入 val1 的边表中
        vnode1.Firstedge = p


def dfs(graph, cur_vertex_ind):

    #g 指向当前序号列表的头结点
    g=graph.vertList[cur_vertex_ind]
    print(g.Data,end="  ")
    visited[cur_vertex_ind]=1
    #p 指向当前序号列表头结点与之相邻接的第一个结点
    p=g.Firstedge
    #p 沿着当前链继续递归搜索与表头结点相邻接的结点
    while p:
        if visited[p.Adjvex]==0:
            dfs(graph,p.Adjvex)
        p=p.Next

if __name__ == '__main__':
```

```
    graph = Graph()
    print("----1.建立邻接链表----\n----2.深度优先搜索----\n")
    print("----3.退出----\n")
    while True:
        number=int(input("请输入选项(1-3)\n"))
        if number==1:
            v=input("请输入顶点给 v,输入#结束:")
            v=v.strip()
            while v!='#':
                graph.add_vertex(v)
                v=input("请输入顶点给 v,输入#结束:")
                v=v.strip()
            print("请输入由顶点对构成的边集\n")
            v1,v2=input("请输入相邻的顶点给 v1,v2 用逗号分开,输入#结束:").strip
().split(",")
            while v1!='#':
                graph.add_edge(v1, v2)
                v1,v2=input("请输入相邻的顶点给 v1,v2 用逗号分开,输入#结束:").
strip().split(",")

            print('\n 顶点表的元素为: ')
            for i in range(graph.numVertics):
                  print(graph.vertList[i].Data, end=' ')
        if number==2:
            visited=[0] * graph.numVertics
            n=int(graph.numVertics)
            for i in range(n):
                if visited[i]==0:
                    dfs(graph,i)
        if number==3:
            break
```

上述程序的运行结果如下。

```
----1.建立邻接链表----
----2.深度优先搜索----
----3.退出----
请输入选项(1-3)
1
请输入顶点给 v,输入#结束:1
请输入顶点给 v,输入#结束:2
请输入顶点给 v,输入#结束:3
请输入顶点给 v,输入#结束:4
```

```
请输入顶点给 v,输入#结束:5
请输入顶点给 v,输入#结束:#
请输入由顶点对构成的边集

请输入相邻的顶点给 v1,v2 用逗号分开,输入#结束:1,2
请输入相邻的顶点给 v1,v2 用逗号分开,输入#结束:1,3
请输入相邻的顶点给 v1,v2 用逗号分开,输入#结束:1,4
请输入相邻的顶点给 v1,v2 用逗号分开,输入#结束:2,5
请输入相邻的顶点给 v1,v2 用逗号分开,输入#结束:3,5
请输入相邻的顶点给 v1,v2 用逗号分开,输入#结束:4,5
请输入相邻的顶点给 v1,v2 用逗号分开,输入#结束:#,#

顶点表的元素为:
1 2 3 4 5 请输入选项(1-3)
2
1  4  5  3  2  请输入选项(1-3)
3
```

6.3.2 广度优先搜索

广度优先搜索的遍历过程如下：首先访问出发顶点 v,然后访问与顶点 v 相邻接的全部顶点 $w_1,w_2,\cdots,w_t$,再依次访问与 $w_1,w_2,\cdots,w_t$ 邻接的没有被访问过的顶点,以此类推,直到图中所有顶点都被访问到为止。例如,从顶点 1 出发,按广度优先搜索遍历有向图(见图 6-11),顶点的访问顺序为 1,2,3,4,5,6,7;从顶点 1 出发,按广度优先搜索遍历无向图(见图 6-12),顶点的访问顺序为 1,2,3,4,5。由此可见,按广度优先搜索遍历是按层次进行的,首先访问距起始点最近的相邻顶点,然后逐层向外扩展,依次访问和起始点有路径相通且路径长度为 2,3,…的顶点。

从上述的搜索过程可见,若顶点 w_1 在顶点 w_2 之前被访问,则访问顶点 w_1 的相邻顶点也应先于访问顶点 w_2 的相邻顶点,因此,在广度优先搜索遍历时,应设置队列以存放已被访问的顶点。

下面以无向图的邻接表为存储结构,给出广度优先搜索的算法。

例 6-4

```
class Anode:                                    #边集结点类
    def __init__(self, adjvex):
        #邻接点在顶点列表中的下标
        self.Adjvex = adjvex
        #用于链接下一个相邻的结点
        self.Next = None

class Vnode:                                    #顶点集结点类
    def __init__(self, data):
```

```
        #顶点的值
        self.Data = data
        #指向边表(单链表)的表头结点
        self.Firstedge = None

class Graph:
    def __init__(self):
        #邻接表的表头列表
        self.vertList = []
        #邻接表中的实际顶点数
        self.numVertics = 0

    def add_vertex(self, key):
        vertex = Vnode(key)
        self.vertList.append(vertex)
        self.numVertics = self.numVertics + 1
        return vertex

    def add_edge(self, val1, val2):          #在 val1 顶点和 val2 结点之间添加一条边
        i = 0
        while i < len(self.vertList):        #判断 val1 是否存在于顶点表中
            if val1 == self.vertList[i].Data:
                vnode1 = self.vertList[i]
                break
            i = i + 1
        if i == len(self.vertList):          #如果不在,就生成 val1 结点,并将其加入
                                             #顶点表中
            vnode1 = self.add_vertex(val1)

        i = 0
        while i < len(self.vertList):        #判断 val2 是否存在于顶点表中
            if val2 == self.vertList[i].Data:
                vnode2 = self.vertList[i]
                break
            i = i + 1
        if i == len(self.vertList):          #如果不在,就生成 val2 结点,并将其加入
                                             #顶点表中
            vnode2 = self.add_vertex(val2)

        v2id = self.vertList.index(vnode2)
        p = Anode(v2id)
        p.Next = vnode1.Firstedge            #头插法
        #将 val2 加入 val1 的边表中,采用头插法
```

```
        vnode1.Firstedge = p

class Queue:
    def __init__(self, maxsize=20):
        self.sequeue = maxsize * [None]
        self.front = 0
        self.rear = 0
        self.maxsize = maxsize

    def is_empty(self):
        if self.front == self.rear:
            return 1
        else:
            return 0

    def inqueue(self, data):
        for i in range(self.maxsize):
            if self.sequeue[i] == None:
                self.sequeue[i] = data
                self.rear += 1
                break

    def dequeue(self):
        self.front += 1
        return self.sequeue.pop(0)
#cur_vertex_ind代表当前访问标志
def BFS(graph, cur_vertex_ind):
    #visited用于存放访问标志,0表示没访问,1表示已经访问过
    visited = [0] * graph.numVertics
    q = Queue()
    visited[cur_vertex_ind] = 1
    q.inqueue(cur_vertex_ind)
    while q.is_empty() != 1:
        temp = q.dequeue()
        node = graph.vertList[temp]
        if node.Firstedge != None:
            start = node.Firstedge
            if visited[start.Adjvex] == 0:
                q.inqueue(start.Adjvex)
                visited[start.Adjvex] = 1
            while start.Next != None:
                second = start.Next
                if visited[second.Adjvex] == 0:
```

```
                q.inqueue(second.Adjvex)
                visited[second.Adjvex] = 1
            start = second
        print(graph.vertList[temp].Data, end=' ')

if __name__ == '__main__':
    graph = Graph()
    print("----1.建立邻接链表----\n----2.广度优先搜索----\n")
    print("----3.退出----\n")
    while True:
        number=int(input("请输入选项(1-3)\n"))
        if number==1:
            v=input("请输入顶点给 v,输入#结束:")
            v=v.strip()
            while v!='#':
                graph.add_vertex(v)
                v=input("请输入顶点给 v,输入#结束:")
                v=v.strip()
            print("请输入由顶点对构成的边集\n")
            v1,v2=input("请输入相邻的顶点给 v1,v2 用逗号分开,输入#结束:").strip
().split(",")
            while v1!='#':
                graph.add_edge(v1, v2)
                v1,v2=input("请输入相邻的顶点给 v1,v2 用逗号分开,输入#结束:").
strip().split(",")

            print('\n 顶点表的元素为: ')
            for i in range(graph.numVertics):
                print(graph.vertList[i].Data, end=' ')
        elif number==2:
            print('\n\n 邻接表的广度遍历:')
            BFS(graph, 0)
        elif number==3:
            break
```

上述程序的运行结果如下所示。

```
----1.建立邻接链表----
----2.广度优先搜索----
----3.退出----
请输入选项(1-3)
1
请输入顶点给 v,输入#结束:1
```

```
请输入顶点给 v,输入#结束:2
请输入顶点给 v,输入#结束:3
请输入顶点给 v,输入#结束:4
请输入顶点给 v,输入#结束:5
请输入顶点给 v,输入#结束:#
请输入由顶点对构成的边集

请输入相邻的顶点给 v1,v2 用逗号分开,输入#结束:1,2
请输入相邻的顶点给 v1,v2 用逗号分开,输入#结束:1,3
请输入相邻的顶点给 v1,v2 用逗号分开,输入#结束:1,4
请输入相邻的顶点给 v1,v2 用逗号分开,输入#结束:2,5
请输入相邻的顶点给 v1,v2 用逗号分开,输入#结束:3,5
请输入相邻的顶点给 v1,v2 用逗号分开,输入#结束:4,5
请输入相邻的顶点给 v1,v2 用逗号分开,输入#结束:#,#

顶点表的元素为:
1 2 3 4 5 请输入选项(1-3)
2

邻接表的广度遍历:
1 4 3 2 5 请输入选项(1-3)
3
```

由于广度优先搜索遍历方法与深度优先搜索遍历方法的差别仅是搜索顶点的顺序不同,所以两种遍历方法的时间代价是相同的。无向图的这两种遍历方法也同样适用于有向图,请读者自己完成。

6.4 最小生成树

设图 $G=(V,E)$是一个连通图。当从图中任一顶点出发遍历图 G 时,将边集 $E(G)$分成两个集合 $T(G)$和 $B(G)$。其中 $T(G)$是遍历图时所经过的边的集合,$B(G)$是遍历图时未经过的边的集合。显然,$G_1(V,T)$是图 G 的子图。通常称子图 G_1 是连通图 G 的生成树。

一个连通图的生成树不一定是唯一的。例如,对于图 6-12 所示的图,分别按深度优先和广度优先搜索法进行遍历,可以得到如图 6-13 所示的两种不同的生成树,分别称为深度优先生成树和广度优先生成树。

对于有 n 个顶点的连通图,至少有 $n-1$ 条边,而图的生成树恰好有 $n-1$ 条边,所以图的生成树是该图的极小连通子图。若在图 G 的生成树中任意加一条属于边集 $B(G)$中的边,则必然形成回路。

如果连通图是一个网络,见称该网络中所有生成树中权值总和最小的生成树为最小生成树(也称最小代价生成树)。求网络的最小生成树是一个具有重大实际意义的问题。

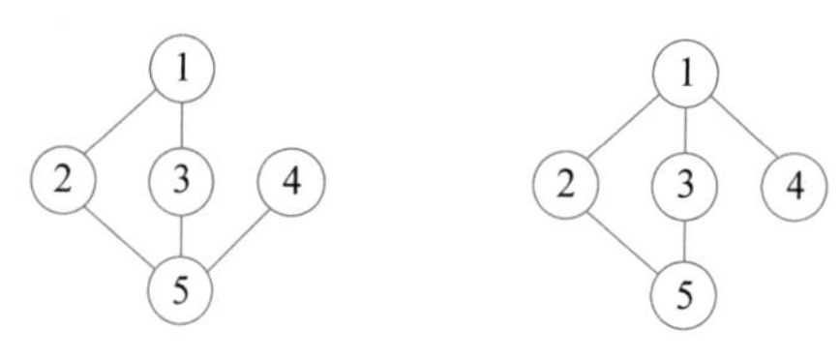

图 6-13 生成树示例

例如，要在 n 个城市之间建立一个通信网，需要建造 $n-1$ 条通信线路。可以把 n 个城市看成图的 n 个顶点，把各个城市之间的通信线路看成边，把相应的建设费用作为边的权值，这样就构成一个网络。由于在 n 个城市之间，可能的线路有 $n(n-1)/2$ 条，那么，如何选择其中的 $n-1$ 条线路，使总的建设费用最小，这就是求该网络的最小生成树的问题。

构造最小生成树的算法有很多，普里姆(Prim)算法和克鲁斯卡尔(Kruskal)算法是构造最小生成树的常用方法，下面分别对其进行介绍。

6.4.1 普里姆算法

普里姆于 1957 年提出一种构造最小生成树的算法，该算法的要点是按照将顶点逐个连通的步骤，把已连通的顶点加入集合 U 中(这个集合 U 开始时为空集)。首先任选一个顶点加入 U，然后从依附于该顶点的边中选取权值最小的边作为生成树的一条边，并将依附于该边且在集合 U 外的另一顶点加入 U，表示这两个顶点已通过权值最小的边连通了。以后，每次从一个顶点在集合 U 中而另一个顶点在 U 外的各条边中选取权值最小的一条边，作为生成树的一条边，并把依附于该边且在集合 U 外的顶点并入 U，依次类推，直到全部顶点都已连通(全部顶点加入 U)，即构成所要求的最小生成树。其构造过程如图 6-14 所示(设首次加入 U 中的顶点为 1)。

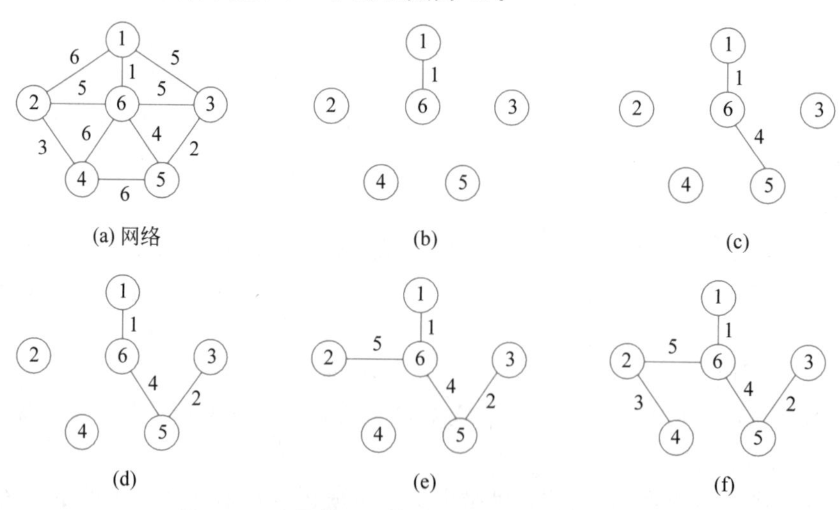

图 6-14 采用普里姆算法构造最小生成树的过程

为了便于在集合 U 和 U 外的顶点之间选择权最小的边，建立一个 visited[i]列表用于存放 i 顶点是否被访问过，如果被访问过，则 visited[i]=1，否则 visited[i]=0，同时定义 3 个变量 h_1、h_2、min_weight，用于表示集合 U 中被访问过的顶点 h_1 与 U 外没被访问的顶点 h_2 构成的最短距离 min_weight，开始时，由于 U 的初值为{1}，所以 i 的值为 $1(i=1,2,\cdots,n)$，而 min_weight 为边$(1,j)$的权$(j=1,2,\cdots,n)$。

本算法依次扫描二维数组 weights，在不属于 U 的顶点中找出离 U 最近的顶点，再令其为 h_2，并打印边(min_weight)。然后修改访问标志 visited[h_2]=1，标记 h_2 已经加入 U，并重新设置 min_weight=32767 为最大值。这里采用图的邻接矩阵存储结构，weights[i][j]是边(i, j)的权。如果不存在边(i,j)，则 weights[i][j]的值为一个大于任何权值而小于无限大的常数(这里用 32767 表示)。

采用普里姆算法构造最小生成树的完整程序如下。

例 6-5

```
class MGraph(object):
    def __init__(self, vertex):
        self.vertex = vertex                              #表示图的结点个数
        self.data = vertex * [0]                          #存放结点数据
        #用邻接矩阵存放边上的权值
        self.weight = [[0 for row in range(vertex)] for col in range(vertex)]
#创建最小生成树
class MinTree(object):
    #创建图的邻接矩阵
    def create_graph(self, graph, vertex, data, weight):
        """
        graph:图对象
        vertex:图对应的顶点个数
        data:存放图的各个顶点值的列表
        weight:存放图的邻接矩阵
        """
        for i in range(vertex):                           #顶点
            graph.data[i] = data[i]
            for j in range(vertex):
                graph.weight[i][j] = weight[i][j]

    #显示图的方法
    def show_graph(self, graph):
        for link in graph.weight:
            print(link)

    #编写普里姆算法,得到最小生成树
    def prim(self, graph, v):
        """
        graph: 图对象
```

```
        v: 表示从图的第几个顶点开始生成,如:"A"->0 ,...

        """
        #visited[]标记结点(顶点)是否被访问过
        visited = [0] * graph.vertex                    #默认都是 0,表示没有访问过
        visited[v] = 1                                  #把当前这个结点标记为已访问过
        #h1 和 h2 记录两个顶点的下标
        h1 = -1
        h2 = -1
        #将 min_weight 初始成一个大数,后面在遍历过程中会被替换
        min_weight = 32767
        #因为有 graph.vertex 顶点,所以普里姆算法结束后,有 graph.vertex - 1 条边
        for k in range(1, graph.vertex):
            #确定每一次生成的子图和哪个结点的距离最近
            for i in range(graph.vertex):               #i 表示被访问过的结点
                for j in range(graph.vertex):           #j 表示还没有被访问过的结点
                    if visited[i] == 1 and visited[j] == 0 and graph.weight[i]
[j] < min_weight:
                        #替换 min_weight(寻找已经被访问过的结点和未被访问过的结点
                        min_weight = graph.weight[i][j]
                        h1 = i
                        h2 = j
            #找到一条边是最小的
            print('边 %s -> %s 权值: %d ' % (graph.data[h1], graph.data[h2],
min_weight))
            #将当前这个结点标记为已经访问
            visited[h2] = 1
            #min_weight 重新设置为最大值
            min_weight = 32767

if __name__ == '__main__':
    vertex_data=[]
    x=input("请输入顶点数据,以#键结束")
    while x!='#':
        vertex_data.append(x)
        x=input("请输入结点数据,以#键结束")
    #给结点之间的距离设置最大值为 32767
    weights = [[32767 for i in range(len(vertex_data))] for _ in range(len
(vertex_data))]
    y=int(input("请输入有边存在的两个顶点序号及其距离 i,j,v 个数"))
    for w in range(y):
```

```
        i,j,v=input("请输入顶点及边给变量 i,j,v,数据用逗号分开").strip().split
(",")
        weights[int(i)-1][int(j)-1]=int(v)
        weights[int(j)-1][int(i)-1]=int(v)
    g = MGraph(len(vertex_data))
    tree = MinTree()

    print("----1.建立图并输出图的邻接矩阵----\n----2.采用普里姆算法求最小生
成树----\n")
    print("----3.退出----\n")
    while True:
        number=int(input("请输入选项(1-3)\n"))
        if number==1:
            tree.create_graph(g, len(vertex_data), vertex_data, weights)
            tree.show_graph(g)
        elif number==2:
            tree.prim(g, 0)#之所以传入 0,是因为列表的下标是从 0 开始的
        elif number==3:
            break
```

对于图 6-14(a),其邻接矩阵如图 6-15 所示,运行时输入数据,运行结果如下。

```
请输入顶点数据,以#键结束 1
请输入结点数据,以#键结束 2
请输入结点数据,以#键结束 3
请输入结点数据,以#键结束 4
请输入结点数据,以#键结束 5
请输入结点数据,以#键结束 6
请输入结点数据,以#键结束#
请输入有边存在的两个顶点序号及其距离 i,j,v 个数 10
请输入顶点及边给变量 i,j,v,数据用逗号分开 1,3,5
请输入顶点及边给变量 i,j,v,数据用逗号分开 1,2,6
请输入顶点及边给变量 i,j,v,数据用逗号分开 1,6,1
请输入顶点及边给变量 i,j,v,数据用逗号分开 2,4,3
请输入顶点及边给变量 i,j,v,数据用逗号分开 2,6,5
请输入顶点及边给变量 i,j,v,数据用逗号分开 3,5,2
请输入顶点及边给变量 i,j,v,数据用逗号分开 3,6,5
请输入顶点及边给变量 i,j,v,数据用逗号分开 4,5,6
请输入顶点及边给变量 i,j,v,数据用逗号分开 4,6,6
请输入顶点及边给变量 i,j,v,数据用逗号分开 5,6,4
----1.建立图并输出图的邻接矩阵----
----2.采用普里姆算法求最小生成树----
```

```
----3.退出----
请输入选项(1-3)
1
[32767, 6, 5, 32767, 1, 32767]
[6, 32767, 32767, 3, 32767, 5]
[5, 32767, 32767, 32767, 2, 5]
[32767, 3, 32767, 32767, 6, 6]
[1, 32767, 2, 6, 32767, 4]
[32767, 5, 5, 6, 4, 32767]
请输入选项(1-3)
2
边 1 -> 5 权值: 1
边 5 -> 3 权值: 2
边 5 -> 6 权值: 4
边 6 -> 2 权值: 5
边 2 -> 4 权值: 3
请输入选项(1-3)
```

$$
\boldsymbol{N}=\begin{bmatrix} \infty & 6 & 5 & \infty & \infty & 1 \\ 6 & \infty & \infty & 3 & \infty & 5 \\ 5 & \infty & \infty & \infty & 2 & 5 \\ \infty & 3 & \infty & \infty & 6 & 6 \\ \infty & \infty & 2 & 6 & \infty & 4 \\ 1 & 5 & 5 & 6 & 4 & \infty \end{bmatrix}
$$

图 6-15 邻接矩阵

6.4.2 克鲁斯卡尔算法

此算法于 1956 年由克鲁斯卡尔提出,它从另一途径求网络的最小生成树。假设连通网 $N=(V,E)$,则令最小生成树的初始状态为只有 n 个顶点而无边的非连通图 $T=(V,E_1)$,其中 E_1 为空集,即 T 中的每个顶点自成一个连通分量。在 E 中选择权最小的边,若该边依附的顶点落在 T 中不同的分量上,则将此边加入 T 中,否则舍去此边选择下一条权最小的边,依次类推,直到 T 中所有顶点都在同一连通分量上。

现以图 6-16(a)为例进行说明。

设此图用边集数组表示,且数组中各边的权值按由小到大的次序排列,如表 6-1 所示。这时可按数组下标顺序选取边,在选择(1, 6)、(3, 5)、(2, 4)、(5, 6)时均无问题,保留作为树 T 的边,当选择(1, 3)边时,将与树 T 的已有边构成回路,将其舍去。下一条边是(3, 6),也与树 T 中的已有边构成回路,也将其舍去,再下一条边是(2, 6),其是被选入树 T 的边,此时,树 T 中已有 5 条边,使 N 网中的所有顶点都在同一连通分量上,即构成了 N 网的最小生成树。

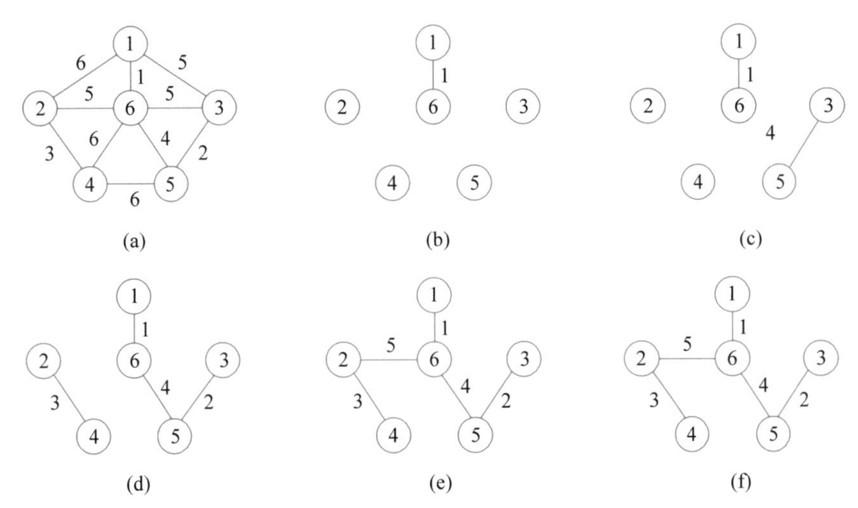

图 6-16 采用克鲁斯卡尔算法构造最小生成树的过程

表 6-1 图 6-16(a)的边集数组

起始顶点	结束顶点	权　值
1	6	1
3	5	2
2	4	3
5	6	4
1	3	5
3	6	5
2	6	5
1	2	6
4	6	6
4	5	6

采用克鲁斯卡尔算法构造最小生成树的完整程序如下。

例 6-6

```
#创建一个类 EData,它的对象实例就表示一条边
class EData(object):
    def __init__(self, start, end, weight):
        self.start = start
        self.end = end
        self.weight = weight

class GMap(object):
    def __init__(self, vertex_data, matrix):      #传入顶点数组
```

```
        self.edge_num = 0                                    #边的个数
        #self.vertex_data = vertex * [0]                     #顶点数组
        self.vertex_data = vertex_data
        #self.matrix = [[float('inf') for row in range(len(vertex_data))] for
col in range(len(vertex_data))]                              #邻接矩阵
        self.matrix = matrix
        #使用 INF 表示两个顶点不能连通
        self.inf = float('inf')                              #获取浮点型最大值

        #统计边的条数
        for i in range(len(vertex_data)):
            for j in range(i + 1, len(vertex_data)):
                if self.matrix[i][j] != self.inf:
                    self.edge_num += 1


    #对边进行排序处理,这里使用冒泡排序方式,使用其他排序方式也可以
    def sort_edges(self, edges):
        for i in range(len(edges) - 1):
            flag = False
            for j in range(len(edges) - 1 - i):
                if edges[j].weight > edges[j + 1].weight:
                    edges[j], edges[j + 1] = edges[j + 1], edges[j]
                    flag = True
            if not flag:
                break

    #查找传入顶点的位置
    def get_position(self, ver_data):
        """
        :ver_data: 传入顶点的值,例如:"1""2"
        :return: 找返回 ch 顶点对应的下标,如果找不到,就返回-1
        """
        for i in range(len(self.vertex_data)):
            if self.vertex_data[i] == ver_data:  #如果找到,就返回顶点下标
                return i
        return -1                                            #如果找不到,就返回-1

    #获取图中的边,并将其放到 EData 数组中
    def get_edges(self):
        """
        功能:获取图中的边,并将其放到 EData[] 数组中,后面需要遍历该数组,
        该数组是通过 matrix 邻接矩阵获取的
```

```
        """
        index = 0
        edges = [0] * self.edge_num
        for i in range(len(self.vertex_data)):
            for j in range(i + 1, len(self.vertex_data)):
                if self.matrix[i][j] != self.inf:
                    edges[index] = EData(self.vertex_data[i], self.vertex_
data[j], self.matrix[i][j])
                    index += 1
        return edges

    def get_end(self, ends, i):
        """
        获取下标为 i 的顶点的终点,用来判断两个顶点的终点是否相同,是否会形成回路

        :ends: 记录了各个顶点对应的终点是哪个,ends 数组是在遍历过程中逐步形成的
        :i: 表示传入的顶点对应的下标
        :return: 返回的是下标为 i 的整个顶点对应的终点的下标
        """
        while ends[i] != 0:
            i = ends[i]
        return i

    def kruskal(self):
        #index 列表用于存储最后结果数组的索引
        index= 0
        #ends 列表用于保存"已有最小生成树"中的每个顶点在最小生成树中的终点
        ends= [0] * self.edge_num
        #创建结果数组,保存最后的最小生成树
        result = [0] * self.edge_num
        #获取图中所有边的集合,一共 12 条边
        edges = self.get_edges()
        #按照边的权值大小进行排序
        self.sort_edges(edges)
        #遍历 edges 数组,将边添加到最小生成树中时,判断是否形成了回路
        for i in range(self.edge_num):
            #获取第 i 条边的第一个顶点(起点)
            p1 = self.get_position(edges[i].start)    #p1=4
            #获取第 i 条边的第 2 个顶点
            p2= self.get_position(edges[i].end)       #p2=5
            #获取 p1 这个顶点在已有最小生成树中对应的终点
            m= self.get_end(ends, p1)                 #m=4 初始化认为终点就是本身
            #获取 p2 这个顶点在已有最小生成树中对应的终点
```

```
            n= self.get_end(ends, p2)                        #n=5
            #判断是否构成回路
            if m != n:                                       #没有构成回路
                ends[m] = n                         #设置m在已有最小生成树中对应的终点
                result[index] = edges[i]                     #有一条边加入result数组
                index += 1

        #统计并打印"最小生成树"
        print('最小生成树为:')
        for item in result:
            if item == 0:
                continue
            else:
                print("<%s,%s>=%d" % (item.start, item.end, item.weight))

if __name__ == '__main__':
    vertex_data=[]
    x=input("请输入顶点数据,以#键结束")
    while x!='#':
        vertex_data.append(x)
        x=input("请输入结点数据,以#键结束")
    #给结点之间的距离设置最大值为32767
    array_matrix=[[32767 for i in range(len(vertex_data))]for _ in range(len
(vertex_data))]
    y=int(input("请输入有边存在的两个顶点序号及其距离i,j,v个数"))
    for w in range(y):
        i,j,v=input("请输入顶点及边给变量i,j,v,数据用逗号分开").strip().split
(",")
        array_matrix[i-1][j-1]=v
        array_matrix[j-1][i-1]=v
    g = GMap(vertex_data, array_matrix)
    print("----1.建立图并输出图的邻接矩阵----\n----2.采用克鲁斯卡尔算法求最
小生成树----\n")
    print("----3.退出----\n")
    while True:
        number=int(input("请输入选项(1-3)\n"))
        if number==1:
            print('图原先的边信息:')
            for item in g.get_edges():
                if item.weight < 32767:
                    print(item.start, item.end, item.weight)
        elif number==2:
            g.kruskal()
```

```
        elif number==3:
            break
```

对于图 6-16(a),运行时输入数据,运行结果如下(其中带下画线的部分为用户输入)。

```
请输入顶点数据,以#键结束 1
请输入结点数据,以#键结束 2
请输入结点数据,以#键结束 3
请输入结点数据,以#键结束 4
请输入结点数据,以#键结束 5
请输入结点数据,以#键结束 6
请输入结点数据,以#键结束#
请输入有边存在的两个顶点序号及其距离 i,j,v 个数 10
请输入顶点及边给变量 i,j,v,数据用逗号分开 1,3,5
请输入顶点及边给变量 i,j,v,数据用逗号分开 1,2,6
请输入顶点及边给变量 i,j,v,数据用逗号分开 1,6,1
请输入顶点及边给变量 i,j,v,数据用逗号分开 2,4,3
请输入顶点及边给变量 i,j,v,数据用逗号分开 2,6,5
请输入顶点及边给变量 i,j,v,数据用逗号分开 3,5,2
请输入顶点及边给变量 i,j,v,数据用逗号分开 3,6,5
请输入顶点及边给变量 i,j,v,数据用逗号分开 4,5,6
请输入顶点及边给变量 i,j,v,数据用逗号分开 4,6,6
请输入顶点及边给变量 i,j,v,数据用逗号分开 5,6,4
----1.建立图并输出图的邻接矩阵----
----2.采用普里姆算法求最小生成树----
----3.退出----
请输入选项(1-3)
1
图原先的边信息:
1 2 6
1 3 5
1 6 1
2 4 3
2 6 5
3 5 2
3 6 5
4 5 6
4 6 6
5 6 4
请输入选项(1-3)
2
最小生成树为:
<1,6>=1
```

```
<3,5>=2
<2,4>=3
<5,6>=4
<2,6>=5
请输入选项(1-3)
```

6.5 最短路径

图的最常见应用之一是在交通运输和通信网络中寻求两个结点之间的最短路径。例如,我们用顶点表示城市,用边表示城市之间的公路,则由这些顶点和边组成的图可以表示连接各城市的公路网。把两个城市之间的距离作为权值,赋给图中的边,就构成了带权图。

汽车司机或乘客一般关心以下两个问题。

(1) 从甲地到乙地是否有公路?

(2) 从甲地到乙地可能有多条公路,哪条公路路径最短或花费代价最小?

这就是我们要讨论的最短路径问题。所谓最短路径,是指所经过的边上的权值之和最小的路径,而不是经过的边的数目最少。下面根据实际问题,结合有向带权图讨论这个问题。

首先明确两个概念:源点即路径的开始顶点;终点即路径的最后一个顶点。之后给出两个算法:一个是求从某个源点到其他各顶点的最短路径(即单元最短路径)的迪杰斯特拉算法;另一个是求每一对顶点之间的最短路径的弗洛伊德算法。

6.5.1 单源最短路径

对于图 6-17 所示的有向带权图及其邻接矩阵,如何求从顶点 V_1 出发到其他各顶点的最短路径呢?迪杰斯特拉提出了按路径长度递增的次序产生最短路径的算法。该算法把网(带权图)中的所有顶点分成两个集合:凡以 V_1 为源点已确定了最短路径的顶点并入 S 集合,S 集合的初始状态只包含 V_1;另一个集合 V-S 为尚未确定最短路径的顶点的集合。按各顶点与 V_1 的最短路径长度递增的次序,把 V-S 集合中的顶点逐个加入 S 集合中,使从 V_1 到 S 集合中各顶点的路径长度始终不大于从 V_1 到 V-S 集合中各顶点的路径长度。为了方便地求出从 V_1 到 V-S 集合中最短路径的递增次序,算法中引入一个辅助数组 dist,它的元素 dist[i]表示当前求出的从 V_1 到 V_i 的最短路径长度,这个路径长度不一定是真正的最短路径长度。向量 dist 的初始值为邻接矩阵 cost[ ][ ]中 V_1 行的值,这样,从 V_1 到各顶点的最短路径中最短的一条路径长度应为

$$\text{dist}[W]=\min\{\text{dist}[i]\} \quad (\text{其中 } i \text{ 取 } 1,2,\cdots,n,n \text{ 为顶点的个数})$$

设第一次求得的一条最短路径为$\langle V_1,W\rangle$,这时顶点 W 应该从 V-S 中删除而并入 S 集合中。之后修改 V-S 集合中各顶点的最短路径长度(即数组 dist)的值。对于 V-S 集合中的某一顶点 V_i 来说,其当前的最短路径,或者是$\langle V_1,V_i\rangle$,或者是$\langle V_1,W,V_i\rangle$,

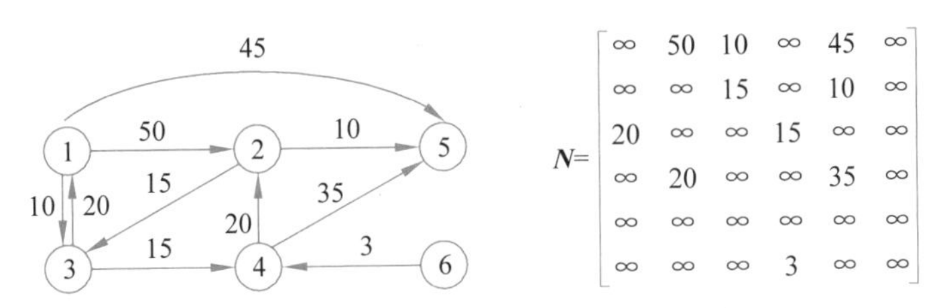

图 6-17 有向带权图及其矩阵存储形式

不可能是其他选择。也就是说,如果

$$\mathrm{dist}[W]+\mathrm{cost}[W][V_i]<\mathrm{dist}[i]$$

则

$$\mathrm{dist}[i]=\mathrm{dist}[W]+\mathrm{cost}[W][V_i]$$

当 $V\text{-}S$ 集合中各顶点的 dist 修改后,再从中挑选一个路径长度最小的顶点,将其从 $V\text{-}S$ 中删除,同时并入 S 中,重复上述过程,直到求出各顶点的最短路径长度。

以图 6-17 为例,迪杰斯特拉算法的运算过程如表 6-2 所示。

表 6-2 用迪杰斯特拉算法求从 V_1 到其余顶点最短路径时 dist 数组的变化

终点	从 V_1 到各终点的 dist 值和最短路径			
V_2	50 $<V_1, V_2>$	50 $<V_1, V_2>$	45 $<V_1, V_3, V_4, V_2>$	
V_3	10 $<V_1, V_3>$			
V_4		25 $<V_1, V_3, V_4>$		
V_5	45 $<V_1, V_5>$	45 $<V_1, V_5>$	45 $<V_1, V_5>$	45 $<V_1, V_5>$
V_6				
W	$W=V_3$	$W=V_4$	$W=V_2$	$W=V_5$

采用迪杰斯特拉算法求从某个源点到其他各顶点的最短路径的完整程序如下。

```
#采用迪杰斯特拉算法求最短路径
#M 代表两个顶点无路可通
M = 1e20
#node_cnt=0, array=[]参数后面给出了类型,方便读者传递参数
def generate_matrix(node_cnt=0, array=[]):
    """
    根据输入生成带权邻接矩阵
    :node_cnt: 结点数
    :array: 输入数组,每个元素格式为(结点,结点,权重)的元组
    :return: 邻接矩阵
    """
```

```
    #初始化 node_cnt * node_cnt 的值为 1e20 的矩阵
    matrix = [[M for k in range(int(node_cnt))] for i in range(int(node_cnt))]
    for i in array:
        matrix[i[0]][i[1]] = i[2]

    return matrix


def min_index(arr=[], indexs=[]):
    """
    计算在给定结点(indexs)中最短路径的结点序号,即 arr 的索引
    :arr: 所有结点
    :indexs: 给定结点
    :return: arr 中最小元素的下标
    """
    min_value = arr[0]
    index = indexs[0]
    for i in indexs:
        if arr[i] < min_value:
            min_value = arr[i]
            index = i
    return index


def dijkstra(matrix, origin):
    """
    • dist 记录从源到 i 顶点之间的最短距离 \n
    • p 记录最短路径上 i 顶点的前驱,可以通过 p 逆向找出最短路径上经过的结点
    :matrix: 邻接矩阵
    :origin: 源点
    :return: (dist,p) 元组,第一个元素为数组 dist,第二个元素为数组 p
    """
    assert 0 <= origin < len(matrix), "源不在 matrix 范围内"
    """初始化"""
    #将源加入 s 集合
    s = [origin]
    #初始化 dist[i] = matrix[origin][i]
    dist = matrix[origin]
    #初始化 vs,vs 表示剩余结点
    vs = [i for i in range(len(dist))]
    vs.remove(origin)
    #初始化 p:如果源 origin 到顶点 i 有边相连,则初始化 p[i] = origin,否则 p[i] = -1
    p = [-1 if i == M else origin for i in dist]
```

```
    while len(vs) > 0:
        #依照贪心策略寻找使得 dist 具有最小值的结点
        node = min_index(arr=dist, indexs=vs)
        #将结点加入 s
        s.append(node)
        #将结点从 vs 中移除
        vs.remove(node)
        for i in vs:
            #只有两个结点有边相连,才进行下一步操作
            if matrix[node][i] != M:
                #判断源到结点的距离是不是最小的
                if dist[node] + matrix[node][i] < dist[i]:
                    #只有当前距离小于 dist 中已有的距离,才更新 dist 和 p
                    dist[i] = dist[node] + matrix[node][i]
                    p[i] = node
    #设置源点到自身的距离为 0
    dist[origin] = 0
    return dist, p


def route(p=[]):
    """
    计算源到目标点之间走过的路线
    :p: 前驱数组,p[i]表示 i 结点的前驱结点
    :return: 所有路线集合
    """
    i = 0
    print("输出 p")
    print(p)
    result = []
    while i < len(p):
        m = len(p) - 1 - i
        path = [m]
        while p[m] != -1:
            path.append(p[m])
            m = p[m]
        path.reverse()
        result.append((len(p) - 1 - i, path))
        i += 1
    return result
if __name__ == '__main__':
    #依据图 6-17 给出顶点个数
    node_cnt = 6
```

```
    #依据图 6-17 创建由两个顶点及边上的权值组成的 3 组列表
    array = [(0, 1, 50), (0, 2, 10), (0, 4, 45), (1, 2, 15), (1, 4, 10), (2, 0, 20),
(2, 3, 15),
             (3, 1, 20),
             (3, 4, 35), (5, 3, 3)]
    matrix = generate_matrix(node_cnt=node_cnt, array=array)
    #由于二维数组的下标都从 0 开始,因此输入的范围为 0~node_cnt-1
    start = int(input(u'请输入源位置(0 ~ %d):' % (int(node_cnt - 1))))
    dist, p = dijkstra(matrix, start)
    for item in route(p):
        if dist[item[0]] != M:
            print("%d 点到 %d 点的最短距离为 %d,经过的路径为:" % (start+1, item
[0]+1, dist[item[0]]),end=" ")
            for t in item[1]:
                print( (t+1),end=" ")
            print()

        else:
            print("%d 点到 %d 点不可达" % (start+1, item[0]+1))
```

对于图 6-17,上述程序的运行结果如下。

```
请输入源位置(0 ~ 5): 0
输出 p
[-1, 3, 0, 2, 0, -1]
1 点到 6 点不可达
1 点到 5 点的最短距离为 45,经过的路径为: 1 5
1 点到 4 点的最短距离为 25,经过的路径为: 1 3 4
1 点到 3 点的最短距离为 10,经过的路径为: 1 3
1 点到 2 点的最短距离为 45,经过的路径为: 1 3 4 2
1 点到 1 点的最短距离为 0,经过的路径为: 1
```

对于上述程序,读者可在输入 V_1 值时给出任意一个顶点,从而求出从任一源点出发到其他各顶点的最短路径。

以图 6-17 为例,表 6-3 所示为按迪杰斯特拉算法求从顶点 V_1 出发到其他各顶点的最短路径的过程中各辅助数组中值的变化。

表 6-3　在迪杰斯特拉算法执行过程中各辅助数组中值的变化

S	dist	path
	2　3　4　5　6	1　2　3　4　5　6
{1}	∞　50　10　∞　45　∞	1　1　3　1
{1,3}	∞　50　10　25　45　∞	1　1　3　1

续表

S	dist	path
{1,3,4}	∞ 45 10 25 45 ∞	4 1 3 1
{1,3,4,2}	∞ 45 10 25 45 ∞	4 1 3 1
{1,3,4,2,5}	∞ 45 10 25 45 ∞	4 1 3 1
{1,3,4,2,5}	∞ 45 10 25 45 ∞	4 1 3 1

6.5.2 每对顶点之间的最短路径

求每对顶点之间的最短路径，可以这样进行：每次以一个顶点为源点，重复执行迪杰斯特拉算法 n 次。此外，还可采用专为解决此问题而设计的算法——弗洛伊德算法。这是弗洛伊德于 1962 年提出的，此算法比较简单，易于理解和编程。

弗洛伊德算法仍从图的带权邻接矩阵 cost 出发，其基本思想如下。

设立两个矩阵，分别记录各顶点间的路径和相应的路径长度。矩阵 $\boldsymbol{P}$ 表示路径，矩阵 $\boldsymbol{A}$ 表示路径长度。

那么，如何求得各顶点间的最短路径长度呢？初始时，复制图的邻接矩阵 cost 为矩阵 $\boldsymbol{A}$，即顶点 V_i 到顶点 V_j 的最短路径长度 $A[i][j]$ 就是弧 $<V_i, V_j>$ 所对应的权值，我们将它记为 $\boldsymbol{A}^{(0)}$。数组元素 $A[i][j]$ 不一定是从 V_i 到 V_j 的最短路径长度，要想求最短路径长度，要进行 n 次试探。

对于从顶点 V_i 到顶点 V_j 的最短路径长度，首先考虑让路径经过顶点 V_1，比较路径 (V_i, V_j) 和 (V_i, V_1, V_j) 的长度并取其短者为当前求得的最短路径。对每对顶点都做这样的试探，可求得 $\boldsymbol{A}^{(1)}$。然后，再考虑在 $\boldsymbol{A}^{(1)}$ 基础上让路径经过顶点 V_2，求得 $\boldsymbol{A}^{(2)}$，依次类推。一般地，如果从顶点 V_i 到顶点 V_j 的路径经过新顶点 V_k 使得路径缩短，则修改 $A^{(k)}[i][j]=A^{(k-1)}[i][k]+A^{(k-1)}[k][j]$，所以，$A^{(k)}[i][j]$ 就是当前求得的从顶点 V_i 到顶点 V_j 的最短路径长度，且其路径上的顶点(除源点和终点外)序号均不大于 k。这样，经过 n 次试探，就把几个顶点都考虑到相应的路径中了。最后求得的 $\boldsymbol{A}^{(n)}$ 一定是各顶点间的最短路径长度。

综上所述，弗洛伊德算法的基本思想是递推地产生两个 n 阶的矩阵序列。其中，表示最短路径长度的矩阵序列是 $\boldsymbol{A}^{(0)}, \boldsymbol{A}^{(1)}, \boldsymbol{A}^{(2)}, \boldsymbol{A}^{(3)}, \cdots, \boldsymbol{A}^{(k)}, \cdots, \boldsymbol{A}^{(n)}$ 的递推关系为

```
A(0) [i][j]=cost[i][j]
A(k) [i][j]=min{A(k) [i][j],A(k-1) [i][k]+A(k-1) [k][j]}
(1≤i,j,k≤n)
```

现在来看如何在求得最短路径长度的同时求解最短路径。初始矩阵 $\boldsymbol{P}$ 的各元素都赋 -1。$P[i][j]=-1$ 表示 V_i 到 V_j 的路径是直接可达，中间不经过其他顶点。以后，当考虑路径经过某个顶点 V_k 时，如果使路径更短，则修复 $A^{(k)}[i][j]$ 的同时令 $P[i][j]=k$，即 $P[i][j]$ 中存放的是从 V_i 到 V_j 路径上所经过的某个顶点(若 $P[i][j]\neq-1$)。

那么,如何求得从 V_i 到 V_j 路径上的全部顶点呢?只编写一个递归过程即可解决,因为所有最短路径的信息都包含在矩阵 $\boldsymbol{P}$ 中。设经过 n 次试探后,$P[i][j]=k$,即从 V_i 到 V_j 的最短路径经过顶点 V_k(若 $k\neq0$)。该路径上还有哪些顶点呢?只需查 $P[i][k]$ 和 $P[k][j]$,依次类推,直到所查元素为-1。

对于图 6-18 所示的有向带权图,按照弗洛伊德算法产生的两个矩阵序列如图 6-19 所示。

$$\text{cost}[i][j]=\begin{bmatrix}\infty & 4 & 11\\ 6 & \infty & 2\\ 3 & \infty & \infty\end{bmatrix}$$

图 6-18 有向带权图及其邻接矩阵

$$A^{(0)}=\begin{bmatrix}\infty & 4 & 11\\ 6 & \infty & 2\\ 3 & \infty & \infty\end{bmatrix}\qquad P^{(0)}=\begin{bmatrix}-1 & -1 & -1\\ -1 & -1 & -1\\ -1 & -1 & -1\end{bmatrix}$$

$$A^{(1)}=\begin{bmatrix}\infty & 4 & 11\\ 6 & \infty & 2\\ 3 & 7 & \infty\end{bmatrix}\qquad P^{(1)}=\begin{bmatrix}-1 & -1 & -1\\ -1 & -1 & -1\\ -1 & 1 & -1\end{bmatrix}$$

$$A^{(2)}=\begin{bmatrix}\infty & 4 & 6\\ 6 & \infty & 2\\ 3 & 7 & \infty\end{bmatrix}\qquad P^{(2)}=\begin{bmatrix}-1 & -1 & 2\\ -1 & -1 & -1\\ -1 & 1 & -1\end{bmatrix}$$

$$A^{(3)}=\begin{bmatrix}\infty & 4 & 6\\ 5 & \infty & 2\\ 3 & 7 & \infty\end{bmatrix}\qquad P^{(3)}=\begin{bmatrix}-1 & -1 & 2\\ 3 & -1 & -1\\ -1 & 1 & -1\end{bmatrix}$$

图 6-19 弗洛伊德算法执行过程中数组 $\boldsymbol{A}$ 和 $\boldsymbol{P}$ 的变化过程

用弗洛伊德算法求每对顶点之间最短路径的完整程序如下。

例 6-7

```
#用弗洛伊德算法求最短路径
#M 代表两个顶点无路可通
M = 1e20
#node_cnt=0, array=[]参数后面给出类型,方便读者传递参数
def generate_matrix(node_cnt=0, array=[]):
    """
    根据输入生成带权邻接矩阵
    :node_cnt: 结点数
    :array: 输入数组,每个元素的格式为(结点,结点,权重)的元组
```

```
    :return: 邻接矩阵
    """
    #初始化 node_cnt * node_cnt 的值为 1e20 的矩阵
    matrix = [[M for k in range(int(node_cnt))] for i in range(int(node_cnt))]
    for i in array:
        matrix[i[0]][i[1]] = i[2]

    return matrix
#输出经过哪些顶点路径最短
def putpath(p,i,j):
    #p 矩阵用来存储所经过的结点
    k=p[i][j]
    if k==-1:
        return
    putpath(p,i,k)
    print(k+1,end="-> ")
    putpath(p,k,j)
def floyed(cost,vexnum):
    a=cost
    #对 p 初始化,由于最开始没有经过任何结点,因此初始值为-1
    p=[[-1 for k in range(int(vexnum))] for i in range(int(vexnum))]
    #结点自己到自己的路径为 0
    for i in range(vexnum):
        a[i][i]=0
    #判断顶点<i,j>原来的路径长度是否大于经过 k 顶点之后的路径长度,如果是,则修改路
    #径及长度
    for k in range(vexnum):
        for i in range(vexnum):
            for j in range(vexnum):
                if a[i][k]+a[k][j]<a[i][j]:
                    a[i][j]=a[i][k]+a[k][j]
                    p[i][j]=k;
    print("每对顶点间的最短路径如下:")
    for i in range(vexnum):
        for j in range(vexnum):
            print(a[i][j],end=" ")
        print("\n")
    print("输出每对顶点间的最短路径所经的各个点")
    for i in range(vexnum):
        for j in range(vexnum):
            print(i+1,end="->")
            putpath(p,i,j)
            print(j+1,end="\n")
```

```
if __name__ == '__main__':
    #依据图 6-18 给出顶点个数
    node_cnt = 3
    #依据图 6-18 创建由两个顶点及边上的权值组成的 3 组列表
    array = [(0, 1, 4), (0, 2, 11), (1, 2, 2), (2, 0, 3), (1, 0, 6)]
    matrix = generate_matrix(node_cnt=node_cnt, array=array)
    floyed(matrix,node_cnt)
```

对于图 6-18,运行时输入数据,运行结果如下。

```
每对顶点间的最短路径如下:
0 4 6
5 0 2
3 7 0

输出每对顶点间的最短路径所经的各个点
1->1
1->2
1->2-> 3
2->3-> 1
2->2
2->3
3->1
3->1-> 2
3->3
```

6.6 拓扑排序

利用没有回路的有向图描述一项工程或描述工程的进度是非常方便的。除最简单的情况外,几乎所有的工程都可分解为若干个称为活动的子工程。子工程之间受一定的约束,例如,某些子工程的开始必须在另一些子工程结束之后。对于工程,人们普遍关心两方面问题:第一,工程是否顺利进行;第二,估算整个工程完成所必需的最短时间。这里所说的第一个问题就是本节所要讨论的有向图的拓扑排序问题。

6.6.1 AOV 网

在有向图中,若以顶点表示活动,用有向边表示活动之间的优先关系,则这样的有向图称为以顶点表示活动的网(Activity On Vertex Network),简称 AOV 网。

在 AOV 网中,若从顶点 V_i 到顶点 V_j 有一条有向路径,则 V_i 是 V_j 的前驱,V_j 是 V_i 的后继。若 $<V_i,V_j>$ 是网中的一条弧,则 V_i 是 V_j 的直接前驱,V_j 是 V_i 的直接后继。

例如,计算机专业的学生必须学完一系列规定的课程后才能毕业,这可看成一个工程,用图 6-20 所示的网表示。网中的顶点表示各门课程的教学活动,有向边表示各门课程的制约关系。例如,图 6-20 中的一条弧 $<V_3,V_5>$ 表示“C 程序设计”是“数据结构”的直接前驱,也就是说,“C 程序设计”这一教学活动一定要安排在“数据结构”这一教学活动之前。

课程代号	课程名称	选修课程
1	高等数学	无
2	程序设计基础	无
3	C程序设计	1，2
4	离散数学	1
5	数据结构	2，3，4
6	编译方法	4，5
7	操作系统	5

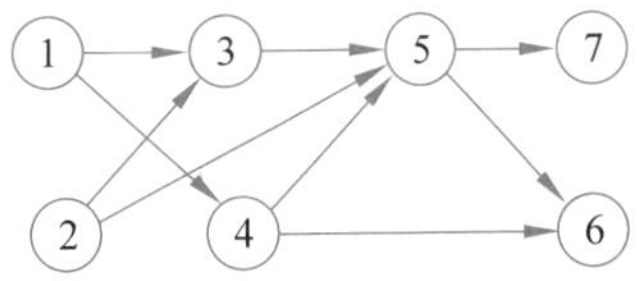

图 6-20 表示课程间关系的 AOV 网

在 AOV 网中,由弧表示的优先关系具有传递性,如顶点 V_2 是顶点 V_5 的前驱,而顶点 V_5 是顶点 V_6 的前驱,则顶点 V_2 也是顶点 V_6 的前驱。并且在 AOV 网中不能出现有向回路,如果存在回路,则说明某项“活动”能否进行要以自身任务的完成作为先决条件,显然,这样的工程是无法完成的。如果要检测一个工程是否可行,首先得检查对应的 AOV 网是否存在回路。检查 AOV 网中是否存在回路的方法就是拓扑(Topology)排序。

6.6.2 拓扑排序的实现

1. 拓扑排序的基本概念

拓扑有序序列:它是由 AOV 网中的所有顶点构成的一个线性序列,在这个序列中体现了所有顶点间的优先关系。即若在 AOV 网中从顶点 V_i 到顶点 V_j 有一条路径,则在序列中 V_i 排在 V_j 的前面,而且在此序列中使原来没有先后次序关系的顶点之间也建立起人为的先后关系。

拓扑排序:构造拓扑有序序列的过程称为拓扑排序。例如,对于图 6-20,可有如下的拓扑有序序列:$(V_1,V_2,V_3,V_4,V_5,V_6,V_7)$和$(V_2,V_1,V_3,V_4,V_5,V_6,V_7)$。由此可知,有向图的拓扑序列不是唯一的,所以学生选课次序也不是唯一的,只要符合任一选课的拓扑序列是合理的即可。

2. 拓扑排序

对 AOV 网进行拓扑排序的步骤如下。

(1) 在网中选择一个没有前驱的顶点且输出。

(2) 在网中删去该顶点,并且删去从该顶点出发的全部有向边。

(3) 重复上述两步,直到网中所有顶点都被输出,此时说明网中不存在有向回路;若网中的顶点未被全部输出,说明网中存在有向回路。

对于图 6-20,其拓扑排序过程如图 6-21 所示。

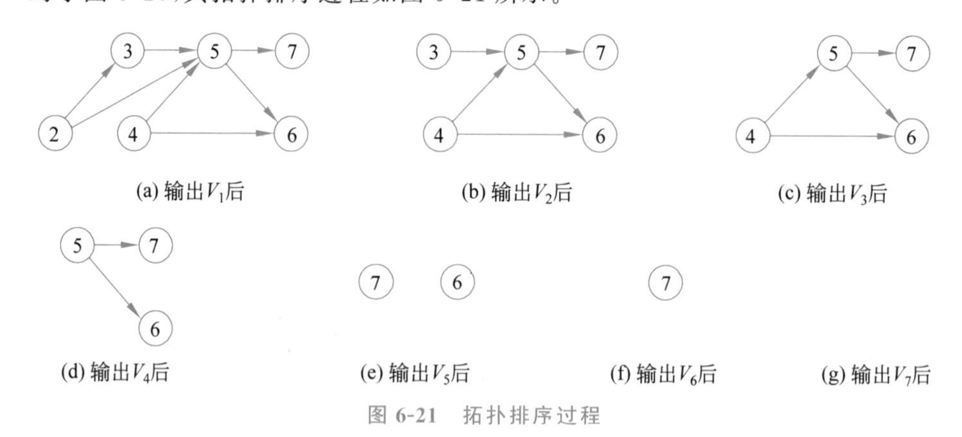

图 6-21 拓扑排序过程

下面讨论拓扑排序的算法实现。根据拓扑排序的方法,把入度为 0 的顶点插入一个队列中并按顺序输出。而顶点的入度可以记录在邻接表数组的数据域中,即记录在 vertList [v].Data 中。拓扑排序的完整程序如下。

例 6-8

```
#拓扑排序
class Anode:                                    #边集结点类
    def __init__(self, adjvex):
        #邻接点在顶点列表中的下标
        self.Adjvex = adjvex
        #用于链接下一个相邻的结点
        self.Next = None

class Vnode:                                    #顶点集结点类
    def __init__(self, data):
        #顶点的值
        self.Data = data
        #指向边表(单链表)的表头结点
        self.Firstedge = None

class Graph:
    def __init__(self):
        #邻接表的表头列表
        self.vertList = []
        #邻接表中的实际顶点数
        self.numVertics = 0
    #建立带度的邻接链表
    def creatadjlist(self,vexnum,arcnum):
```

```
        #将图中的顶点添加到列表中,同时计算添加顶点的个数
        for k in range(int(vexnum)):
            vertex=Vnode(k)
            vertex.Data=0
            self.vertList.append(vertex)
            self.numVertics=self.numVertics + 1
        #依据输入的顶点对建立邻接链表
        for w in range(int(arcnum)):
            v1,v2=input("请输入一对有边存在的顶点,用逗号分开").strip().split
(",")
            ptr=Anode(int(v2))
            ptr.Adjvex=int(v2)
            ptr.Next=self.vertList[int(v1)].Firstedge
            self.vertList[int(v1)].Firstedge=ptr
            self.vertList[int(v2)].Data=self.vertList[int(v2)].Data+1
    #拓扑排序过程
    def toposort(self,m):
        n=int(m)
        #建立队列 queue,用于存放度为零的顶点
        queue=[]
        front=rear=-1
        #n1 统计出队列个数是否与顶点个数相等,如果比顶点个数小,则拓扑排序不成功
        n1=0
        for v in range(n):
            if self.vertList[v].Data==0:
                queue.append(v)
                rear=rear+1

        print("拓扑排序的结果为正常顶点顺序显示:")
        while front!=rear:
            front=front+1
            v=queue[front]
            #输出的 v+1 与正常顶点一致
            print(v+1,end=" ")
            n1=n1+1
            p=self.vertList[v].Firstedge
            while p!=None:
                w=p.Adjvex
                self.vertList[w].Data=self.vertList[w].Data-1
                if self.vertList[w].Data==0:
                    queue.append(w)
                    rear=rear+1
                p=p.Next
```

```
        if n1<n:
            print("拓扑排序失败")




if __name__ == '__main__':
    vexnum,arcnum=input("请输入顶点数及边数,用逗号分开").strip().split(",")
    print("考虑顶点要作为列表的下标,因此输入的每对顶点号要比图 6-20 中给的顶点号
小 1")
    g=Graph()
    g.creatadjlist(vexnum,arcnum)
    g.toposort(vexnum)
```

对于图 6-20,运行时输入数据,运行结果如下(其中带下画线的部分为用户输入)。

```
请输入顶点数及边数,用逗号分开 7,9
考虑顶点要作为列表的下标,因此输入的每对顶点号要比图 6-20 中给的顶点号小 1
请输入一对有边存在的顶点,用逗号分开 0,2
请输入一对有边存在的顶点,用逗号分开 0,3
请输入一对有边存在的顶点,用逗号分开 1,2
请输入一对有边存在的顶点,用逗号分开 1,4
请输入一对有边存在的顶点,用逗号分开 2,4
请输入一对有边存在的顶点,用逗号分开 3,4
请输入一对有边存在的顶点,用逗号分开 3,5
请输入一对有边存在的顶点,用逗号分开 4,5
请输入一对有边存在的顶点,用逗号分开 4,6
拓扑排序的结果为正常顶点顺号显示:
1 2 4 3 5 7 6
```

如果给定的有向图有 n 个顶点、e 条边,那么建立邻接表的时间为 $O(e)$。在拓扑排序的过程中,搜索入度为 0 的顶点的时间为 $O(n)$,顶点入队和出队要执行 n 次,入度减 1 的顶点操作执行 e 次,所以总的执行时间为 $O(n+e)$。

6.7 本章小结

(1) 图是一种非线性数据结构,图中的每个元素既可有多个直接前驱,也可有多个直接后继。图分为有向图和无向图,有向图中的边(又称弧)是顶点的有序对,无向图中的边是顶点的无序对。

(2) 常用的图的存储结构有邻接矩阵、邻接表两种。

(3) 若要系统地访问图中的每个顶点,可以采用深度优先搜索和广度优先搜索遍历算法。

(4) 对于图的应用，有最小生成树问题、最短路径问题和拓扑排序问题。求图的最小生成树，可以采用普里姆算法和克鲁斯卡尔算法；求最短路径，既可用迪杰斯特拉算法求从某个源点到其他各顶点的最短路径，也可用弗洛伊德算法求每对顶点之间的最短路径；而拓扑排序所得到的拓扑序列则是判别某项工程能否顺利进行及各子工程开工顺序安排的依据，若拓扑序列没有构造成功，则该工程不能顺利进行；若拓扑序列构造成功，则可按拓扑序列的顺序安排各子工程的开工顺序。

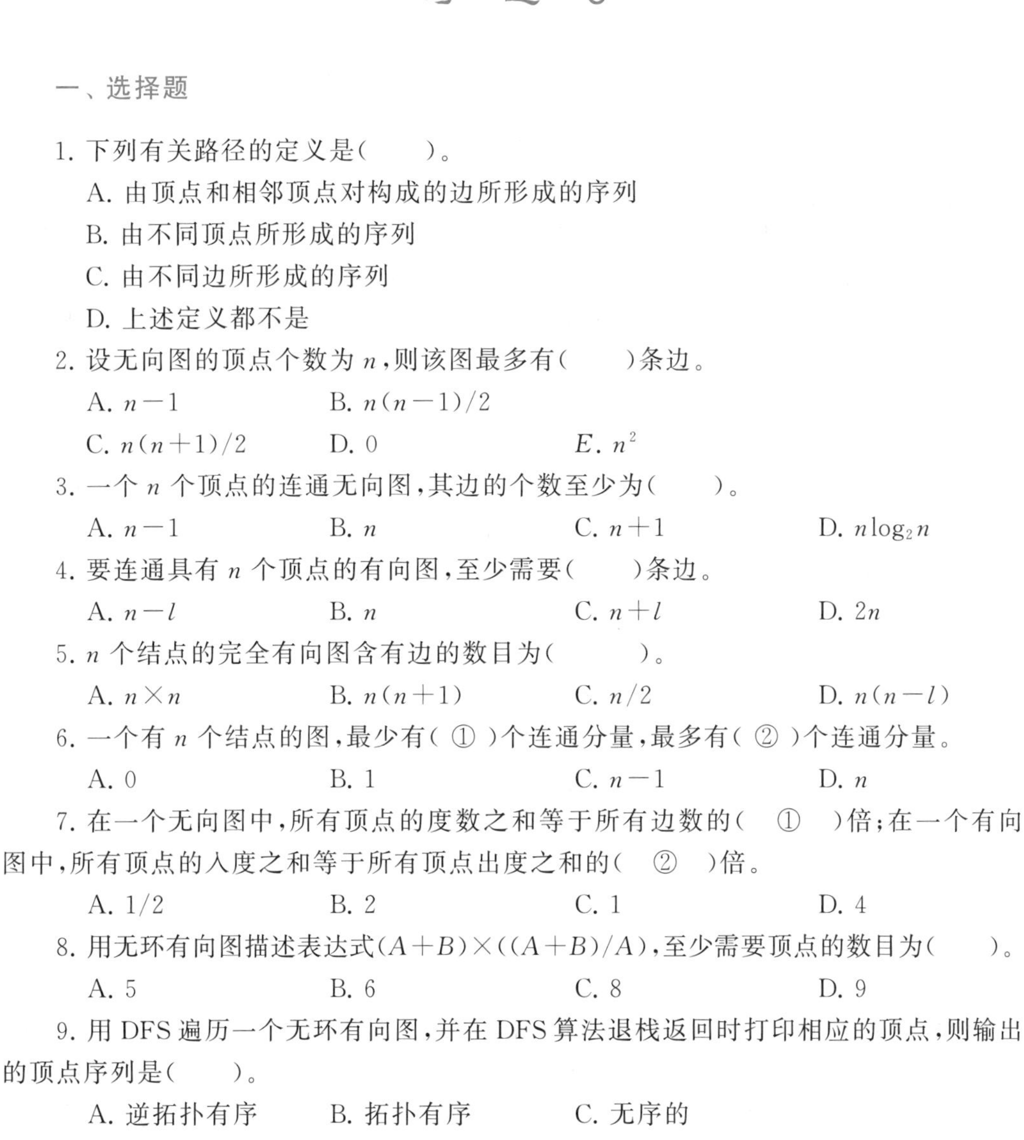

习 题 6

一、选择题

1. 下列有关路径的定义是(　　)。

A. 由顶点和相邻顶点对构成的边所形成的序列

B. 由不同顶点所形成的序列

C. 由不同边所形成的序列

D. 上述定义都不是

2. 设无向图的顶点个数为 n，则该图最多有(　　)条边。

A. $n-1$　　B. $n(n-1)/2$

C. $n(n+1)/2$　　D. 0　　E. n^2

3. 一个 n 个顶点的连通无向图，其边的个数至少为(　　)。

A. $n-1$　　B. n　　C. $n+1$　　D. $n\log_2 n$

4. 要连通具有 n 个顶点的有向图，至少需要(　　)条边。

A. $n-l$　　B. n　　C. $n+l$　　D. $2n$

5. n 个结点的完全有向图含有边的数目为(　　　)。

A. $n\times n$　　B. $n(n+1)$　　C. $n/2$　　D. $n(n-l)$

6. 一个有 n 个结点的图，最少有(①)个连通分量，最多有(②)个连通分量。

A. 0　　B. 1　　C. $n-1$　　D. n

7. 在一个无向图中，所有顶点的度数之和等于所有边数的(　①　)倍；在一个有向图中，所有顶点的入度之和等于所有顶点出度之和的(　②　)倍。

A. 1/2　　B. 2　　C. 1　　D. 4

8. 用无环有向图描述表达式$(A+B)\times((A+B)/A)$，至少需要顶点的数目为(　　)。

A. 5　　B. 6　　C. 8　　D. 9

9. 用 DFS 遍历一个无环有向图，并在 DFS 算法退栈返回时打印相应的顶点，则输出的顶点序列是(　　)。

A. 逆拓扑有序　　B. 拓扑有序　　C. 无序的

10. 下面结构中最适于表示稀疏无向图的是(　①　)，适于表示稀疏有向图的是(　②　)。

A. 邻接矩阵　　B. 逆邻接表　　C. 邻接多重表
D. 十字链表　　E. 邻接表

11. 下列邻接矩阵是对称矩阵的图是(　　)。

A. 有向图　　B. 无向图　　C. AOV 网　　D. AOE 网

二、判断题

1. 树中的结点和图中的顶点是指数据结构中的数据元素。(　　)
2. 在 n 个结点的无向图中,若边数大于 $n-1$,则该图必是连通图。(　　)
3. 有 e 条边的无向图,在邻接表中有 e 个结点。(　　)
4. 有向图中顶点 V 的度等于其邻接矩阵中第 V 行中 1 的个数。(　　)
5. 强连通图的各顶点间均可达。(　　)
6. 邻接多重表是无向图和有向图的链式存储结构。(　　)
7. 十字链表是无向图的一种存储结构。(　　)
8. 无向图的邻接矩阵可用一维数组存储。(　　)
9. 用邻接矩阵法存储一个图所需的存储单元数目与图的边数有关。(　　)
10. 有 n 个顶点的无向图,采用邻接矩阵表示,图中的边数等于邻接矩阵中非零元素之和的一半。(　　)
11. 有向图的邻接矩阵是对称的。(　　)
12. 用邻接矩阵存储一个图时,在不考虑压缩存储的情况下,所占用的存储空间大小与图中的结点个数有关,而与图的边数无关。(　　)
13. 求最小生成树的普里姆算法中边上的权可正可负。(　　)
14. 拓扑排序算法把一个无向图中的顶点排成一个有序序列。(　　)

三、填空题

1. 判断一个无向图是一棵树的条件是________。
2. 有向图 G 的强连通分量是指________。
3. 一个连通图的________是一个极小连通子图。
4. 具有 10 个顶点的无向图,边的总数最多为________。
5. 若用 n 表示图中的顶点数目,则有________条边的无向图称为完全图。
6. G 是一个非连通无向图,共有 28 条边,则该图至少有________个顶点。
7. 在有 n 个顶点的有向图中,若要使任意两点间可以互相到达,则至少需要________条弧。
8. 在有 n 个顶点的有向图中,每个顶点的度最大可达________。
9. 设 G 为具有 n 个顶点的无向连通图,则 G 中至少有________条边。
10. n 个顶点的连通无向图,其边的条数至少为________。
11. 如果含 n 个顶点的图形是一个环,则它有________棵生成树。

四、应用题

1.(1) 如果 G_1 是一个具有 n 个顶点的连通无向图，那么 G_1 最多有多少条边？G_1 最少有多少条边？

(2) 如果 G_2 是一个具有 n 个顶点的强连通有向图，那么 G_2 最多有多少条边？G_2 最少有多少条边？

(3) 如果 G_3 是一个具有 n 个顶点的弱连通有向图，那么 G_3 最多有多少条边？G_3 最少有多少条边？

2. n 个顶点的无向连通图最少有多少条边？n 个顶点的有向连通图最少有多少条边？

3. 证明：具有 n 个顶点和多于 $n-1$ 条边的无向连通图 G 一定不是树。

4. 证明：对有向图的顶点适当编号，可使其邻接矩阵为下三角形且主对角线为全 0 的充要条件是该图为无环图。

5. 用邻接矩阵表示图时，矩阵元素的个数与顶点个数是否相关，与边的条数是否有关？

6. 设数据逻辑结构为

$B=(K,R), K=\{k_1, k_2, \cdots, k_9\}$;

$R=\{<k_1, k_3>, <k_1, k_8>, <k_2, k_3>, <k_2, k_4>, <k_2, k_5>, <k_3, k_9>, <k_5, k_6>, <k_8, k_9>, <k_9, k_7>, <k_4, k_7>, <k_4, k_6>\}$

(1) 画出这个逻辑结构的图。

(2) 相对于关系 R，指出所有的开始结点和终端结点。

(3) 分别对关系 R 中的开始结点举出一个拓扑序列的例子。

五、算法设计题

1. 设无向图 G 有 n 个顶点、m 条边。试编写用邻接表存储该图的算法(设顶点值用 $1\sim n$ 或 $0\sim n-1$ 编号)。

2. 给出以十字链表作为存储结构建立图的算法，输入(i,j,v)，其中 i,j 为顶点号，v 为权值。

3. 设有向图 G 有 n 个点(用 $1,2,\cdots,n$ 表示)、e 条边，写一算法，根据其邻接表生成其反向邻接表，要求算法复杂度为 $O(n+e)$。

实 训 5

实训目的和要求

- 加深理解图的基本概念和存储方式。
- 掌握在以邻接链表为存储结构的有向图上，实现有向图的拓扑排序方法。

实训内容

(1) 设有向图如图 6-22 所示，将该图以邻接表的形式进行存储，并对其实现拓扑排序。

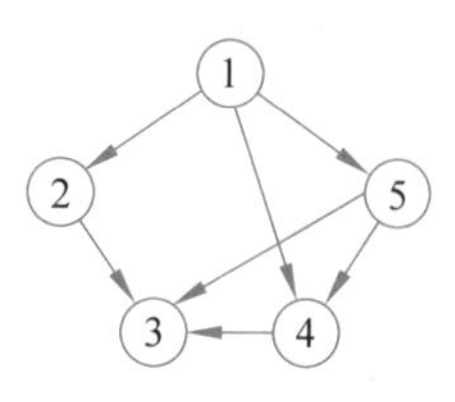

图 6-22　有向图

(2) 输入数据并观察输出结果。

实训参考程序：

```
#拓扑排序
class Anode:                                          #边集结点类
    def __init__(self, adjvex):
        #邻接点在顶点列表中的下标
        self.Adjvex = adjvex
        #用于链接下一个相邻的结点
        self.Next = None

class Vnode:                                          #顶点集结点类
    def __init__(self, data):
        #顶点的值
        self.Data = data
        #指向边表(单链表)的表头结点
        self.Firstedge = None

class Graph:
    def __init__(self):
        #邻接表的表头列表
        self.vertList = []
        #邻接表的实际顶点数
        self.numVertics = 0
    #建立带度的邻接链表
    def creatadjlist(self,vexnum,arcnum):

        #将图中的顶点添加到列表中,同时计算添加顶点的个数
        for k in range(int(vexnum)):
            vertex=Vnode(k)
            vertex.Data=0
```

```
            self.vertList.append(vertex)
            self.numVertics=self.numVertics + 1
        #依据输入的顶点对建立邻接链表
        for w in range(int(arcnum)):
            v1,v2=input("请输入一对有边存在的顶点,用逗号分开").strip().split
(",")
            ptr=Anode(int(v2))
            ptr.Adjvex=int(v2)
            ptr.Next=self.vertList[int(v1)].Firstedge
            self.vertList[int(v1)].Firstedge=ptr
            self.vertList[int(v2)].Data=self.vertList[int(v2)].Data+1
    #拓扑排序过程
    def toposort(self,m):
        n=int(m)
        #建立队列 queue,用于存放度为零的顶点
        queue=[]
        front=rear=-1
        #n1 统计出队列个数是否与顶点个数相等,如果比顶点个数小,则拓扑排序不成功
        n1=0
        for v in range(n):
            if self.vertList[v].Data==0:
                queue.append(v)
                rear=rear+1

        print("拓扑排序的结果为:")
        while front!=rear:
            front=front+1
            v=queue[front]
            print(v+1,end=" ")
            n1=n1+1
            p=self.vertList[v].Firstedge
            while p!=None:
                w=p.Adjvex
                self.vertList[w].Data=self.vertList[w].Data-1
                if self.vertList[w].Data==0:
                    queue.append(w)
                    rear=rear+1
                p=p.Next
        if n1<n:
            print("拓扑排序失败")
```

```
if __name__ == '__main__':
    vexnum,arcnum=input("请输入顶点数及边数,用逗号分开").strip().split(",")
    print("考虑顶点要作为列表的下标,因此输入的每对顶点号要比图 6-22 中给的顶点号
小 1")
    g=Graph()
    g.creatadjlist(vexnum,arcnum)
    g.toposort(vexnum)
```

程序的运行结果如下。

```
请输入顶点数及边数,用逗号分开 5,7
考虑顶点要作为列表的下标,因此输入的每对顶点号要比图 6-22 中给的顶点号小 1
请输入一对有边存在的顶点,用逗号分开 0,1
请输入一对有边存在的顶点,用逗号分开 0,3
请输入一对有边存在的顶点,用逗号分开 0,4
请输入一对有边存在的顶点,用逗号分开 1,2
请输入一对有边存在的顶点,用逗号分开 3,2
请输入一对有边存在的顶点,用逗号分开 4,2
请输入一对有边存在的顶点,用逗号分开 4,3
拓扑排序的结果为:
1 5 2 4 3
```

第7章 chapter 7

查　找

本章导读

查找是计算机应用中最常用的操作，查找算法的优劣对系统的运行效率影响极大。本章首先介绍查找的概念，然后讨论线性表、哈希表的查找方法。

教学目标

本章要求掌握以下内容。

- 查找的基本概念。
- 顺序表的定义及查找方法。
- 哈希表的定义及查找方法。
- 哈希表冲突的解决方法。

7.1 查找的基本概念

查找(Search)又称检索，是数据结构中常用的基本运算。查找就是在某种数据结构中找出满足给定条件的记录(或结点)。若从数据结构中找到满足条件的记录，则称查找成功，否则称查找失败。

查找表(Search Table)是由同一类型的数据元素(或记录)构成的集合。由于"集合"中的数据元素之间存在完全松散的关系，因此查找表是一种非常灵便的数据结构。

关键字(Key)是数据元素(或记录)中某个数据项的值，用它可以标识一个数据元素(或记录)。若此关键字可以唯一地标识一个记录，则称此关键字为主关键字(Primary Key)。显然，对不同的记录，其主关键字也不相同。例如，人事档案记录中的"身份证号码"项是主关键字。若关键字识别的是若干个记录，则称此关键字为次关键字。例如，人事档案记录中的"职称"项就是次关键字。当数据元素只有一个数据项时，其关键字即该数据元素的值。

在计算机中进行查找的方法因数据结构的不同而不同，此时应根据要查找的问题，统一考虑要采用的数据结构和查找方法，以提高查找速度；同时，也要考虑到节省空间的问题。下面介绍几种常用的查找方法。

7.2 顺序查找

顺序查找(Sequential Search)也称为线性查找,是线性表最简单的查找方法。查找过程是:从表中最后一个记录开始,逐个比较记录的关键字值和给定值。若某个数据元素的关键字值和给定值相等,则查找成功,找到所查记录;反之,若所有关键字值和给定值都不相等,则表明数组中没有所查元素,查找不成功。

顺序查找的程序如下。

例 7-1

```
#定义结点类
class NODE:
    def __init__(self, key,size):
        self.key=key
        self.count=size

def search_sq(r,key,n):
    #r[0].key初始值为待查找的关键字,也用于循环结构的判断条件,起到"监视哨"的作用
    r[0].key=key
    #循环变量代表从表尾向前查找,一种情况是找到了 key,另一种情况是循环到 0
    i=n
    while r[i].key!=key:
        i=i-1
    return i
if __name__=='__main__':

    n=int(input("请输入列表中的记录个数"))
    #r列表初始化 n+1 个存储空间,因为 r[0]里要放待查数据
    r=[NODE(-1,1) for i in range(0,n+1)]

    for i in range(1,n+1):
        print("请输入第%d个数据" % i)
        x=int(input())
        r[i].key=x
    key=int(input("请输入待查找的数据"))
    i=search_sq(r,key,n)
    if i!=0:
        print("数据%d已经找到,在列表的第%d个位置\n"%(key,i))
    else:
        print("数据%d不在列表中" % key)
```

上述程序的运行结果如下所示。

```
请输入列表中的记录个数 10
请输入第 1 个数据
3
请输入第 2 个数据
5
请输入第 3 个数据
8
请输入第 4 个数据
12
请输入第 5 个数据
45
请输入第 6 个数据
33
请输入第 7 个数据
22
请输入第 8 个数据
11
请输入第 9 个数据
54
请输入第 10 个数据
8
请输入待查找的数据 45
数据 45 已经找到,在列表的第 5 个位置
```

这个程序使用了一点小技巧,开始时将给定的关键字值 key 放入 r[0].key 中,然后从 n 开始倒着查,当 r[i].key=key 时,表示查找成功,直接退出循环。若一直查不到,则直到 $i=0$,此时 r[0].key 必然等于 key,所以此时也能退出循环。由于 r[0]起到“监视哨”的作用,所以在循环中不必控制下标 i 是否越界,这就使得运算量大约减少一半。查找函数结束时,根据返回的 i 值即可知查找结果:若 i 值大于 0,则查找成功,且 i 值即找到的记录的位置;若 i 值等于 0,则查找不成功。

对于一个给定的关键字值 key,在查找表中进行查找时,最好的可能是经一次比较即可查到,最坏的可能是比较 n 次才能查到。设查找每个结点的概率相同,如果找到的 key 是 r[i]($i>0$),则比较次数 $C_i=n-i+1$;在等概率的前提下,$P_i=1/n$,因此查找成功的平均查找长度为

$$\text{ASL}=\sum_{i=1}^{n}P_iC_i=\sum_{i=1}^{n}P_i\,(n-i+1)_i=(n+n-1+\cdots+2+1)/n=(n+1)/2$$

所以,若 key 不在表中,则查找失败,此时需进行 $n+1$ 次比较。对于含有 n 个结点的线性表,结点的查找在等概率的前提下,对于成功的查找,平均查找长度为$(n+1)/2$。

顺序查找的优点是:算法简单,对线性表的逻辑次序无要求,可不必按关键字递减(或递增)的次序排列。对线性表的存储结构无要求,即顺序存储结构或链式存储结构均可。顺序查找的缺点是:平均查找长度较大。

7.3 二分查找

二分查找(又称折半查找)是一种效率较高的线性表查找方法。要进行二分查找,线性表中的记录必须按关键字递增(或递减)的次序排列(称为有序表),且线性表必须采用顺序存储结构。

二分查找过程是：先确定待查记录所在的范围,然后逐渐缩小范围,直至得到查找结点为止。若有序表是记录所在的范围,则由 t 指向表中最小关键字值的结点,h 指向表中最大关键字值的结点,再用指针 $m=\lfloor (t+h)/2 \rfloor$指示中间位置。先用给定值 k 与 m 指定的值相比,若相等,则表示查找成功;若不相等,此时存在两种情况：一是 k 值小于 m 指定的值,说明 k 在 t 和 m 之间,则令最大值 $h=m-1$,在表的前半部分再取中间位置的记录进行比较;二是 k 值大于 m 指定的值,说明 k 在 m 和 h 之间,则令最小值 $t=m+1$,在表的后半部分再取中间位置的记录进行比较。如此反复进行,直至找到或查完全表而查不到为止。

例如,已知如下 11 个数据元素的有序表(关键字值即数据元素的值)：

(9,13,15,30,37,55,60,75,80,90,92)

要求查找关键字值为 30 的数据元素。

假设变量 t 和 h 分别指向待查元素所在范围的下界和上界,变量 m 指向该区间的中间位置($m=\lfloor (t+h)/2 \rfloor$)。在本例中,$t$ 和 h 的初值分别为 1 和 11。下面看一下给定关键字值 $key=30$ 的查找过程：

```
9   13   15   30   37   55   60   75   80   90   92
↑t                      ↑m                       ↑h
```

首先求出 $m=\lfloor (1+11)/2 \rfloor=6$,将这个位置的关键字值与给定关键字值比较,因为 30<55,所以应当在前半区查找。此时 t 的值不变,而新区间的上界 $h=m-1=5$,即在[1,5]区间继续查找,再求出新的中间位置 mid=$\lfloor (1+5)/2 \rfloor=3$。

```
9   13   15   30   37   55   60   75   80   90   92
↑t       ↑m        ↑h
```

因为 30>15,所以应当在后半区查找。此时 h 的值不变,而新区间的下界 $t=m+1=4$,即在[4,5]区间继续查找,再求出中间位置 mid=$\lfloor (4+5)/2 \rfloor=4$,这个位置的关键字值 30 正好等于给定关键字值,因此查找成功。

```
9   13   15   30   37   55   60   75   80   90   92
              ↑t   ↑h
              ↑m
```

上述二分查找的程序如下。若找到,则函数值为该数据在表中的位置,否则为−1。

例 7-2

```
#定义结点类
class NODE:
    def __init__(self, key,size):
```

```
        self.key=key
        self.count=size

def binsearch(r,key,n):
    t=1
    h=n
    while t<=h:
        m=(t+h)//2
        if key==r[m].key:
            return m
        elif key>r[m].key:
            t=m+1
        else:
            h=m-1
    return -1
if __name__=='__main__':

    n=int(input("请输入列表中的记录个数"))
    #r列表初始化n+1个存储空间,因为r[0]里要放待查数据
    r=[NODE(-1,1) for i in range(0,n+1)]

    for i in range(1,n+1):
        print("请输入第%d个数据" % i)
        x=int(input())
        r[i].key=x
    key=int(input("请输入待查找的数据"))
    i=binsearch(r,key,n)
    if i!=-1:
        print("数据%d已经找到,在列表的第%d个位置\n"%(key,i))
    else:
        print("数据%d不在列表中" % key)
```

上述程序的运行结果如下所示。

```
请输入列表中的记录个数 10
请输入第 1 个数据
9
请输入第 2 个数据
13
请输入第 3 个数据
15
请输入第 4 个数据
30
```

```
请输入第 5 个数据
37
请输入第 6 个数据
55
请输入第 7 个数据
60
请输入第 8 个数据
75
请输入第 9 个数据
80
请输入第 10 个数据
90
请输入待查找的数据 30
数据 30 已经找到,在列表的第 4 个位置
```

二分查找过程可用二叉树描述。我们把当前查找区间中间位置上的记录编号(下标)作为根,左、右区间表中的记录编号分别作为根的左、右子树,这称为二叉判定树。在图7-1所示的二叉判定树中,描述具有11个记录的有序表用二分查找的过程,其中每个结点值为记录的编号,例如,根结点的编号是6。从图7-1中可以看出,查找表中编号为2、5、8、11的记录需要进行4次关键字比较。在等概率的前提下,对于由11个记录组成的有序表,查找成功的平均查找长度ASL为

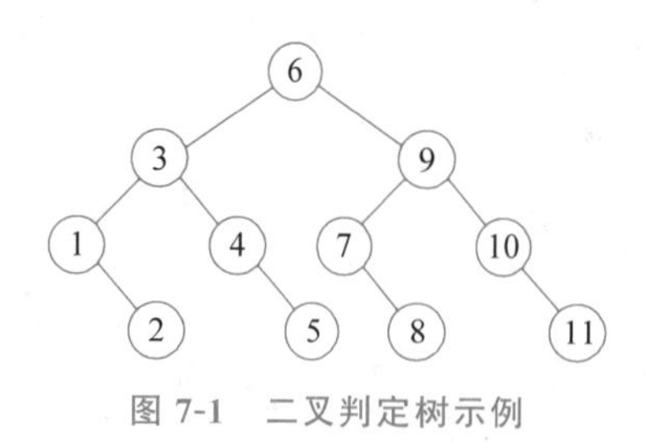

图 7-1 二叉判定树示例

$$ASL=(1+2\times2+3\times4+4\times4)/11=33/11=3$$

一般情况下,查找成功的二分查找过程恰好走一条从根结点到该关键字对应结点的路径,比较的次数等于结点所在的层次。在等概率的前提下,由 n 个记录组成的有序表,成功查找的平均查找长度 $ASL\approx\log_2(n+1)-1$。由于二叉判定树中度数小于2的结点只可能在最高的两层上,所以 n 个结点的二叉判定树和 n 个结点的完全二叉树的高度相同,即 $\lfloor\log_2(n+1)\rfloor$。在最坏情况下,查找成功所需进行的关键字比较次数不超过二叉判定树的高度。二分法查找失败时,所需进行的关键字比较次数也不超过二叉判定树的高度 $\lfloor\log_2(n+1)\rfloor$。

7.4 分块查找

分块查找又称索引顺序查找,是一种性能介于顺序查找和二分查找的查找方法。分块查找要求把线性表分成若干块,每一块中的关键字存储顺序是任意的,但块与块之间必须按关键字排序,即前一块中的最大关键字小于后一块中的最小关键字;另外,还需要建立一个索引表,索引表是按关键字排序(设按递增顺序)的有序表。索引表中的一项对

应线性表的一块：索引项由关键字域和链域组成，关键字域存放相应块的最大关键字，链域存放指向本块第一个结点的指针。满足上述条件的线性表称为分块有序表，如图7-2所示。表中每一块含5个结点，第一块和第二块内的最大关键字20和44分别小于第二块和第三块内的最小关键字32和56。

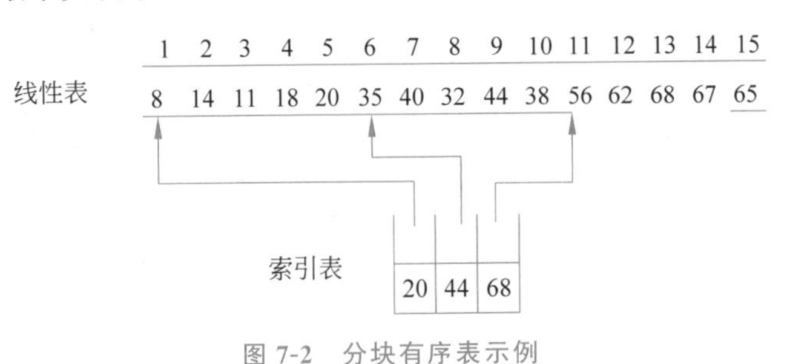

图7-2 分块有序表示例

查找分块有序表时，先顺序查找或用二分查找索引表，以确定待查记录所在的块，然后在已限定的块中进行顺序查找。例如，在图7-2所示的分块有序表中，若给定值$k=40$，则通过对索引表的查找得知$20<k<44$，所以若关键字等于40的记录存在，就必在线性表的第二块内，此时只要从索引项中取出第二块第一个记录的存放位置，并从它开始在第二块中顺序查找，最后找到第7个记录即所求。同理，若给定值$k=42$，先确定第二块，最后在第二块内查找失败，说明线性表中不存在关键字等于42的记录。

设表长为n的线性表用列表$r[n]$存储，整个表分成b块，前$b-1$块中的记录个数为$s=[n/b]$，第b块中的记录个数小于或等于s，索引表用列表nd[b]存放，查找成功时，函数返回值为所查记录在线性表中的位置，否则函数返回值为-1。用顺序查找方法确定记录所在块的分块查找算法如下。

例7-3

```
#定义结点类
class INODE:
    def __init__(self,key,link):
        self.key=key
        self.link=link

class NODE:
    def __init__(self, key,size):
        self.key=key
        self.count=size
#b为分块个数,k为要查找的关键字,n为线性表的长度,r是存入数据的列表,nd是索引表
def blocksearch(r,nd,b,k,n):
    i=1
    #查找k属于哪个数据块
    while k>nd[i].key and i<=b:
        i=i+1
    if i>b:
```

```
        print("没有找到要查的数据")
        return -1
    #让 j 指针指向第 i 个数据块
    j=nd[i].link
    while (j<=n and k!=r[j].key ) and r[j].key<=nd[i].key:
        j=j+1
    if k!=r[j].key:
        j=-1
        print("没有找到要查的数据")
    return j


if __name__=='__main__':
    j=1
    ma=1e20
    n=int(input("请输入列表中的记录个数"))
    #r 列表初始化 n+1 个存储空间,因为 r[0]里要放待查数据
    r=[NODE(-1,1) for i in range(0,n+1)]
    nd=[INODE(-1,1) for i in range(0,n+1)]
    b=int(input("请输入分块个数给 b:"))
    if n%b==0:
        s=n//b
    else:
        s=n//b+1
    for i in range(1,n+1):
        print("请输入第%d个数据" % i)
        x=int(input())
        r[i].key=x
    t=1
    h=s
    while j<=b:
        for i in range(t,h+1):
            if ma<r[i].key:
                ma=r[i].key
        nd[j].link=t
        nd[j].key=ma
        j=j+1
        t=t+s
        h=h+s
        if h>n:
            h=n
    key=int(input("请输入待查找的数据"))
    i=blocksearch(r,nd,b,key,n)
```

```
    if i>0:
        print("数据%d已经找到,在列表的第%d个位置\n"%(key,i))
    else:
        print("数据%d不在列表中" % key)
```

上述程序的运行结果如下所示。

```
请输入列表中的记录个数 15
请输入分块个数给 b: 3
请输入第 1 个数据
8
请输入第 2 个数据
14
请输入第 3 个数据
11
请输入第 4 个数据
18
请输入第 5 个数据
20
请输入第 6 个数据
35
请输入第 7 个数据
40
请输入第 8 个数据
32
请输入第 9 个数据
44
请输入第 10 个数据
38
请输入第 11 个数据
56
请输入第 12 个数据
62
请输入第 13 个数据
68
请输入第 14 个数据
67
请输入第 15 个数据
65
请输入待查找的数据 40
数据 40 已经找到,在列表的第 7 个位置
```

上述输入内容分别表示：用户输入的数据个数为 15 个，分成 3 块，要查找的数据为 40。

下面对分块查找进行性能分析。若表中每个记录的查找概率相等,则每个块的查找概率为 $1/b$,块中每个记录的查找概率为 $1/s$。此时,分块查找的平均查找长度 ASL 为查找索引表确定给定值所在块的查找平均长度 L_b 与确定给定值所在块的查找关键字值的平均长度 L_k 之和,即 $\text{ASL}=L_b+L_k$。

若用顺序查找方法确定所在块,则分块查找的平均长度为

$$\text{ASL}=\frac{1}{b}\sum_{j=1}^{b}j+\frac{1}{s}\sum_{j=1}^{s}i=\frac{b+1}{2}+\frac{s+1}{2}=\frac{1}{2}\left(\frac{n}{s}+s\right)+1$$

此时如果 $s=\sqrt{n}$,则可得到 ASL 的最小值$\sqrt{n}+1$。

若用二分查找法确定所在块,则分块查找的平均长度为

$$\text{ASL}\approx\log_2\left(\frac{n}{s}+1\right)+\frac{s}{2}$$

7.5 哈希表查找

7.5.1 哈希表查找的基本概念

哈希(hash)表:是由哈希函数生成的表示关键字值存储位置的表。

哈希函数:是一个以关键字值 key 为自变量,在关键字值与记录存储位置之间建立确定关系的函数,即 hash(key)。哈希函数的值是指定关键字值对应的存储地址。由此可见,通过哈希函数,不经过任何比较便可直接取得所查记录。也就是说,使每个关键字对应结构中唯一的存储位置。因而,查找时只要根据哈希函数就会找到给定值 key 对应的存储位置。

例如,要将关键字值序列{3,15,22,24}存储到编号为 0~4、表长为 5 的哈希表中。计算存储地址的哈希函数可取除 5 的取余数算法,即 hash(key)=key mod 5,则哈希表如图 7-3 所示。

0	1	2	3	4
15		22	3	24

图 7-3 哈希表

映像:由哈希函数得到的哈希表是一个映像,所以哈希函数的设定比较灵活,只要使任何关键字由哈希函数所得的值都在哈希表长度允许的范围内即可。

冲突(collision):在哈希表中存在不同的关键字值可能得到同一个哈希地址的冲突现象,即 $k_1\neq k_2$,但有时 $\text{hash}(k_1)=\text{hash}(k_2)$,这种情况称为冲突现象。

同义词(shnonym):具有相同函数值的关键字对该哈希函数来说称为同义词。如图 7-3 所示,当关键字值 $K_1=32$ 时,可产生哈希地址值为 2;而当关键字值 $K_2=22$ 时,产生的哈希地址值也为 2,关键字 K_1 和 K_2 称为同义词。

均匀的(uniform)哈希函数:若哈希函数能使一组关键字得到对应的哈希地址均匀分布在整个地址区间中,从而减少冲突,那么该哈希函数被认为是均匀的。换句话说,对于关键字集合中的任一个关键字,被哈希函数映像到地址集合中任意一个地址的概率相等,则该哈希函数称为均匀的哈希函数。

由上述可知,如果哈希函数设定合适,就可减少地址的冲突现象。但一般情况下,冲突只能尽可能减少,而不能完全避免,因为哈希函数是关键字集合到地址集合的映像。通常,关键字集合比较大,它的元素包括所有可能的关键字,而地址集合的元素仅为哈希表中的地址值。假如哈希表长为 n,则哈希地址为 $0\sim n-1$。

7.5.2 构造哈希函数的方法

哈希函数的构造方法有很多,想构造好的哈希函数,应该选择均匀的、冲突少的构造方法。常用的构造哈希函数的方法有以下几种。

1. 直接定址法

直接定址法是一种采用数学公式的方法。它可以采用直接取关键字值或关键字的某个线性函数值作为哈希地址,即

$$\text{hash}(\text{key}) = \text{key}$$

或

$$\text{hash}(\text{key}) = a \cdot \text{key} + b$$

其中 a 和 b 为常数。

例如,有一个从 1 岁到 100 岁的人口统计表,其中,年龄作为关键字,哈希地址取关键字自身,如表 7-1 所示。

表 7-1 人口统计表

地址	01	02	…	25	26	…	100
年龄	1	2	…	25	26	…	100
人口	3000	2000	…	1050	1200	…	1800

若要查 25 岁的人有多少,只要查表中第 25 项即可。

又如,有一个出生的人口调查表,关键字是年份,哈希函数取

```
hash(key)= key-1948
```

人口调查表如表 7-2 所示。

表 7-2 人口调查表

地址	01	02	…	22	23	…
年份	1949	1950	…	1970	1971	…
人口	3000	2000	…	105000	120000	…

若要查 1970 年出生的人数,只要查第 22(即 1970—1948)项即可。在这里,由于直接定址法所得地址集合和关键字大小相同,因此关键字不会产生冲突。但是,在实际应用中能够使用这种哈希函数的情况非常少。

2. 数字分析法

常常有这样的情况：关键字值的位数比存储区域的地址码的位数多，在这种情况下可以对关键字值的各位进行分析，丢掉数字分布不均匀的位，留下数字分布均匀的位作为地址。

例如，有如下 8 个关键字，每个关键字由 7 位十进制数组成。

```
K1= 6  1  5  1  1  4  1
K2= 6  1  0  3  2  7  4
K3= 6  1  1  1  0  3  4
K4= 6  1  3  8  2  9  9
K5= 6  1  2  0  8  7  4
K6= 6  1  9  5  3  9  4
K7= 6  1  7  0  9  2  4
K8= 6  1  4  0  6  3  7
```

分析这 8 个关键字可以看出，关键字的第一位数码均为 6，第二位数码均为 1，分布集中，丢掉；而第三位数码和第五位数码则分布均匀。假设表长为 100，则可取分布均匀的第三位和第五位两位数码作为地址，即

```
hash(K1)=51,hash(K2)=02,hash(K3)=10,hash(K4)=32
hash(K5)=28,hash(K6)=93,hash(K7)=79,hash(K8)=46
```

数字分析法仅适用于所有关键字可能出现的值都是已知的情况。许多情况下，构造哈希函数时，不能已知关键字的全部情况，此时用数字分析法不太合适。

3. 平方取中法

平方取中法是一种较常用的哈希函数构造方法，其构造原则是先计算出关键字值的平方，然后取它的中间几位作为哈希地址的编码。

例如，有如下 4 个关键字，对其关键字做平方运算，然后取中间 3 位作为哈希函数值，如表 7-3 所示。

表 7-3　平方取中法

关键字(key)	关键字的平方	hash(key)
11052501	122157778355001	778
11052502	122157800460004	800
01110525	001233265775625	265
02110525	004454315775625	315

采用这种方法，要使关键字内部代码的每一位都在散列过程中起作用，至于取中间

的几位和哪几位作为哈希函数的值，视具体情况而定。由于对一个数求平方后的中间几位数和数的每一位都相关，因此使随机分布的关键字得到哈希地址也是随机的。

4. 折叠法

若关键字含有的位数较多，则可将关键字分成位数相同的几段，每段的位数等于地址码长度(最后一段的位数可以小于地址码长度)，然后取这几段的叠加(舍去最高位进位)作为哈希地址。分段方法不同，折叠方法不同，得到的哈希函数值也就不同。例如，设 $k=5824422415$，要转换为 4 位的地址码，则有

分段	5824|4224|15	5824|4224|15	58|2442|2415
	折叠相加	移位相加	移位相加
	4285	5824	58
	4224	4224	2442
	+ 51	+ 15	+ 2415
	8560	[1]0063	4915
得到	hash(k)=8560	hash(k)=0063	hash(k)=4915

5. 除留余数法

选择一个适当的正整数 p，用 p 去除关键字，取其余数作为哈希地址。其中 p 通常取小于或等于表长 m 的最大素数，即 $hash(k)=k\%p(p\leqslant m)$。

7.5.3 哈希冲突的解决方法

选择哈希函数时，虽然要尽量避免出现冲突，但却很难做到不发生冲突，因此必须采用合适的办法处理冲突。这里介绍两种最基本的方法：开放地址法和拉链法。

1. 开放地址法

用开放地址法处理冲突，就是当冲突发生时，形成一个探查序列，沿着这个序列逐个地址探查，直到找出一个空位置(开放的地址)，将发生冲突的关键字存放到该地址中。开放地址法又称为闭哈希方法。常用的探查序列方法有线性探查法和双哈希函数探查法。

1）线性探查法

当发生冲突时，给关键字 k 找一个空位置的最简单方法是进行线性探查。设发生冲突的地址为 d，则探查的地址序列为 $d+1,d+2,\cdots,m-1$。其中 m 是哈希表的长度。一旦找到一个空位置，就把 k 存入，插入过程结束。如果用完整个地址序列仍未找到空位置，则哈希表已满，插入失败。例如，设关键字序列为{7，14，8，16，11}，哈希函数为 hash(k)=$k\%7$，用线性探查法处理冲突的线性表如图 7-4 所示。

0	1	2	3	4	5	6
7	14	8	16	11		

图 7-4 用线性探查法处理冲突的线性表

在用线性探查法处理冲突的线性表中，如果要查找关键字 k，首先计算 hash(k)=d，到位置 d 找 k，若找到，则查找成功；否则按线性探查地址序列进行查找，若在序列中的某地址处找到关键字 k，则查找成功，否则找到一个空位置，或者用完探查地址序列仍未找到 k 时，查找失败，即哈希表中无关键字为 k 的记录。

用线性探查法处理冲突的方法思路清晰，算法简单，其查找及线性探查程序如下。

例 7-4

```
#定义结点类
class NODE:
    def __init__(self, key,size):
        self.key=key
        self.count=size
#r为待查记录,ht为哈希表
def linsearch(r,ht):
    #这里假设 H(key)=key%7,下同
    i=r%7
    while ht[i].key!=0 and ht[i].key!=r:
        i=(i+1)%7
    if ht[i].key==0:
        ht[i].key=r
    return i

if __name__=='__main__':

    n=int(input("请输入列表中的记录个数"))
    #r列表初始化n个存储空间,初始数据均为0
    ht=[NODE(0,1) for i in range(0,n)]
    print("请输入5个待查记录")
    for i in range(0,5):
        print("请输入第%d个数据" % i)
        x=int(input())
        linsearch(x,ht)
    print("请输出哈希表")
    for i in range(0,n):
        print(ht[i].key,end="  ")
```

上述程序的运行结果如下。

```
请输入列表中的记录个数 7
请输入 5 个待查记录
请输入第 0 个数据
7
请输入第 1 个数据
```

```
14
请输入第 2 个数据
8
请输入第 3 个数据
16
请输入第 4 个数据
11
请输出哈希表
7  14  8  16  11  0  0
```

用线性探查法处理冲突时,有时会出现“堆积”现象。例如,如果给定关键字 k_1,设 $\mathrm{hash}(k_1)=d$,若 d 不是空位,则发生冲突,但此时 $d+1$ 是空位,则将 k_1 存放在 $d+1$ 位置。但当后来插入关键字 k_2 时,若 $h(k_2)=d+1$,与本来不是同义词的 k_1 发生了冲突,而 $d+2$ 是空位,只好把 k_2 存放在 $d+2$ 中,如此一来,就可能把 $d,d+1,d+2,\cdots$本不是同义词的关键字当成同义词处理。这种“堆积”现象增加了查找长度。

在线性探查法中,造成堆积现象的根本原因是探查序列仅集中在发生冲突的单元的后面,没有在整个线性表空间上分散开。下面介绍的双哈希函数探查法可以较好地克服这种堆积现象发生。

2) 双哈希函数探查法

这种方法使用两个哈希函数 hash1 和 hash2,其中 hash1 和前面的 $\mathrm{hash}(k)$一样,是以关键字为自变量产生一个 $0\sim(m-1)$的数作为哈希地址,hash2 也是以关键字为自变量,产生一个 $1\sim(m-1)$的数,并将和 m 互素的数(即 m 不能被该数整除)作为探查序列的地址增量(即步长),即双哈希函数的探查序列为

$$d_0=\mathrm{hash1}(k)$$

$$d_1=(d_{i-1}+\mathrm{hash2}(k))\%m,1\leqslant i\leqslant m-1$$

2. 拉链法

用拉链法处理冲突的方法是:把具有相同哈希地址的关键字存放在同一个链表中,称为同义词链表。

由于有 m 个哈希地址就有 m 个链表,所以同时要用顺序表(列表 t[MAX])存放各个链表的头指针,顺序表的长度就是线性表的长度;此外,还要另申请空间以存储同义词链表。例如,对于 $m=5$,$\mathrm{hash}(x)=x\%5$,关键字序列为{11,12,15,17,19,10},用拉链法解决冲突的线性表如图 7-5 所示。

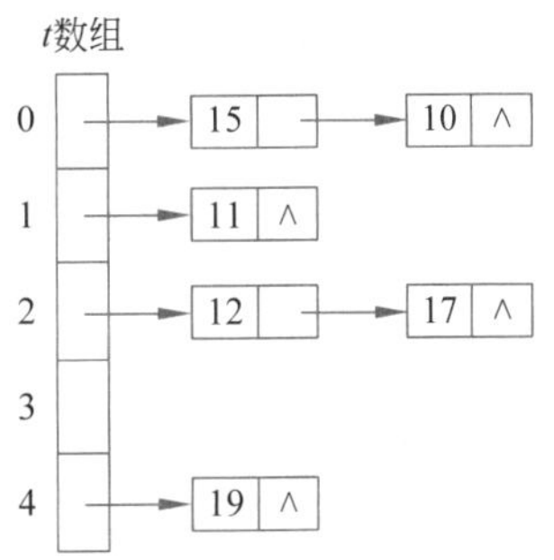

图 7-5 用拉链法解决冲突的线性表

将线性表置初值,只将 t 列表的所有元素置成空指针即可。以下算法假设记录中仅含关键字,则线性表的结点类型定义如下。

```
class Node:
    def __init__(self, key,link=None):
        self.key=key
        self.link=link
```

所有哈希函数为 hash(x)。在线性表 t 中查找关键字等于给定值 k 的记录，若查找成功，则返回值为存放该记录的地址，否则返回值为空指针，算法如下。

例 7-5

```
class Node:
    def __init__(self, key,link=None):
        self.key=key
        self.link=link
#在用拉链法处理冲突的线性表 t 中查找关键字为给定值 k 的记录
def linksearch(t,k):
    i=k%5
    if t[i]==None:
        return None
    p=t[i]
    while p!=None:
        if p.key==k:
            return p
        else:
            p=p.link
    return None
#向用拉链法处理冲突的线性表 t 中插入关键字为 k 的记录
def linkinsert(t,k):
    i=k%5
    if t[i]==None:
        p=Node(1,None)
        p.key=k
        p.link=None
        t[i]=p
        print("插入关键字%d" %k)
        return
    else:
        p=t[i]
        while p!=None:
            if p.key==k:
                print("在链表中检索%d" %k)
                return
            elif p.link!=None:
                p=p.link
            else:
```

```
                p.link=Node(1,None)
                p=p.link
                p.key=k
                p.link=None
                print("插入关键字%d" %k)
                return
if __name__=='__main__':
    n=int(input("请输入链表个数"))
    #初始化哈希链表
    ht=[None for i in range(0,n)]
    print("请输入6个待散列数据")
    for i in range(0,6):
        print("请输入第 %d个散列数据" %i)
        key=int(input())
        #建立哈希表
        linkinsert(ht,key)
    print("请输入待查找数据")
    key=int(input())
    p=linksearch(ht,key)
    if p!=None:
        print("待查数据 %d已经找到" %(p.key))
    else:
        print("待查数据 %d没有找到" %(p.key))
```

上述程序的运行结果如下。

```
请输入链表个数 5
请输入 6个待散列数据
请输入第  0个散列数据
11
插入关键字 11
请输入第  1个散列数据
12
插入关键字 12
请输入第  2个散列数据
15
插入关键字 15
请输入第  3个散列数据
17
插入关键字 17
请输入第  4个散列数据
19
插入关键字 19
```

```
请输入第  5 个散列数据
10
插入关键字 10
请输入待查找数据
12
待查数据 12 已经找到
```

7.5.4 哈希查找效率的分析

哈希法是对关键字值进行转换后直接求出存储地址的，所以当哈希函数能得到均匀的地址分布时，不需要进行比较，就可以找到所查记录。但实际上不可能完全避免冲突，因此查找时还需要进行探查。查找的效率显然与解决冲突的方法有关。而发生冲突的次数和哈希表装填的程度有关。为此，引进装填因子 α。所谓装填因子，是指哈希表中已装入的记录数 n 和表的长度 m 之比，即 $\alpha=n/m$。直观地看，α 越小，发生冲突的可能性越小；α 越大，表中记录越多，发生冲突的可能性越大。

对于线性探查法，查找成功的平均查找次数为

$$\frac{1}{2}\left(1+\frac{1}{1-\alpha}\right)$$

查找不成功的平均查找次数为

$$\frac{1}{2}\left(1+\frac{1}{(1-\alpha)^2}\right)$$

对于拉链法，查找成功的平均查找次数为

$$1+\frac{\alpha}{2}$$

查找不成功的平均查找次数为

$$\alpha+\mathrm{e}^{-\alpha}$$

上述公式反映了哈希法的一个重要特性，即平均查找次数不是哈希表中记录个数的函数，这和顺序查找、二分查找等方法不同。正是这个特性，使哈希法成为一种很受欢迎的组织表的方法。

如果发现解决某个问题经常需要高效地存储和查找数据，则使用哈希表是最理想的。

7.6 本章小结

(1) 查找是数据处理中经常使用的一种重要运算。在许多软件系统中，最耗时间的部分就是查找。研究高效的查找方法是本章的重点。

(2) 本章的基本内容是线性表的查找方法：顺序查找、二分查找和分块查找。顺序查找速度比较慢，但适用面广；二分查找速度快，但必须是有序表；分块查找是二者的折

中方法。

(3) 前面3种查找方法是基于比较的查找方法,而哈希法是希望不经过任何比较,一次存取便能得到所查的记录。因为哈希法的冲突是不可避免的,所以解决冲突也是哈希法的一个主要问题,具体方法有开放地址法和拉链法。

习 题 7

一、选择题

1. 若查找每个记录的概率均等,则在具有 n 个记录的连续顺序文件中采用顺序查找法查找一个记录,其平均查找长度 ASL 为(　　)。

A. $(n-1)/2$　　B. $n/2$　　C. $(n+1)/2$　　D. n

2. 对 n 个元素的表做顺序查找时,若查找每个元素的概率相同,则平均查找长度为(　　)。

A. $(n+1)/2$　　B. $n/2$

C. n　　D. $[(1+n)\times n]/2$

3. 顺序查找法适用于查找顺序存储或链式存储的线性表,平均比较次数为(　　);二分法查找只适用于查找顺序存储的有序表,平均比较次数为(　　)。在此假定 n 为线性表中的结点数,且每次查找都是成功的。

A. $n+1$　　B. $2\log_2 n$　　C. $\log n$　　D. $n/2$

E. $n\log_2 n$　　F. n^2

4. 下面关于二分查找的叙述,正确的是(　　)。

A. 表必须有序,表可以顺序方式存储,也可以链表方式存储

B. 表必须有序,且表中数据必须是整型、实型或字符型

C. 表必须有序,而且只能从小到大排列

D. 表必须有序,且表只能以顺序方式存储

5. 用二分(折半)查找的速度比用顺序法查找的速度(　　)。

A. 必然快　　B. 必然慢　　C. 相等　　D. 不能确定

6. 具有12个关键字的有序表,二分查找的平均查找长度为(　　)。

A. 3.1　　B. 4　　C. 2.5　　D. 5

7. 二分查找法的时间复杂度为(　　)。

A. $O(n^2)$　　B. $O(n)$　　C. $O(n\log_2 n)$　　D. $O(\log_2 n)$

8. 当采用分块查找时,数据的组织方式为(　　)。

A. 数据分成若干块,每块内的数据有序

B. 数据分成若干块,每块内的数据不必有序,但块间必须有序,每块内最大(或最小)的数据组成索引块

C. 数据分成若干块,每块内数据有序,每块内最大(或最小)的数据组成索引块

D. 数据分成若干块,每块(除最后一块外)中的数据个数需相同

9. 设有一组记录的关键字为{19,14,23,1,68,20,84,27,55,11,10,79},用拉链法构造哈希表,哈希函数为 H(key)=key mod 13,哈希地址为1的链中有(　　)个记录。

A. 1　　B. 2　　C. 3　　D. 4

10. 下面关于哈希查找的说法,正确的是(　　)。

A. 哈希函数构造得越复杂越好,因为这样随机性好,冲突小

B. 除留余数法是所有哈希函数中最好的

C. 不存在特别好与坏的哈希函数,要视情况而定

D. 若需在哈希表中删去一个元素,不管用何种方法解决冲突,都只简单地将该元素删去即可

11. 若采用拉链法构造哈希表,哈希函数为 H(key)=key mod 17,则需(　　)个链表。这些链的链首指针构成一个指针数组,数组的下标范围为(　　)。

(1) A. 17　　B. 13　　C. 16　　D. 任意

(2) A. 0～17　　B. 1～17　　C. 0～16　　D. 1～16

二、判断题

1. 采用线性探查法处理散列的冲突,当从哈希表删除一个记录时,不应将这个记录的所在位置置空,因为这会影响以后的查找。(　　)

2. 在哈希检索中,"比较"操作一般也是不可避免的。(　　)

3. 哈希函数越复杂越好,因为这样随机性好,冲突概率小。(　　)

4. 哈希函数的平方取中法最好。(　　)

5. 哈希表的平均查找长度与处理冲突的方法无关。(　　)

6. 装填因子是哈希表的一个重要参数,它反映哈希表的装满程度。(　　)

7. 哈希法的平均检索长度不随表中结点数目的增加而增加,而是随装填因子的增大而增大。(　　)

8. 哈希表的结点中只包含数据元素自身的信息,不包含任何指针。(　　)

9. 查找相同的结点,二分查找总比顺序查找效率高。(　　)

10. 用数组和单链表表示的有序表均可使用二分查找方法提高查找速度。(　　)

11. 在索引顺序表中实现分块查找。在等概率查找情况下,其平均查找长度不仅与表中的元素个数有关,而且与每块中的元素个数有关。(　　)

12. 顺序查找法适用于存储结构为顺序或链式存储的线性表。(　　)

13. 二分查找法的查找速度一定比顺序查找法快。(　　)

14. 就平均查找长度而言,分块查找最小,二分查找次之,顺序查找最大。(　　)

15. 对无序表用二分法查找比顺序查找快。(　　)

16. 对大小均为 n 的有序表和无序表分别进行顺序查找。在等概率查找的情况下,对于查找成功,它们的平均查找长度是相同的;而对于查找失败,它们的平均查找长度是不同的。(　　)

17. 在查找树(二叉排序树)中插入一个新结点,总是插到叶子结点下面。(　　)

18. 对一棵二叉排序树按前序方法遍历得出的结点序列是从小到大的序列。(　　)

19. 二叉树中除叶子结点外，任意结点 X，其左子树根结点的值小于该结点(X)的值；其右子树根结点的值大于该结点(X)的值，则此二叉树一定是二叉排序树。（ ）

20. 有 n 个数存放在一维数组 $A[1..n]$ 中。进行顺序查找时，这 n 个数的排列或有序或无序，其平均查找长度是不同的。（ ）

21. n 个结点的二叉排序树有多种，其中树高最小的二叉排序树是最佳的。（ ）

22. 在任意一棵非空二叉排序树中，删除某结点后又将其插入，则所得二叉排序树与原二叉排序树相同。（ ）

三、填空题

1. 顺序查找 n 个元素的顺序表，若查找成功，则比较关键字的次数最多为__(1)__次；当使用监视哨时，若查找失败，则比较关键字的次数为__(2)__。

2. 在顺序表{8,11,15,19,25,26,30,33,42,48,50}中，用二分(折半)查找法查找关键字值20，需做的关键字比较次数为________。

3. 在有序表 $A[1..12]$ 中，采用二分查找法查找等于 $A[12]$ 的元素，所比较的元素下标依次为________。

4. 在有序表 $A[1..20]$ 中，按二分查找法进行查找，查找长度为5的元素个数是________。

5. 在有序表 $A[1..20]$ 中，按二分查找法进行查找，查找长度为4的元素的下标从小到大依次是________。

6. 给定一组数据{6,2,7,10,3,12}，以它构造一棵哈夫曼树，则树高为__(1)__，带权路径长度WPL的值为__(2)__。

7. 已知有序表为{12,18,24,35,47,50,62,83,90,115,134}。当用二分查找法查找90时，需__(1)__次查找成功，查找47时，需__(2)__次查找成功；查找100时，需__(3)__次才能确定不成功。

8. 哈希表是通过将查找码按选定的__(1)__和__(2)__把结点按查找码转换为地址进行存储的线性表。哈希方法的关键是__(3)__和__(4)__。一个好的哈希函数，其转换地址应尽可能__(5)__，而且函数运算应尽可能__(6)__。

四、应用题

1. 名词解释：哈希表。

2. 如何衡量哈希函数的优劣？简述哈希表中的冲突概念，并指出3种解决冲突的方法。

3. 哈希方法的平均查找长度取决于什么，是否与结点个数 n 有关？处理冲突的方法主要有哪些？

4. 在采用线性探查法处理冲突的哈希表中，所有同义词在表中是否一定相邻？

五、算法设计题

1. 在哈希函数为除留余数法、线性探查法解决冲突的哈希表中，写一个删除关键字的算法，要求将所有可以前移的元素前移以填充被删除的空位，从而保证探查序列不至于断裂。

2. 设排序二叉树中结点的结构由下述3个域构成。

- data：给出结点数据的值。
- left：给出本结点的左儿子结点的地址。
- right：给出本结点的右儿子结点的地址。

设data域为正整数，该二叉树的根结点地址为T。现给出一个正整数x，请编写非递归程序，实现将data域的值小于或等于x的结点全部删除。

实训 6

实训目的和要求

- 进一步理解哈希函数的构造原理。
- 学会利用字典存放数据和下标的对应关系构建哈希查找。
- 使用统一的哈希函数把数据存储到字典中，再使用统一的哈希函数从字典中把数据取出来，从而达到常数级别的查询速度。

实训内容

映射关系分为一对一关系、一对多关系和多对多关系。寻找映射关系的问题本质上也是查找问题，下面使用哈希算法对给定的两个字符串（一个是单词模式字符串，另一个是目标字符串）设计函数，检查目标字符串中单词出现的规律是否符合单词模式字符串中的规律。

实训参考程序：

```
def wordpattern(wordp,word):

    if len(word)!=len(wordp):#长度不等
        return False
    #记录模式字符串和目标字符串的对应关系
    hash={}
    #记录目前已经使用过的字符串
    used={}
    for i in range(len(wordp)):
        #第二次出现该映射关系,检查是否一致
        if wordp[i] in hash:
            if hash[wordp[i]]!=word[i]:
                return False
        else:#首次出现映射关系
```

```
            #检查该单词是否使用过
            if word[i] in used:
                return False
            #若首次出现,则加入哈希表
            hash[wordp[i]]=word[i]
            used[word[i]]=True
    return True
if __name__=='__main__':
    print("请输入单词模式字符串")
    w=input()
    print("请输入目标字符串")
    s=input()
    n=list(s)
    if(wordpattern(w,n)):
        print("模式匹配")
    else:
        print("模式不匹配")
```

上述程序的运行结果如下所示。

```
请输入单词模式字符串
1234
请输入目标字符串
1234
模式匹配
```

第8章 chapter 8

排　　序

本章导读

排序是在数据处理中经常使用的一种重要的运算。如何进行排序，特别是如何进行高效率的排序，是计算机应用中的一个重要课题。排序的目的之一就是方便查找数据。本章主要介绍排序的基本概念、种类、过程及方法。

教学目标

本章要求掌握以下内容。

- 排序的基本概念和种类。
- 插入排序、选择排序、交换排序、归并排序和基数排序的排序过程、算法实现和性能分析。

8.1 排序的基本概念

排序是数据处理领域中的一种重要运算，它的功能是将一组数据元素（或记录）的任意序列重新排列成一个按指定关键字排序的序列。排序的目的是便于查找，提高计算机的工作效率。因此，学习和研究各种排序方法是计算机工作者的重要课题之一。

下面先对排序下一个比较确切的定义。假设含有 n 个记录的序列为

$$\{R_1, R_2, \cdots, R_n\}$$

其相应的关键字序列为

$$\{K_1, K_2, \cdots, K_n\}$$

需确定 $1, 2, \cdots, n$ 的一种排列 $P_1, P_2, \cdots, P_n$，使其相应的关键字满足如下非递减关系（满足非递增关系时，将“≤”号改为“≥”号）

$$\{K_{P_1} \leqslant K_{P_2} \leqslant \cdots \leqslant K_{P_n}\}$$

使 n 个记录的无序序列成为一个按关键字有序的序列：

$$\{R_{P_1}, R_{P_2}, \cdots, R_{P_n}\}$$

这样的操作过程称为排序。

待排序的记录数量不同，使得排序过程中涉及的存储器不同，例如，可将排序方法分

为两大类：一类是内部排序，指的是在排序的整个过程中，待排序记录存放在计算机随机存储器(内存)中进行的排序过程；另一类是外部排序，指的是待排序记录的数据量很大，以至于内存一次不能容纳全部记录，在排序过程中尚需利用外存的排序过程。本章重点介绍内部排序，外部排序不做介绍。

内部排序的方法有很多，每种方法都有各自的优缺点，适合在不同的环境下使用。按排序过程中依据的原则不同，内部排序方法大致可分为插入排序、交换排序、选择排序、归并排序和基数排序 5 种。

评价一种排序算法优劣的标准主要有两条：第一条是算法执行时所需的时间；第二条是执行算法时所需要的附加空间。执行排序的时间复杂度是算法优劣最重要的标志。影响时间复杂度的主要因素又可以用算法执行中的比较次数和移动次数衡量，所以，在应用时还要根据情况计算实际开销，以选择合适的算法。执行排序所需的附加空间量一般都不大，所以矛盾不突出，在此不做进一步讨论。

通常，在排序的过程中需进行下列两种基本操作。

(1) 比较两个关键字的大小。

(2) 将记录从一个位置移动至另一个位置。

前一种操作对大多数排序方法都是必要的，而后一种操作可通过改变记录的存储方式实现。

待排序的记录序列可以有下列 3 种存储方式。

(1) 待排序的记录存放在地址连续的一组存储单元上，它类似于线性表。在这种存储方式中，记录之间的次序关系由其位置决定，因此排序时必须移动记录。

(2) 待排序的记录存放在静态链表中，记录之间的次序关系由指针指定，排序时不需要移动记录，仅修改指针即可。

(3) 待排序的记录本身存储在一组地址连续的存储单元内，同时另设一个指示各个记录存储位置的地址向量，排序时仅移动地址向量中这些记录的“地址”即可，排序后再按照地址向量中的值调整记录的存储位置。

在第二种存储方式下实现的排序又称为链表排序；在第三种存储方式下实现的排序又称为地址排序。本章中讨论的待排序的记录以第一种存储方式为例，且为了讨论方便，设记录的关键字均为整数。

在正式介绍排序方法之前，先介绍排序方法的稳定性和不稳定性。如果在排序期间具有相同关键字值的记录的相对位置不变，即在原序列中 R_i 和 R_j 的关键字值 $K_i=K_j$ 且 R_i 在 R_j 之前，而排序后的序列中 R_i 仍在 R_j 之前，则称此排序方法是稳定的，否则是不稳定的。

8.2 插入排序

插入排序的基本方法是每步将一个待排序的记录按其关键字值的大小插到前面已经排好序的序列中的适当位置，直到全部记录插入完毕为止。具体的插入方法又有所不同，常用的插入排序有直接插入排序、二分法插入排序和希尔排序。本节重点介绍这 3

种排序方法。

8.2.1 直接插入排序

直接插入排序(Straight Insertion Sort)是一种最简单的排序方法,它的基本思想是:假设全部的数据记录个数为 n,已排序好的记录个数为 $m(1\leqslant m<n)$,从未排序好的记录中取出一条记录插到已排序好的 m 个记录中的适当位置,使排序好的记录个数增 1,重复这个过程,直到 $m=n$ 为止。

直接插入排序的步骤:首先把原始数据序列的第一个元素看成有序的,然后用原序列中的第二个元素的值与第一个元素的值进行比较,把该元素插到相对于第一个元素的合适位置,再取第三个元素与前面两个元素进行比较,并把该元素插到相对于前两个元素的合适位置,依次类推,直到最后一个元素也插入为止。

例如,一组待排序的数据记录序列如下,要求由小到大进行排序。

42　36　56　78　67　11　27　38

对这组数据进行直接插入排序的过程如图 8-1 所示,其中已排序好的数据用括号括起来。

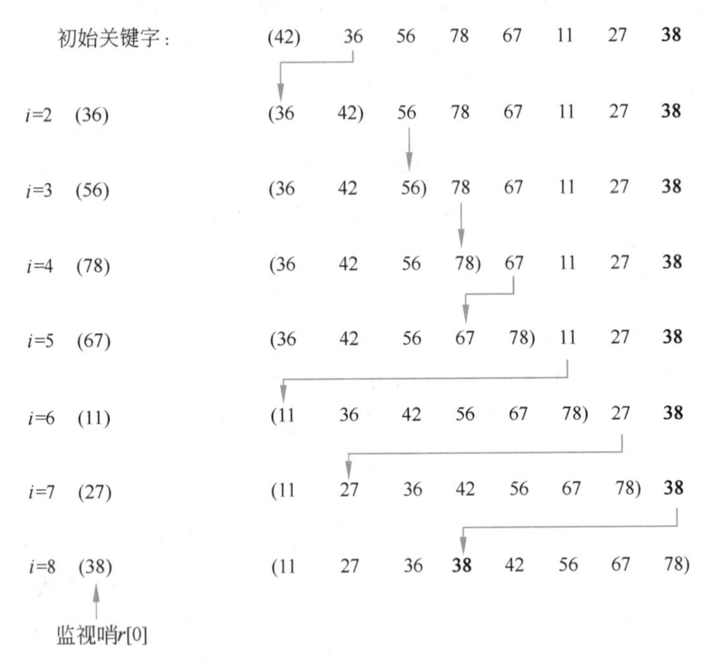

图 8-1　直接插入排序过程示例

由图 8-1 可知,假设待排序的 $n(n=8)$条记录序列保存在列表 $r[1]\cdots r[n]$中,首先认为第一条记录是有序的,然后将第二个记录保存在 $r[0]$中并与第一个元素比较,将其插到适当的位置,再取第三个数据元素保存在 $r[0]$中并与前两个元素比较,将其插到适当的位置,依次类推,直到全部数据元素插入为止。一般情况下,当对 n 条记录的无序序列进行排序时,需要进行 $n-1$ 次插入才能完成排序,每插入一个数据元素的过程称为一趟直接插入排序。第 i 趟直接插入排序的操作为：在含有 $i-1$ 个记录的有序子序列 $r[1..i-1]$中插入一个记录 $r[i]$后，变成含有 i 个记录的有序序列 $r[1..i]$。为了在查找插入位置的过程中避免列表下标出界，常将列表的 $r[0]$作为监视哨，并且每次将要插入的元素放在 $r[0]$中。

直接插入排序算法的程序如下。

例 8-1

```
def insertionSort(r):
    for i in range(1,len(r)):
        preIndex = i-1
        r[0] = r[i]
        while r[preIndex] > r[0]:
            r[preIndex+1] = r[preIndex]
            preIndex-=1
        r[preIndex+1] = r[0]
    return r
if __name__=='__main__':
    r=[0,42,36,56,56,78,67,11,27,38]
    #定义列表并赋初值，其中 r[0]的元素值无意义
    r=insertionSort(r)
    n=len(r)
    #输出时 r[0]无意义，所以不输出
    for i in range(1,n):
        print(r[i],end=" ")
```

上述程序的输出结果如下。

```
11 27 36 38 42 56 56 67 78
```

其中 $r[0]$中的元素 38 是监视哨，无任何意义，因此没有输出。

直接插入排序算法的时间复杂度是 $O(n^2)$。对于有相同关键字的记录的情况，此算法是稳定的，因为具有同一关键字的后一个元素一定插在具有同一关键字的前一个元素的后面，即相对次序保持不变。

8.2.2 二分法插入排序

二分法插入排序是另一种插入排序，它是直接插入排序的改进算法，适用于待排序记录个数较多的情况。它可以减少排序过程中比较和移动的次数。

二分法插入排序的基本操作是：用二分法查找插入位置并进行插入，进而形成一个有序序列。其中二分法查找插入位置操作是利用第 7 章的二分查找实现的。一趟二分插入排序的步骤如下。

(1) 初始化。将要插入的元素先存入 $r[0]$中，即 $r[0] \leftarrow r[i]$；给指定查找区间上下界的变量赋值，如 low←1，high←$i-1$。

(2) 二分查找插入位置。

(3) 将插入位置以后的元素依次后移一个位置。

(4) 将 $r[0]$插入已排序序列中。

例如,一组待排序的数据记录序列如下,要求由小到大进行排序。

```
42  36  56  78  67  11  27  38
```

具体的排序算法程序如下。

例 8-2

```
def insertion_sort_binarysearch(r):
    for i in range(2,len(r)):
        r[0]=r[i]
        low=1
        high=i-1
        while low<=high:
            m=(low+high)//2
            if r[0]<r[m]:
                high=m-1
            else:
                low=m+1
        for j in range(i-1,low-1,-1):
            r[j+1]=r[j]
        r[low]=r[0]

    return r
if __name__=='__main__':
    r=[0,42,36,56,56,78,67,11,27,38]
    #定义列表并赋初值,其中 r[0]的元素值无意义
    r=insertion_sort_binarysearch(r)
    n=len(r)
    #输出时 r[0]无意义,所以不输出
    for i in range(1,n):
        print(r[i],end=" ")
```

上述程序的输出结果如下。

```
11  27  36  38  42  56  67  78
```

二分法插入排序仅减少了关键字间的比较次数,而记录的移动次数不变。因此,二分法插入排序的时间复杂度仍为 $O(n^2)$。

8.2.3 希尔排序

希尔排序又称缩小增量排序(Diminishing Increase Sort),它也是对直接插入排序的一种改进算法。

希尔排序的基本思想是：先将整个待排序记录序列分割成若干个子序列，并分别对每个子序列进行直接插入排序，待整个序列中的记录“基本有序”时，再对全体记录进行一次直接插入排序。具体做法是：先取一个整数 $d_1(d_1<n)$，把全部记录按此值从第一个记录起进行分组，所有距离为 d_1 倍数的记录放在一组中，且在各组内进行直接插入排序，然后取 $d_2(d_2<d_1)$，重复上述分组的排序工作，直到取 $d_i=1$ 为止，即把全部记录作为一组，进行直接插入排序为止。

希尔提出的 d_i 取法为 $d_1=\lfloor n/2 \rfloor$，$d_i=\lfloor d_{i-1}/2 \rfloor$。

例如，一组待排序的记录序列如下所示，要求由小到大进行排序。

```
46  39  64  86  72  18  29  48  56  90
```

取 $d_1=\lfloor n/2 \rfloor=5$，$d_2=\lfloor d_1/2 \rfloor=2$，$d_3=\lfloor d_2/2 \rfloor=1$ 为步长序列，希尔排序过程如图 8-2 所示。

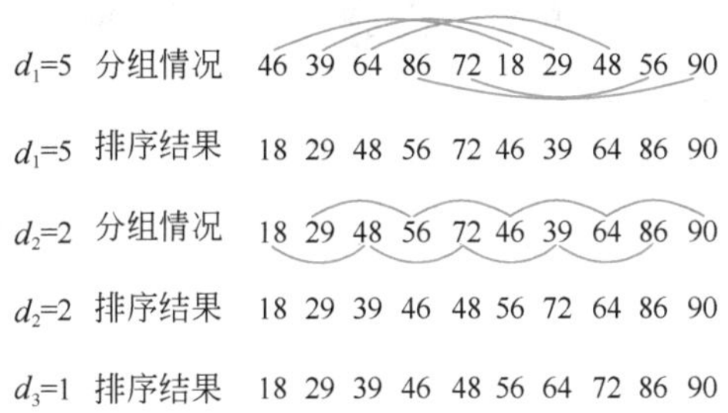

d_1=5	分组情况	46 39 64 86 72 18 29 48 56 90
d_1=5	排序结果	18 29 48 56 72 46 39 64 86 90
d_2=2	分组情况	18 29 48 56 72 46 39 64 86 90
d_2=2	排序结果	18 29 39 46 48 56 72 64 86 90
d_3=1	排序结果	18 29 39 46 48 56 64 72 86 90

图 8-2　希尔排序过程

具体排序算法的程序如下。

例 8-3

```
def shellSort(r):
    n=len(r)
    d=n//2
    while d>=1:
        for i in range(d,n):
            x=r[i]
            j=i-d
            while j>=0 and x<r[j]:
                r[j+d]=r[j]
                j=j-d
            r[j+d]=x
        d=d//2

    return r
if __name__=='__main__':
    r=[46,39,64,86,72,18,29,48,56,90]
    #定义列表并赋初值,其中 r[0]的元素值无意义
```

```
    r=shellSort(r)
    n=len(r)
    #输出排序后的结果
    for i in range(0,n):
        print(r[i],end=" ")
```

上述程序的输出结果如下。

```
18  29  39  46  48  56  64  72  86  90
```

由希尔排序过程可知，首先 $d_1=5$，把 10 个元素分为 5 组，每组均有两个元素，对每组分别进行直接插入排序，接着 $d_2=2$，在上一步分组排序结果的基础上，重新把 10 个元素分为两组，每组均有 5 个元素，对每组分别进行直接插入排序，最后 $d_3=1$，在上一步排序的基础上，把所有 10 个元素分成一组进行直接插入排序，最后得到的结果就是希尔排序结果。

希尔排序的时间复杂度与所取增量序列有关，是所取增量序列的函数，其时间复杂度在 $O(\log_2 n)$和 $O(n^2)$之间。

8.3 选择排序

选择排序(Selection Sort)主要有简单选择排序和堆排序两种。

8.3.1 简单选择排序

简单选择排序的基本思想是：第一趟，从 n 个记录中选取最小的记录作为有序序列的第一个记录；第二趟，从剩余的 $n-1$ 个记录中选取最小的记录作为有序序列的第二个记录；第 i 趟，从剩余的 $n-i+1(i=1,2,\cdots,n-1)$个无序记录中选取最小的记录作为有序序列的第 i 个记录，共需进行 $n-1$ 趟排序。

例如，一组待排序的记录序列如下所示，由小到大进行排序。

42,36,56,78,67,11,27,36

简单选择排序的过程如图 8-3 所示。

初始关键字:	42	36	56	78	67	11	27	**36**
第1趟	11	36	56	78	67	42	27	**36**
第2趟	11	27	57	78	67	42	36	**36**
第3趟	11	27	36	78	67	42	56	**36**
第4趟	11	27	36	**36**	67	42	56	78
第5趟	11	27	36	**36**	42	67	56	78
第6趟	11	27	36	**36**	42	56	67	78
第7趟	11	27	36	**36**	42	56	67	78

图 8-3　简单选择排序的过程

简单选择排序的算法如下。

例 8-4

```
def selectionSort(r,i,n):
    #位置 i 暂存入 x
    x=i
    #查找关键字最小的记录,位置存入 x
    for j in range(i+1,n):
        #记录最小数的索引
        if r[x]>r[j]:
            x=j
    #返回关键字最小的记录位置
    return x
if __name__=='__main__':
    r=[42,36,56,78,67,11,27,36]
    n=len(r)
    for i in range(0,n):
        #调用求最小记录位置函数,位置存入 j
        j=selectionSort(r,i,n)
        if i!=j:#交换记录
            x=r[i]
            r[i]=r[j]
            r[j]=x
    #输出排序后的列表元素
    for i in range(0,n):
        print(r[i],end=" ")
```

上述程序的运行结果如下。

```
11  27  36  36  42  56  67  78
```

简单选择排序的时间复杂度为 $O(n^2)$。对于有相同关键字的记录的情况，简单选择排序是不稳定的。

8.3.2 堆排序

堆排序是利用堆的特性进行排序的过程。堆的定义如下：n 个元素的序列为 $\{K_1, K_2, \cdots, K_n\}$，当且仅当满足下列关系时，称之为堆。

$$K_i \leqslant K_{2i}, K_i \leqslant K_{2i+1} \qquad (i=1,2,\cdots,\lfloor n/2 \rfloor-1)$$

或

$$K_i \geqslant K_{2i}, K_i \geqslant K_{2i+1} \qquad (i=1,2,\cdots,\lfloor n/2 \rfloor-1)$$

若将与此序列对应的一维数组看成一棵完全二叉树按层次编号的顺序存储，则堆的含义表明，完全二叉树中所有非终端结点的值均不大于(或不小于)其左、右孩子结点的值。因此,堆顶元素的值必为序列中的最大值或最小值(即大顶堆或小顶堆)。例如,下列两个序列为堆,对应的完全二叉树如图 8-4 所示。

{96,83,27,38,11,9}

{12,36,24,85,47,30,53,91}

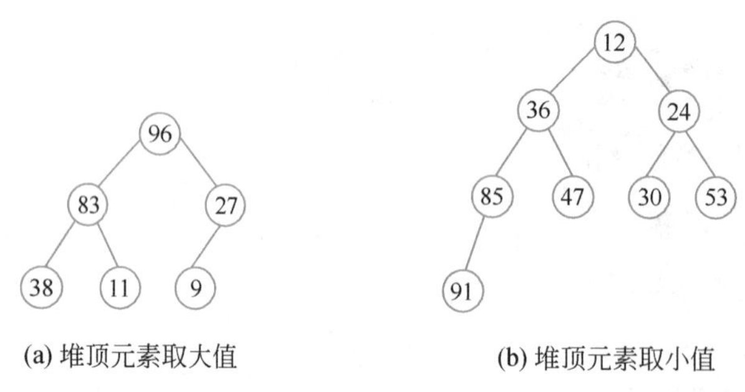

(a) 堆顶元素取大值　　(b) 堆顶元素取小值

图 8-4　堆对应的完全二叉树

堆排序的基本思想是:对一组待排序的记录,首先把它们按堆的定义排成一个堆,将堆顶元素取出;然后把剩下的记录再排成堆,取出堆顶元素;依次类推,直到取出全部元素,从而将全部记录排成一个有序序列。

由此可知,实现堆排序需要解决以下两个问题。

(1) 如何将一个无序序列建成一个堆。

(2) 如何在输出堆顶元素之后,将剩余元素调整为一个新的堆。

建堆就是把待排序的记录序列$\{R_1, R_2, \cdots, R_n\}$按照堆的定义调整为堆,使父结点的关键字大于(或小于)子结点的关键字。为此,我们先把待排序数据的初始次序置入完全二叉树的各个结点中,然后由下而上逐层进行父子结点的关键字比较并交换,直到使其满足堆的条件。建堆时是从最后一个非终端结点$\lfloor n/2 \rfloor$开始的。例如,假定待排序的一组数据序列为

```
42  36  56  78  67  11  27  36
```

其构造堆(堆顶元素最小)的全过程如图 8-5 所示。

由图 8-5 的建堆过程可知,调整是从第 4 个数据元素开始的,由于 78>36,因此交换之后如图 8-5(b)所示;由于第 3 个数据元素 56>11,因此交换后如图 8-5(c)所示,由于第 2 个数据元素 36 不大于其左、右子树根的值,因此调整之后的序列不变;如图 8-5(d)所示,第 1 个数据元素 42 被调整之后建成的堆如图 8-5(e)所示。

对上述待排序序列建成堆之后,输出堆顶元素并调整成新堆的过程如图 8-6 所示。

若对一组有 n 个记录的待排序序列按关键字非递减排序,要先建立一个大顶堆,然后选取关键字值最大的堆顶记录与最后一个记录交换,再将前 $n-1$ 个记录调整为一个新的大顶堆,如此反复,直到排序结束。堆排序算法程序如下。

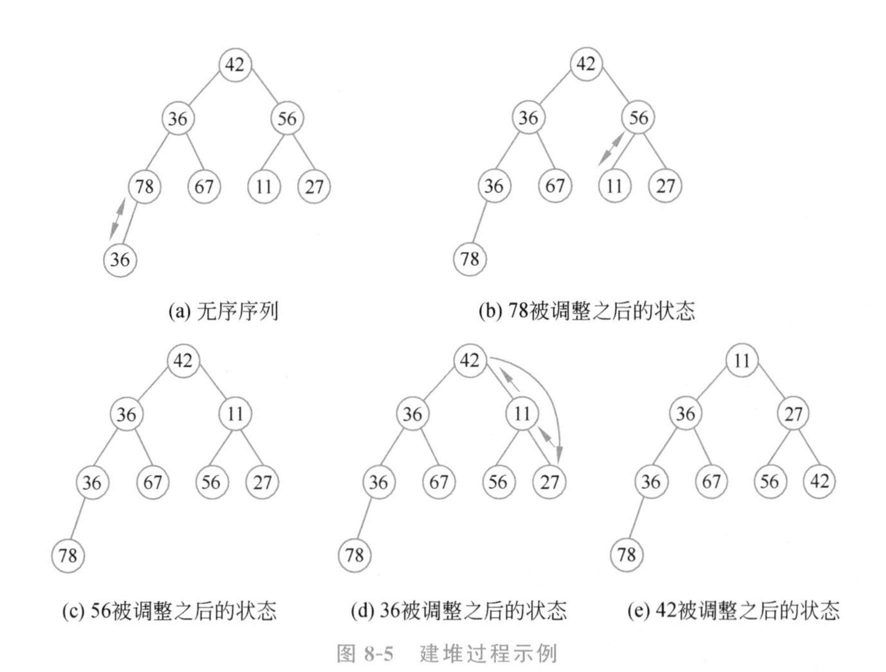

图 8-5 建堆过程示例

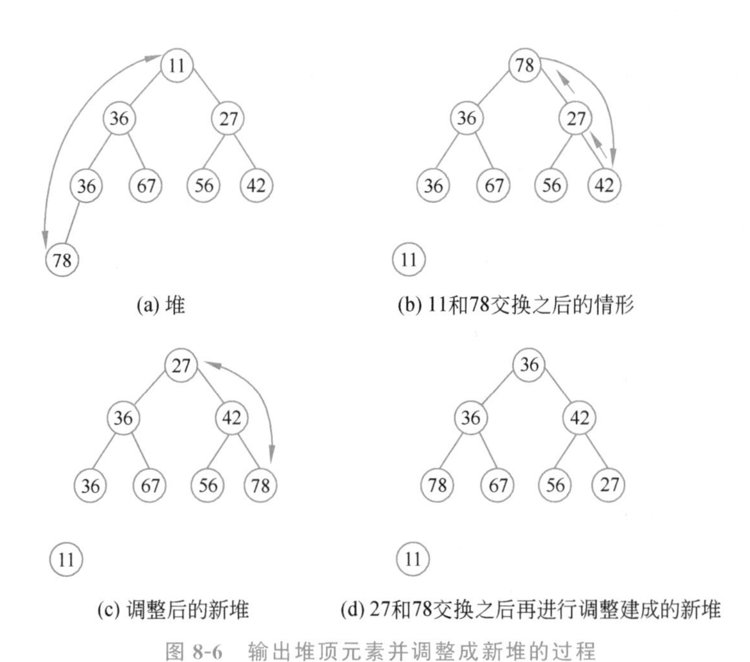

图 8-6 输出堆顶元素并调整成新堆的过程

例 8-5

```
def heapadjust(r,s,m):
    #把 r[s],...,r[n]建成大顶堆的算法函数
    rc=r[s]#rc 为记录的关键字
```

```
        j=2*s
        #沿关键字较大的孩子结点向下搜索调整
        while j<=m:

            if j<m and r[j]<=r[j+1]:
                #若右孩子大于左孩子,则 j 为右孩子的下标
                j=j+1
            if rc>r[j]:
                break
            #将 r[j]调到父结点的位置
            r[s]=r[j]
            s=j
            j=j*2
        #将 rc 插到最终位置
        r[s]=rc

if __name__=='__main__':
    r=[0,42,36,56,78,67,11,27,36]
    n=len(r)
    #将待排序序列调整为大顶堆
    for i in range((n-1)//2,0,-1):
        #调用建堆算法函数
        heapadjust(r,i,n-1)

    for i in range(n-1,1,-1):
        x=r[1]
        r[1]=r[i]
        r[i]=x
        #堆顶元素和最后的记录交换,之后再调整为大顶堆
        heapadjust(r,1,i-1)

    #输出排序后的列表元素
    for i in range(1,n):
        print(r[i],end=" ")
```

输出结果如下。

```
11  27  36  36  42  56  67  78
```

对 n 较大的文件，利用堆排序是很有效的；但对记录数较少的文件，不提倡使用这种方法。整个堆排序的时间复杂度为 $O(n\log_2 n)$，堆排序仅需一个记录大小的供交换用的辅助存储空间即可。对于存在相同关键字的记录的情况，堆排序是不稳定的。

8.4 交换排序

8.4.1 冒泡排序

冒泡排序是一种相邻数据逆序互换的排序方法，是一种简单的排序方法，其基本思想是：先将第一个记录和第二个记录相比较，若逆序（即 $r[1]>r[2]$），则将两个记录交换，然后比较第二个记录和第三个记录，依次类推，直到第 $n-1$ 个记录和第 n 个记录比较结束为止。第一趟冒泡排序结束，值最大的记录被放到第 n 个位置。然后进行第二趟冒泡排序，对前 $n-1$ 个记录重复上述过程，又将次大的记录放到第 $n-1$ 个位置。一般第 i 趟冒泡排序是从 $r[1]$ 到 $r[n-i+1]$ 依次比较相邻两个记录的值，在逆序时交换相邻记录，结果将这 $n-i+1$ 个记录中的最大记录交换到第 $n-i+1$ 的位置上。整个排序过程需要进行 $k(1\leqslant k\leqslant n)$ 趟冒泡排序。判断冒泡排序结束的条件是：在一趟排序过程中没有进行过交换记录的操作。

例如，一组待排序的记录序列如下所示，要求由小到大进行排序。

```
42   36   56   78   67   11   27   36
```

对其进行冒泡排序的过程如图 8-7 所示。

初始状态：	42	36	56	78	67	11	27	36
i=1：	36	42	56	67	11	27	36	78
i=2：	36	42	56	11	27	36	67	78
i=3：	36	42	11	27	36	56	67	78
i=4：	36	11	27	36	42	56	67	78
i=5：	11	27	36	36	42	56	67	78
i=6：	11	27	36	36	42	56	67	78
i=7：	11	27	36	36	42	56	67	78

图 8-7　冒泡排序过程

冒泡排序的算法程序如下。

例 8-6

```
def bubbleSort(arr):
    #确定循环趟为列表长度-1 趟
    for i in range(1,len(arr)):
        #进行第 i 趟扫描
        for j in range(0,len(arr)-i):
            if arr[j]>arr[j+1]:
                arr[j],arr[j+1]=arr[j+1],arr[j]
    return arr
if __name__=='__main__':
```

```
r=[42,36,56,78,67,11,27,36]
r=bubbleSort(r)
n=len(r)

for i in range(0,n):
    print(r[i],end=" ")
```

上述程序的运行结果如下。

```
11  27  36  36  42  56  67  78
```

由以上算法程序可知,如待排序记录已基本有序,本算法仍将做多趟无效的排序,例如图 8-7 中 $i=5$ 至 $i=7$ 趟没有任何数据交换。所以,可以对此算法进行改进,以减少不交换任何记录的排序趟数。在算法中可设置一个变量 mark,用来记录一趟排序过程中是否有记录交换,mark=0 表示无记录交换操作,mark=1 表示有记录交换操作。改进算法如下。

例 8-7

```
def bubbleSort(arr):
    #确定循环趟为列表长度-1 趟
    for i in range(1,len(arr)):
       #每趟排序前对 mark 置 0
        mark=0
        #进行第 i 趟扫描
        for j in range(0,len(arr)-i):
            if arr[j]>arr[j+1]:
                arr[j],arr[j+1]=arr[j+1],arr[j]
            #若有交换,则 mark=1,返回继续进行下一趟排序
            mark=1
        #若没有记录交换操作,则 mark=0,跳出循环排序,结束
        if mark==0:
            break
    return arr
if __name__=='__main__':
    r=[42,36,56,78,67,11,27,36]
    r=bubbleSort(r)
    n=len(r)

    for i in range(0,n):
        print(r[i],end=" ")
```

输出结果如下。

```
11  27  36  36  42  56  67  78
```

冒泡排序的时间复杂度为 $O(n^2)$。如果存在相同关键字的记录的情况,冒泡排序就是稳定的。

8.4.2 快速排序

快速排序(Quick Sort)是对冒泡排序的一种改进。它的基本思想是：通过一趟排序将待排序记录划分成两部分，使其中一部分记录的关键字比另一部分记录的关键字小，然后再分别对这两部分记录进行快速排序，直到每部分为空或只包含一个记录时，整个快速排序结束。

假设待排序的序列为($r[s]$,$r[s-1]$,…,$r[t]$)，首先任意选取一个记录(通常可选第一个记录 $r[s]$作为基准记录，或称为支点)，然后重新排列这些记录。将所有关键字比它小的记录都排到它的位置之前，将所有关键字比它大的记录都排到它的位置之后。由此可以将该基准记录所在的位置 i 作为分界线，将待排序记录序列划分成两个子序列($r[s]$,…,$r[i-1]$)和($r[i+1]$,…,$r[t]$)，这个过程称为一趟快速排序。

一趟快速排序的具体实现过程是：设两个变量 i 和 j，它们的初值分别为 s 和 t，设支点记录 rp=$r[s]$，x 为该记录的关键字。首先从 j 所指位置起向前搜索，找到第一个关键字小于 x 的记录并和 rp 互相交换；然后从 i 所指位置起向后搜索，找到第一个关键字大于 x 的记录并和 rp 互相交换，重复上述过程，直到 i 和 j 指向同一位置为止，此位置就是基准记录最终存放的位置，如图 8-8(a)所示。一趟快速排序完成后得到前后两个子序列，可再分别对分割后的两个子序列进行快速排序，整个快速排序过程结束。

例如，待排序记录的关键字为

```
42   36   56   78   67   11   27   36
```

对其进行快速排序的过程如图 8-8 所示。

```
初始关键字:      42  36  56  78  67  11  27  36
进行1次交换之后   36  36  56  78  67  11  27  42
进行2次交换之后   36  36      78  67  11  27  56
进行3次交换之后   36  36  27  78  67  11      56
进行4次交换之后   36  36  27      67  11  38  56
进行5次交换之后   36  36  27  11  67      78  56
进行6次交换之后   36  36  27  11      67  78  56
完成一趟排序     {36  36  27  11} 42 {67  78  56}
```

(a) 一趟快速排序过程

```
初始状态:        {42  36  56  78  67  11  27  36}
一趟快速排序后    {36  36  27  11} 42 {67  78  56}
分别进行的快速排序 {11  36  27} 36     {56} 67 {78}
                              结束    结束     结束
                  11  36  27
                      27 {36}
                         结束
有序序列         {11  27  36  36  42  56  67  78}
```

(b) 快速排序序列

图 8-8 快速排序的过程

如图 8-8(a)所示,在一趟快速排序过程中,每交换一对记录需进行 3 次记录移动(赋值)的操作。只有在一趟排序结束时,$i=j$ 的位置才是支点记录的最后位置。因此,在算法中先将基准记录暂存在 rp 中,在排序过程中只做 $r[i]$或 $r[j]$的单向移动,直到一趟排序结束后再将 rp 移至正确位置上。

快速排序算法程序如下。

例 8-8

```
def quickSort(r,s,t):

    if s<t:
        #调用一趟快速排序算法,将 r[s]…r[t]一分为二
        k = partition(r, s, t)
        #对低端子序列递归排序,k 是支点位置
        quickSort(r, s, k-1)
        #对高端子序列递归排序
        quickSort(r, k+1, t)
    return r
#一趟快速排序算法,将基准记录移到正确位置, 并返回其所在位置,在本算法中,rp 和 x 相等
#def partition(r, s, t):
    #基准记录暂存入 rp 中,其关键字存入 x 中
    i=s
    j=t
    rp=r[s]
    x=r[s]
   #从序列的两端交替向中间扫描
    while  i <j:
        while i<j and r[j]>=x:
            #扫描比基准记录小的位置
            j=j-1
        #将比基准记录小的记录移到低端
        r[i]=r[j]
        while i<j and r[i]<=x:
            #扫描比基准记录大的位置
            i=i+1
        #将比基准记录大的记录移到高端
        r[j]=r[i]
    #基准记录到位
    r[i]=rp
    #返回基准记录位置
    return i


if __name__=='__main__':
    r=[42,36,56,78,67,11,27,36]
```

```
    r=quickSort(r, 0, len(r)-1)
    n=len(r)

    for i in range(0,n):
        print(r[i],end=" ")
```

输出结果如下。

```
11  27  36  36  42  56  67  78
```

快速排序的时间复杂度平均为 $O(n\log_2 n)$。当 n 较大时，这种算法是平均速度最快的排序算法，因此称为快速排序。快速排序是一种不稳定的排序方法。

8.5 归并排序

归并排序（Merging Sort）是又一类不同的排序方法。“归并”的含义是将两个或两个以上的有序序列合成一个新的有序序列。利用归并的思想可以很容易实现排序。假设初始序列含有 n 个记录，则此序列可看成 n 个有序的子序列，每个子序列的长度为 1，然后两两归并，得到 $\lfloor n/2 \rfloor$ 个长度为 2（最后一个序列长度可能小于 2）的有序子序列，再两两归并，得到 $\lfloor\lfloor n/2\rfloor/2\rfloor$ 个长度为 4（最后一个序列长度可能小于 4）的有序序列；如此重复，直至得到一个长度为 n 的有序序列为止。每一次合并的过程称为一趟归并排序，这种排序方法称为 2-路归并排序。

例如，设待排序的记录序列为

```
42   36   56   78   67   11   27   36
```

对其进行 2-路归并排序的过程如图 8-9 所示。

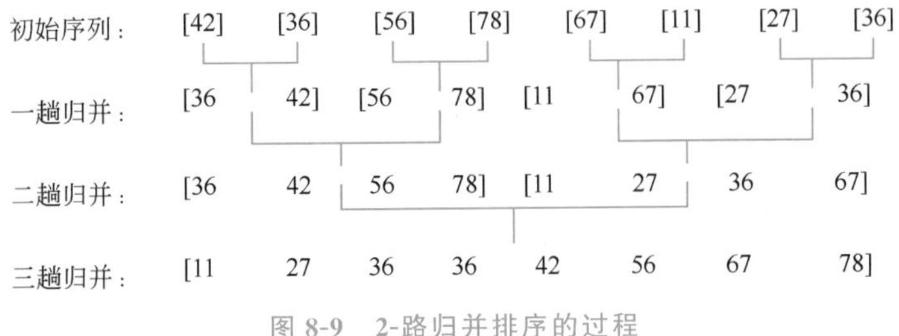

图 8-9　2-路归并排序的过程

2-路归并排序中的核心操作是将一维数组中前后相邻的两个有序序列归并为一个有序序列，其算法如下。

例 8-9

```
#将有序序列 sr[i..m]和 sr[m+1...n]归并为有序的 tr[i..n]
def merge(sr,tr,m,i,n):
```

```
        j=m+1
        k=i
        #将 sr 中的记录由小到大并入 tr
        while i<=m and j<=n:

            if sr[i]<=sr[j]:
                tr[k]=sr[i]
                i=i+1
            else:
                tr[k]=sr[j]
                j=j+1
            k=k+1
        while i<=m:#将剩余的 sr[i..m]复制到 tr
            tr[k]=sr[i]
            i=i+1
            k=k+1
        while j<=n:#将剩余的 sr[j..n]复制到 tr
            tr[k]=sr[j]
            j=j+1
            k=k+1
#本算法对 r 中若干个长度为 t(最后一个可能小于 t)的有序序列进行一趟 2-路归并排序,结
#果存入 a
def mergepass(r,a,n,t):
    p=1#p 为每个待合并的数组元素的第一个下标,初值为 1
    #成对合并长度为 t 的子序列
    while p+2 * t-1<=n:
        merge(r,a,p+t-1,p,p+2 * t-1)
        p=p+2 * t
    #合并剩余的长度为 t 和长度小于 t 的两个子序列
    if p+t-1<n:
        merge(r,a,p+t-1,p,n)
    else:
        #将剩余的最后一个子序列复制到数组 a 中
        i=p
        while i<=n:
            a[i]=r[i]
            i=i+1


if __name__=='__main__':
    r=[0,42,36,56,78,67,11,27,36]
    r1=[-1] * len(r)
    #第一趟归并排序初值为 1
    begin=1
```

```
    #子序列的长度小于记录总长度时进行归并
    while begin<len(r)-1:
        #调用递归排序算法函数
        mergepass(r,r1,len(r)-1,begin)
        #长度加倍
        begin=2*begin
        #调用递归排序算法函数
        mergepass(r1,r,len(r)-1,begin)
        #长度加倍
        begin=2*begin
    n=len(r)

    for i in range(1,n):
        print(r[i],end=" ")
```

上述程序的运行结果如下。

```
11  27  36  36  42  56  67  78
```

2-路归并排序算法的时间复杂度为$O(n\log_2 n)$。在排序时需利用一个与待排序数组同样大小的辅助数组，占用内存比前面介绍的算法多。2-路归并排序算法是稳定的。

8.6 基数排序

基数排序(Radix Sorting)是与前面所述各类排序方法完全不同的一种排序方法。前面讨论的排序主要是通过关键字间的比较和移动记录这两种操作实现排序的，而基数排序不需要进行关键字间的比较，它是借助多关键字排序的思想实现的。

1. 多关键字的排序

多关键字排序的排序思想可借助如下例子说明。

例如，扑克牌中52张牌面的次序关系为

♣2<♣3<…<♣A<◆2<◆3…<◆A<♥2<♥3<…<♥A<♠2<♠3<…<♠A

每张牌有两个“关键字”：花色(♣<◆<♥<♠)和面值(2<3<…<A)，且“花色”的地位高于“面值”，即在比较任意两张牌面的大小时，必须先比较“花色”，若“花色”相同，再比较面值。由此，将扑克牌整理成如上所述次序关系时，通常采用的办法是：先按不同“花色”分成有次序的4堆(每一堆的牌均有相同的“花色”)，然后分别对每一堆按“面值”大小整理为有序。

也可采用另一种办法：先按不同“面值”分成13堆，然后将这13堆牌从小到大叠在一起(“3”在“2”之上，“4”在“3”之上，……，最上面的是4张“A”)，然后将这副牌整个颠倒过来再按不同“花色”分成4堆，最后将这4堆牌按从小到大的次序合在一起(♣在最下面,♠在最上面),此时同样得到一副满足如上次序的牌。这两种整理扑克牌的方法便是两种多关键字的排序方法。

一般情况,假设有 n 个记录的序列

$$\{R_1, R_2, \cdots, R_n\}$$

其中每个记录 R_i 中含有 d 个关键字($K_i^0, K_i^1, \cdots, K_i^{d-1}$),则上述序列对关键字($K^0, K^1, \cdots, K^{d-1}$)有序是指,序列中的任意两个记录 R_i 和 R_j($1 \leqslant i < j \leqslant n$)都满足下列有序关系:

$$(K_i^0, K_i^1, \cdots, K_i^{d-1}) < (K_j^0, K_j^1, \cdots, K_j^{d-1})$$

其中 K^0 称为最高位关键字,K^{d-1} 称为最低位关键字。为了实现多关键字排序,通常有两种方法:第一种方法是先对最高位关键字 K^0 进行排序,将序列分成若干子序列,每个子序列中的记录都具有相同的 K^0 值,然后分别对每个子序列按次高位关键字 K^1 进行排序,按 K^1 值再分成若干个更小的子序列,每个子序列中的记录都具有相同的 K^1 值,依次类推,直至完成对 K^{d-1} 的排序,最后将所有子序列依次连接在一起,成为一个有序序列,这种方法称为最高位优先(Most Significant Digit First)法,简称 MSD 法;第二种方法是从最低位关键字 K^{d-1} 起进行排序,然后对高一位的关键字 K^{d-2} 进行排序,依次类推,直到对 K^0 进行排序后便成为一个有序序列,这种方法称为最低位优先(Least Siginificant Digit First)法,简称 LSD 法。

MSD 和 LSD 只规定按什么样的"关键字次序"进行排序,而未规定对每个关键字进行排序时所用的方法。比较这两种方法可以发现,LSD 要比 MSD 简单,因为 LSD 是对每个关键字都是整个序列参加排序,通过若干次"分配"和"收集"实现排序,执行的次数取决于 d 的大小,而 MSD 需要处理各序列与子序列的独立排序问题,这通常是一个递归问题。

2. 基数排序

基数排序是对多关键字排序的改进和推广,是借助"分配"和"收集"两种操作对记录序列进行排序的一种内部排序方法。

设待排序记录个数为 n,它们的关键字为整型,最大关键字位数为 d(假定 $0 \leqslant \text{key} \leqslant 999$,则 $d=3$),每位可能有 r 种取值(对于十进制数,$r=10$;对于二进制数,$r=2$)。我们可以认为关键字 key 是由(k^0, k^1, k^2)组成的,其中 k^0 是百位数,k^1 是十位数,k^2 是个位数。按 LSD 进行排序,只要从最低位(个位)关键字起,按关键字值的不同将序列中的记录分配到 r(此时 $r=10$)个队列中后再收集,如此重复 d(此时 $d=3$)次,就可得到一个有序序列。

下面举例说明基数排序过程,设待排序记录的关键字为

```
387,456,592,625,076,471,050,396,557,522
```

先以单链表存储这 10 个记录,并令表头指针指向第一个记录,如图 8-10(a)所示,图中以记录的关键字代表相应的记录。第一趟分配按关键字的最低位数(即个位)进行,将链表中的记录分配到 10 个队列中(因 $r=10$),使每个队列中的记录关键字的个位数相

同;如图 8-10(b)所示,其中 head[i]和 tail[i]分别为第 i 个队列的头指针和尾指针;第一趟收集是令所有非空队列的队尾记录的指针指向下一个非空队列的队头指针,重新将 10 个队列中的记录链成一个链表,如图 8-10(c)所示;第二趟的分配和收集及第三趟的分配和收集分别是对十位数和百位数进行的,其过程和个位数相同,如图 8-11 和图 8-12 所示,至此排序完成。

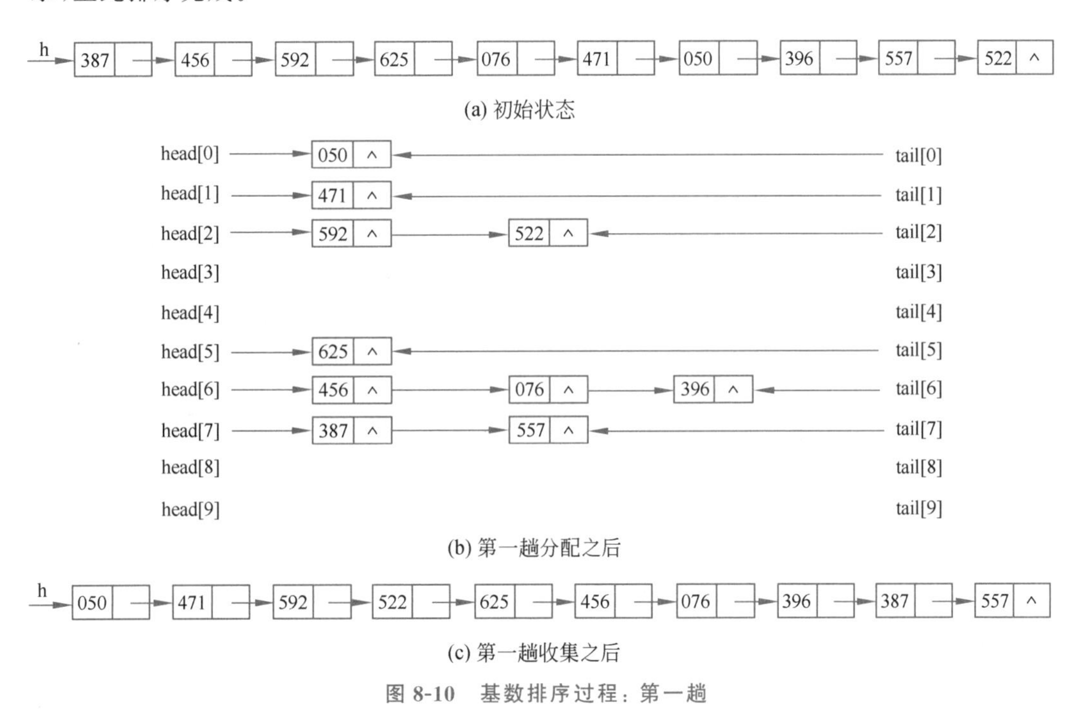

(a) 初始状态

(b) 第一趟分配之后

(c) 第一趟收集之后

图 8-10 基数排序过程:第一趟

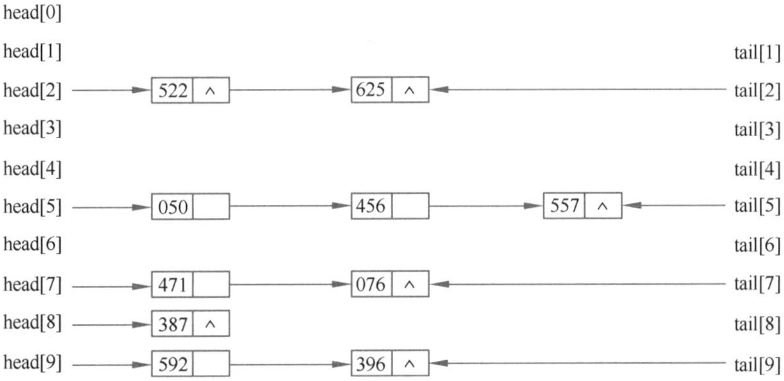

head[0]
head[1] tail[1]
head[2] 522 ^ 625 ^ tail[2]
head[3] tail[3]
head[4] tail[4]
head[5] 050 456 557 ^ tail[5]
head[6] tail[6]
head[7] 471 076 ^ tail[7]
head[8] 387 ^ tail[8]
head[9] 592 396 ^ tail[9]

(a) 第二趟分配之后

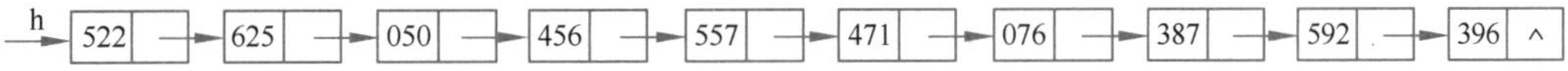

h
522 625 050 456 557 471 076 387 592 396 ^

(b) 第二趟收集之后

图 8-11 基数排序过程:第二趟

采用基数排序需进行 d 趟关键字的分配和收集，每趟运算的时间复杂度为 $O(n)$，所以基数排序的时间复杂度为 $O(d(n+rd))$。这种排序方法的缺点是占用的存储空间较多，每个待排序的记录都需要加上指针域。基数排序是稳定的排序算法。

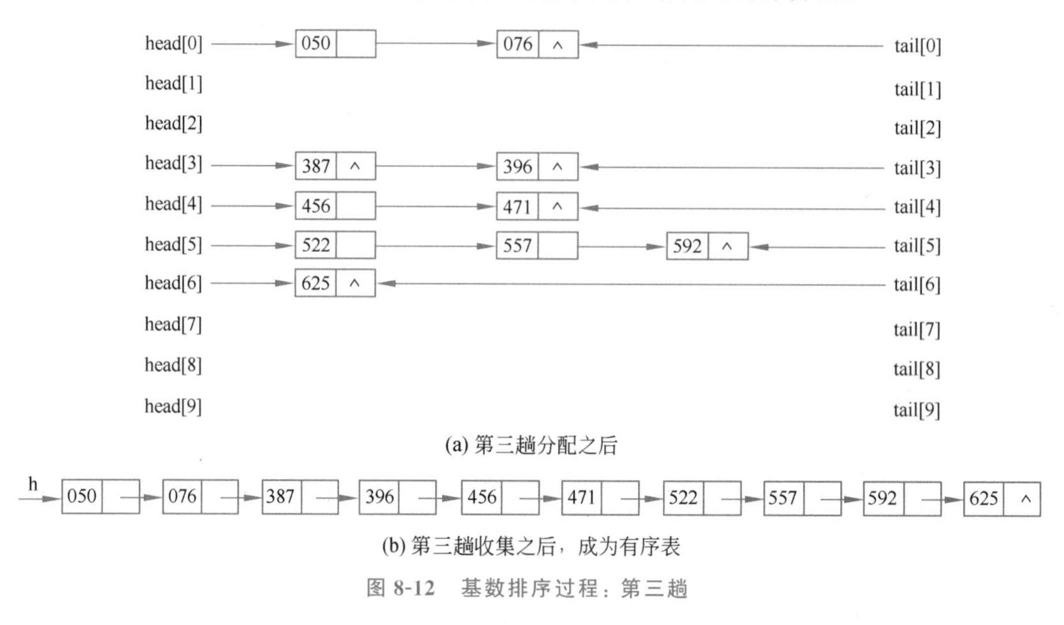

(a) 第三趟分配之后

(b) 第三趟收集之后，成为有序表

图 8-12 基数排序过程：第三趟

8.7 本章小结

（1）排序是将一组数据按照一定的规律顺序排列起来。排序方法有内部排序和外部排序：内部排序指待排序记录在内存中进行的排序过程；外部排序指在排序过程中还需对外存进行访问的排序过程。

（2）内部排序的排序方法有插入排序、选择排序、交换排序、归并排序和基数排序。每种排序方法的排序过程及排序思想各不相同，应根据不同的场合选择不同的排序方法。

（3）排序的稳定性方面，直接插入排序、冒泡排序、归并排序和基数排序是稳定的，希尔排序、简单选择排序、堆排序和快速排序是不稳定的。

（4）排序方法的时间复杂度方面，直接插入排序、简单选择排序和冒泡排序的时间复杂度均为 $O(n^2)$；堆排序和归并排序的时间复杂度为 $O(n\log_2 n)$；快速排序方法的平均时间复杂度也为 $O(n\log_2 n)$，但快速排序在最坏情况下的时间复杂度为 $O(n^2)$；希尔排序方法的时间复杂度介于 $O(n\log_2 n)$ 与 $O(n^2)$，基数排序方法的时间复杂度为 $O(d(n+rd))$。排序方法的空间复杂度方面，归并排序的空间复杂度最差，为 $O(n)$；快速排序的空间复杂度为 $O(\log_2 n)$；基数排序的空间复杂度为 $O(rd)$；其他排序方法的空间复杂度均为 $O(1)$。

习 题 8

一、选择题

1. 某排序方法的稳定性是指(　　)。

A. 该排序算法不允许有相同的关键字记录

B. 该排序算法允许有相同的关键字记录

C. 平均时间为 $O(n\log_2 n)$ 的排序方法

D. 以上都不对

2. 下面给出的 4 种排序法中,(　　)排序法是不稳定排序法。

A. 插入　　B. 冒泡　　C. 2-路归并　　D. 基数

3. 下列排序方法中,其中(　　)是稳定的。

A. 堆排序,冒泡排序　　B. 快速排序,堆排序

C. 直接选择排序,归并排序　　D. 归并排序,冒泡排序

4. 下列排序方法中,(　　)是稳定的排序方法。

A. 直接选择排序　　B. 二分法插入排序

C. 希尔排序　　D. 快速排序

5. 若要尽可能快地对序列进行稳定的排序,则应选(　　)。

A. 快速排序　　B. 归并排序　　C. 冒泡排序　　D. 简单选择排序

6. 如果待排序序列中的两个数据元素具有相同的值,在排序前后它们的相互位置发生颠倒,则称该排序算法是不稳定的。下列的(　　)就是不稳定的排序方法。

A. 冒泡排序　　B. 归并排序　　C. 希尔排序

D. 直接插入排序　　E. 简单选择排序

7. 若需在 $O(n\log_2 n)$ 的时间内完成对数组的排序,且要求排序是稳定的,则可选择的排序方法是(　　)。

A. 快速排序　　B. 堆排序

C. 归并排序　　D. 直接插入排序

8. 下列内部排序算法中:

(1) 其比较次数与序列初态无关的算法是(　　)。

(2) 不稳定的排序算法是(　　)。

(3) 在初始序列已基本有序(除去 n 个元素中的某 k 个元素后即有序,$k<<n$)的情况下,排序效率最高的算法是(　　)。

(4) 排序的平均时间复杂度为 $O(n\log_2 n)$ 的算法是(①),平均时间复杂度为 $O(n^2)$ 的算法是(②)。

A. 快速排序　　B. 直接插入排序　　C. 2-路归并排序

D. 简单选择排序　　E. 冒泡排序　　F. 堆排序

9. 对一组数据{84,47,25,15,21}排序,数据的排列次序在排序过程中的变化为

(1) 84 47 25 15 21　(2)15 47 25 84 21

(3) 15 21 25 84 47　(4)15 21 25 47 84

则采用的排序方法是(　　)。

A. 选择　　B. 冒泡　　C. 快速　　D. 插入

10. 对序列{15,9,7,8,20,−1,4}进行排序,进行一趟排序后数据的排列变为{4,9,−1,8,20,7,15},其采用的是(　　)排序。

A. 选择　　B. 快速　　C. 希尔　　D. 冒泡

11. 若第10题的数据经一趟排序后的排列为{9,15,7,8,20,−1,4},则采用的是(　　)排序。

A. 选择　　B. 堆　　C. 直接插入　　D. 冒泡

12. 下列排序算法中,(　　)不能保证每趟排序至少能将一个元素放到其最终的位置上。

A. 快速排序　　B. 希尔排序　　C. 堆排序　　D. 冒泡排序

13. 下列4个序列中,(　　)是堆。

A. 75,65,30,15,25,45,20,10　　B. 75,65,45,10,30,25,20,15

C. 75,45,65,30,15,25,20,10　　D. 75,45,65,10,25,30,20,15

二、判断题

1. 当待排序的元素很多时,为了交换元素的位置,移动元素要占用较多的时间,这是影响时间复杂度的主要因素。(　　)

2. 排序要求数据一定以顺序方式存储。(　　)

3. 排序算法中的比较次数与初始元素序列的排列无关。(　　)

4. 排序的稳定性是指排序算法中的比较次数保持不变,且算法能够终止。(　　)

5. 直接选择排序算法在最好情况下的时间复杂度为$O(N)$。(　　)

6. 二分法插入排序所需比较次数与待排序记录的初始排列状态相关。(　　)

7. 初始数据表已经有序时,快速排序算法的时间复杂度为$O(n\log_2 n)$。(　　)

8. 在待排数据基本有序的情况下,快速排序效果最好。(　　)

9. 当待排序记录已经从小到大或从大到小排序时,使用快速排序最省时间。(　　)

10. 快速排序的速度在所有排序方法中最快,而且所需附加空间也最少。(　　)

11. 堆肯定是一棵平衡二叉树。(　　)

12. 堆是满二叉树。(　　)

13. {101,88,46,70,34,39,45,58,66,10}是堆。(　　)

14. 在用堆排序算法排序时,如果要进行增序排序,则需要采用“大根堆”。(　　)

15. 堆排序是稳定的排序方法。(　　)

16. 归并排序辅助存储为$O(1)$。(　　)

17. 在分配排序时,最高位优先分配法比最低位优先分配法简单。(　　)

三、填空题

1. 若不考虑基数排序，则在排序过程中主要进行的两种基本操作是关键字的__(1)__和记录的__(2)__。

2. 属于不稳定排序的有________。

3. 对初态为有序的表，分别采用堆排序、快速排序、冒泡排序和归并排序，则最省时间的是__(1)__算法，最费时间的是__(2)__算法。

4. 不受待排序初始序列的影响，时间复杂度为$O(n^2)$的排序算法是__(1)__；在排序算法的最后一趟开始之前，所有元素都可能不在其最终位置上的排序算法是__(2)__。

5. 直接插入排序使用监视哨的作用是________。

6. 对n个记录的表$r[1..n]$进行简单选择排序，所需进行的关键字间的比较次数为________。

四、应用题

1. 名词解释：内部排序。

2. 在各种排序方法中，哪些是稳定的？哪些是不稳定的？为每种不稳定的排序方法举出一个不稳定的实例。

3. 设有5个互不相同的元素a、b、c、d、e，通过7次比较能否将其排好序？如果能，请列出比较过程；如果不能，则说明原因。

4. 利用比较的方法进行排序，在最坏情况下达到的最好时间复杂度是什么？请给出详细证明。

5. 简述拓扑排序与冒泡排序概念的区别。

6. 简述直接插入排序、简单选择排序、2-路归并排序的基本思想，以及它们在时间复杂度和排序稳定性上的差别。

7. 快速排序、堆排序和希尔排序是时间性能较好的排序方法，也是稳定的排序方法。判断正误并改错。

五、算法设计题

1. 输入50个学生的记录（每个学生的记录包括学号和成绩），组成记录数组，然后按成绩由高到低的次序输出（每行10个记录）。排序方法采用选择排序。

2. 最小最大堆（min max heap）是一种特定的堆，其最小层和最大层交替出现，根总处于最小层。最小最大堆中的任一结点的关键字值总是在以它为根的子树中的所有元素中最小（或最大）。图8-13所示为一最小最大堆。

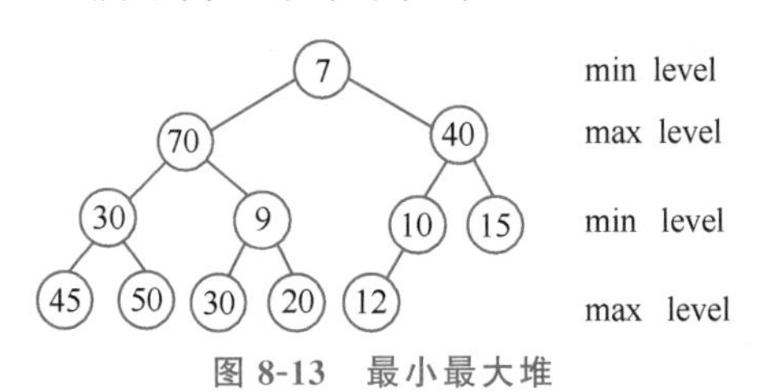

图8-13 最小最大堆

(1) 编写一算法,实现最小最大堆的插入功能。假定最小最大堆存放在数组中,关键字为整数。

(2) 用Python语言实现上述算法。

实 训 7

实训目的和要求

- 进一步理解各种排序的基本思想和特点。
- 深入理解各种排序算法的实现。

实训内容

编写一个完整的程序,调用不同的排序算法,实现对无序序列{20,19,47,39,78,56,49,36}的递增排序操作。要求在主程序中输入初始序列并调用各种排序算法,还要输出结果。

(1) 编写一个主程序。

(2) 编写一个直接插入排序函数。

(3) 编写一个二分法插入排序函数。

(4) 编写一个归并排序函数。

(5) 编写一个堆排序函数。

(6) 在主程序中调用上述排序函数。

(7) 在主程序中输出排序结果。

实训参考程序

```
#排序算法综合实训
def insertionSort(r):
    for i in range(1,len(r)):
        preIndex = i-1
        r[0] = r[i]
        while r[preIndex] > r[0]:
            r[preIndex+1] = r[preIndex]
            preIndex-=1
        r[preIndex+1] = r[0]
    return r
def insertion_sort_binarysearch(r):
    for i in range(2,len(r)):
        r[0]=r[i]
        low=1
        high=i-1
```

```
        while low<=high:
            m=(low+high)//2
            if r[0]<r[m]:
                high=m-1
            else:
                low=m+1
        for j in range(i-1,low-1,-1):
            r[j+1]=r[j]
        r[low]=r[0]

    return r
#将有序序列 sr[i..m]和 sr[m+1...n]归并为有序的 tr[i..n]
def merge(sr,tr,m,i,n):
    j=m+1
    k=i
    #将 sr 中的记录由小到大并入 tr
    while i<=m and j<=n:

        if sr[i]<=sr[j]:
            tr[k]=sr[i]
            i=i+1
        else:
            tr[k]=sr[j]
            j=j+1
        k=k+1
    while i<=m:#将剩余的 sr[i..m]复制到 tr
        tr[k]=sr[i]
        i=i+1
        k=k+1
    while j<=n:#将剩余的 sr[j..n]复制到 tr
        tr[k]=sr[j]
        j=j+1
        k=k+1
#本算法对 r 中若干个长度为 t(最后一个可能小于 t)的有序序列进行一趟 2-路归并排序,结
#果存入 a
def mergepass(r,a,n,t):
    p=1#p 为每个待合并的数组元素的第一个下标,初值为 1
    #成对合并长度为 t 的子序列
    while p+2*t-1<=n:
        merge(r,a,p+t-1,p,p+2*t-1)
        p=p+2*t
    #将剩余的长度为 t 和长度小于 t 的两个子序列合并
    if p+t-1<n:
```

```
        merge(r,a,p+t-1,p,n)
    else:
        #将剩余的最后一个子序列复制到数组 a 中
        i=p
        while i<=n:
            a[i]=r[i]
            i=i+1
def heapadjust(r,s,m):
    #把 r[s],...,r[n]建立成大顶堆的算法函数
    rc=r[s]#rc 为记录的关键字
    j=2*s
    #沿关键字较大的孩子结点向下搜索调整
    while j<=m:

        if j<m and r[j]<=r[j+1]:
            #若右孩子大于左孩子,则 j 为右孩子的下标
            j=j+1
        if rc>r[j]:
            break
        #将 r[j]调到父结点的位置
        r[s]=r[j]
        s=j
        j=j*2
    #将 rc 插到最终位置
    r[s]=rc


if __name__=='__main__':
    r=[0,20,19,47,39,78,56,49,36]
    r1=[-1]*len(r)
    print("----1.直接插入排序----\n----2.二分法插入排序----\n")
    print("----3.归并排序----\n----4.堆排序----\n")
    print("----5.退出----\n")

    while True:
        number=int(input("请选择排序方法(1-5)"))
        if number==1:
            r=insertionSort(r)
            n=len(r)
            #输出时 r[0]无意义,所以不输出
            for i in range(1,n):
                print(r[i],end=" ")
        if number==2:
```

```
        r=insertion_sort_binarysearch(r)
        n=len(r)
        #输出时 r[0]无意义,所以不输出
        for i in range(1,n):
            print(r[i],end=" ")
    if number==3:
        begin=1
#子序列的长度小于记录总长度时进行归并
        while begin<len(r)-1:
        #调用递归排序算法函数
            mergepass(r,r1,len(r)-1,begin)
            #长度加倍
            begin=2*begin
            #调用递归排序算法函数
            mergepass(r1,r,len(r)-1,begin)
            #长度加倍
            begin=2*begin
        n=len(r)

        for i in range(1,n):
            print(r[i],end=" ")
    if number==4:
        n=len(r)
         #将待排序序列调整为大顶堆
        for i in range((n-1)//2,0,-1):
         #调用建堆算法函数
            heapadjust(r,i,n-1)

        for i in range(n-1,1,-1):
            x=r[1]
            r[1]=r[i]
            r[i]=x
            #堆顶元素和最后的记录交换,之后再调整为大顶堆
            heapadjust(r,1,i-1)

      #输出排序后的列表元素
        for i in range(1,n):
            print(r[i],end=" ")
    if number==5:
        break
```

根据上述程序,运行结果如下。

```
----1.直接插入排序----
----2.二分法插入排序----
----3.归并排序----
----4.堆排序----
----5.退出----

请选择排序方法(1-5) 1
19 20 36 39 47 49 56 78
请选择排序方法(1-5) 2
19 20 36 39 47 49 56 78
请选择排序方法(1-5) 3
19 20 36 39 47 49 56 78
请选择排序方法(1-5) 4
19 20 36 39 47 49 56 78
选择排序方法(1-5) 5
```

第9章 chapter 9

项目设计指导

本章导读

“数据结构”是计算机专业的一门重要专业技术核心课程，也是一门关键性核心课程，而课程设计是学好该门课程的重要环节之一。本章主要讲解课程设计的要求，之后给出一些课程设计题目和实例，供学习者参考。

教学目标

本章要求掌握以下内容。

- 项目设计的目的。
- 利用所学知识完成所给题目的项目设计。

9.1 项目设计标准

“数据结构”是计算机专业的一门重要专业技术基础课程，也是一门关键性核心课程。本课程较系统地介绍了软件设计中常用的数据结构及相应的存储结构和实现算法，并介绍了多种常用的查找和排序技术。本课程将为整个专业的学习及软件设计水平的提高打下良好的基础。

“数据结构”是一门实践性较强的课程。为了学好这门课程，必须在掌握理论知识的同时，加强上机实践，所以设置“数据结构项目设计”这个实践环节十分重要。本项目设计的目标是达到理论与实际应用相结合，提高学生组织数据及编写大型程序的能力，并培养基本的、良好的程序设计技能及合作能力。

项目设计中要求综合运用所学知识，上机解决一些与实际应用结合紧密的、规模较大的问题，通过分析、设计、编码、调试等各环节的训练，使学生深刻理解并牢固掌握数据结构和算法设计技术，具有分析、解决实际问题的能力。

通过这次设计，学生可以在数据结构的逻辑特性和物理表示、数据结构的选择和应用、算法的设计及其实现等方面加深对课程基本内容的理解。同时，在程序设计方法及上机操作等基本技能和科学作风方面，学生会受到比较系统和严格的训练。

9.2 项目设计题目及设计要求

1. 项目设计题目

项目设计题目如下：学生每3人组成一个小组，每个小组从下面题目中随机抽取1个题目，分工协作，共同完成。

(1) 运动会分数统计。

任务：有n个学校参加运动会，学校编号为$1,2,\cdots,n$。比赛分m个男子项目和w个女子项目。项目编号为男子$1,2,\cdots,m$；女子$m+1,m+2,\cdots,m+w$。不同的项目取前5名或前3名：取前5名的积分分别为7、5、3、2、1，取前3名的积分分别为5、3、2。哪些取前5名或前3名由学生自己设定($m\leqslant 20,n\leqslant 20$)。

功能要求：

- 可以输入各个项目的前3名或前5名的成绩。
- 能统计各学校总分。
- 可以分别按学校编号、学校总分、男女团体总分排序输出。
- 可以按学校编号查询学校某个项目的情况；可以按项目编号查询取得前3名或前5名的学校。

规定：输入数据形式和范围为20以内的整数(如果做得更好，可以输入学校的名称、运动项目的名称)。

输出形式：有中文提示，各学校分数为整型。

界面要求：有合理的提示。每个功能可以设立菜单，根据提示可以完成相关的功能要求。

存储结构：学生根据系统功能要求自己设计，但是要求运动会的相关数据要存储在数据文件中(数据文件的数据读写方法等相关内容在C语言程序设计的教材上，请自行解决)。请在最后上交的资料中指明用到的存储结构。

测试数据：要求使用全部合法数据、整体非法数据和局部非法数据。进行程序测试，以保证程序稳定。测试数据及测试结果请在上交的资料中写明。

(2) 一元多项式计算。

任务：能按照指数降序排列建立并输出多项式；能完成两个多项式的相加、相减，并将结果输出。

要求：在上交的资料中写明存储结构、多项式相加的基本过程的算法(可以使用程序流程图)、源程序、测试数据和结果、算法的时间复杂度。另外，可以提出算法的改进方法。

(3) 订票系统。

任务：通过此系统可以实现如下功能。

- 录入：可以录入航班情况(数据可以存储在一个数据文件中，数据结构、具体数据自定)。

- 查询：可以查询某个航线的情况(如输入航班号,可以查询起降时间、起飞抵达城市、航班票价、票价折扣、确定航班是否满舱等);可以输入起飞抵达城市,查询飞机航班情况。
- 订票：可以订票。如果该航班已经无票,可以提供相关可选择航班(订票情况可以存储在一个数据文件中,结构自行设定)。订票时客户资料要有姓名、证件号、订票数量及航班情况,另外要对订单进行编号。
- 退票：可退票。退票后修改相关数据文件。
- 修改航班信息：当航班信息改变后,可以修改航班数据文件。

要求：根据以上功能说明设计航班信息、订票信息的存储结构,并完成相应的功能。

(4) 迷宫求解。

任务：可以输入一个任意大小的迷宫数据,用非递归的方法求出一条走出迷宫的路径并将路径输出。

要求：在上交的资料中请写明存储结构、基本算法(可以使用程序流程图)、源程序、测试数据和结果、算法的时间复杂度,另外可以提出算法的改进方法。

(5) 文章编辑。

功能：输入一页文字,程序可以统计出文字、数字、空格的个数,然后静态存储一页文章,每行最多不超过80个字符,共n行。

要求：

- 分别统计出其中英文字母数、空格数及整篇文章总字数。
- 统计某一字符串在文章中出现的次数,并输出该次数。
- 删除某一子串,并将后面的字符前移。
- 存储结构使用线性表,分别用几个子函数实现相应的功能。
- 输入数据的形式和范围：可以输入大小写英文字母、任何数字及标点符号。

输出形式：

- 分行输出用户输入的各行字符。
- 分4行输出"全部字母数""数字个数""空格个数""文章总字数"。
- 输出删除某一字符串后的文章。

(6) 约瑟夫环。

任务：编号是$1,2,\cdots,n$的n个人按照顺时针方向围坐一圈,每个人只有一个密码(正整数)。任选一个正整数作为报数上限值m,从第一个从开始按顺时针方向自1顺序报数,报到m时停止报数。报m的人出列,将他的密码作为新的m值,从他按顺时针方向的下一个人开始重新从1报数,如此反复,直到所有人全部出列为止。设计一个程序,求出列顺序。

程序要求：利用单向循环链表存储结构模拟此过程,按照出列的顺序输出每个人的编号。

测试数据：m的初值为20,$n=7$;7个人的密码依次为3,1,7,2,4,7,4,首先$m=6$,则正确的输出是什么?

测试要求：输入数据,输入m、n的初值,输入每个人的密码,建立单循环链表。

输出形式：建立一个输出函数，将正确的序列输出。

（7）猴子选大王。

任务：一群猴子都有编号，编号是1，2，3，…，m。这群猴子（m个）按照1～m的顺序围坐一圈，从第1个猴子开始数，每数到第n个，该猴子就要离开此圈，依次类推，直到圈中只剩下最后一只猴子，则该猴子为大王。

要求：输入数据m和n，m和n为整数，且$n<m$。

输出形式：给出中文提示。按照“任务”中的要求输出大王猴子的编号。请编写一个函数，实现该功能。

（8）建立二叉树，并层序、前序遍历（用递归或非递归的方法都可以）。

任务：要求能够输入树的各个结点，并能够输出用不同方法遍历的遍历序列；分别建立二叉树存储结构的输入函数、输出层序遍历序列的函数、输出前序遍历序列的函数。

（9）哈夫曼树的建立。

任务：建立最优二叉树函数。

要求：可以用函数输入二叉树，并输出其哈夫曼树。在上交的资料中请写明存储结构、基本算法（可以使用程序流程图）、输入/输出、源程序、测试数据和结果、算法的时间复杂度，另外可以提出算法的改进方法。

（10）纸牌游戏。

任务：编号为1～52的纸牌，正面向上。从第2张开始，以2为基数，是2的倍数的牌翻一次，直到最后一张牌；然后从第3张开始，以3为基数，是3的倍数的牌翻一次，直到最后一张牌；然后从第4张开始，以4为基数，是4的倍数的牌翻一次，直到最后一张牌；再依次是5～52的倍数，这时正面向上的牌有哪些？输出该结果。

2. 项目设计要求

选择好设计题目后，按照如下设计要求完成：

（1）对每个题目要有需求分析。在需求分析中，对题目中要求的功能进行分析，并且设计解决此问题的数据存储结构（有些题目已经指定数据存储结构，则按照指定的结构设计）；设计或叙述解决此问题的算法，描述算法（建议使用流程图），进行算法分析，指明关键语句的时间复杂度。给出实现功能的一组或多组测试数据，程序调试后，将按照此测试数据进行测试的结果列出来。对有些题目提出算法改进方案，比较不同算法的优缺点。如果程序不能正常运行，请写出实现此算法中遇到的问题和改进方法。

（2）对每个题目要有相应的源程序（可以是一组源程序，即详细设计部分）。源程序要按照编写程序的规则编写，结构要清晰，重点函数的重点变量、重点功能部分要加上清晰的程序注释。程序能够运行，要有基本的容错功能，尽量避免有操作错误时出现死循环。

（3）提供的主程序可以像一个应用系统有主窗口，通过主菜单和分级菜单调用课程设计中要求完成的各个功能模块；调用后可以返回到主菜单，以继续选择其他功能。

9.3 计算机线程池正在运行的线程检测

任务：通过此系统可以实现如图 9-1 所示的功能。

- 我们正在使用的计算机每个独立的线程都有一个程序运行的入口、顺序执行序列和程序的出口。但是，程序不能独立执行，必须依附在应用程序中，由应用程序提供多个线程执行控制。每个线程都有它自己的一组 CPU 寄存器，称为线程的上下文，该上下文反映了线程上次运行该线程的 CPU 寄存器状态，指令指针和堆栈指针寄存器是线程上下文中两个重要的寄存器，线程总是在进程得到上下文中运行的，这些地址都用于标志拥有线程的进程地址空间中的内存。Python 3 线程中常用的模块是 threading。
- 利用 Python 提供的 threading，queue，os 模块完成检测当前计算机正在运行的程序。
- 用队列完成检测的工作进程数据并依次入队，检测完成之后输出队列中的内容。

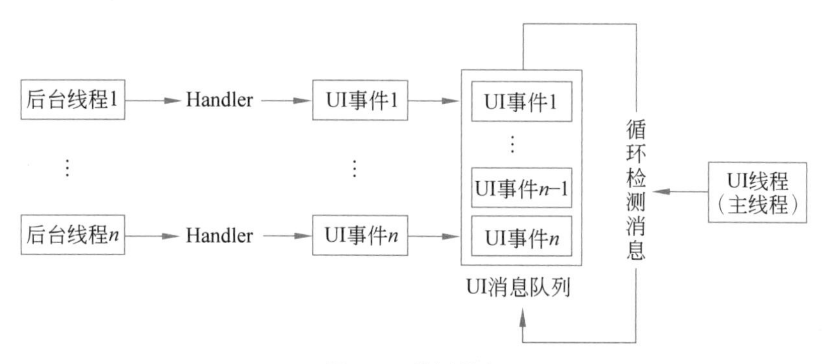

图 9-1 检测线程

程序代码如下。

例 9-1

```
import threading,queue,os
#导入方法模块

def main(inargs):
    work_queue = queue.Queue()                        #queue 类中实现了锁
    for i in range(3):#设置了 3 个子进程
        worker = Worker(work_queue,i)                 #工作线程、工作队列、线程编号
        worker.daemon = True                          #守护进程
        worker.start()                                #启动线程开始
    for elemt in inargs:
        work_queue.put(elemt)                         #加到队列中开始各个线程
    work_queue.join()                                 #队列同步
```

```
class Worker(threading.Thread):
    #继承线程类,类也是不太好学习的部分

    def __init__(self, work_queue,number):
        super().__init__()
        self.work_queue = work_queue
        self.number = number

    def process(self,elemt):
        #自定义的线程处理函数,用于 run()中
        #这里仅打印线程号和传入参数
        print("\n{0}  task:----{1}".format(self.number,elemt))


    def run(self):
        #重载 threading 类中的 run()
        while True:
            try:
                elemt = self.work_queue.get()   #从队列中取出任务
                self.process(elemt)
            finally:
                self.work_queue.task_done()     #通知 queue 前一个 task 已经完成

if __name__=="__main__":
    main(os.listdir("."))
    #这一步是用当前目录下的文件名作测试
```

上述程序的运行结果如下(根据自己正在使用的计算机,运行结果会不同)。

```
0  task:----3月19日图深度遍历.py
2  task:----66.txt
1  task:----aqdpktlx6t.jpeg
0  task:----dog.jpg
2  task:----dog1.jpg
1  task:----dog1.png
0  task:----floyed最短路径.py
2  task:----photo.jpg
1  task:----text.txt
0  task:----~$章(Python).DOC
2  task:----~$第9章.DOC
1  task:----~WRL3347.tmp
0  task:----普里姆算法.py
2  task:----普里姆算法(修改222).py
```

```
1  task:----普里姆算法(修改).py
0  task:----贪吃蛇.py
2  task:----贪吃蛇(改).py
1  task:----进程检测.py
0  task:----邻接表.py
2  task:----附录.DOC
1  task:----黑客代码雨.py
```

9.4 电影票预订系统实例

任务：通过此系统可以实现如下功能，如图 9-2 所示。

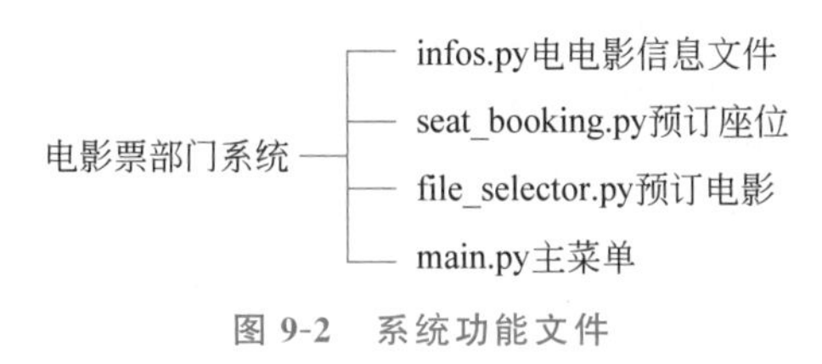

图 9-2 系统功能文件

- 电影信息存储：本模块建立一个 infos.py 文件，该文件用于存储电影的详细信息，这里给出电影的名称及该部电影目前还剩余的座位图。
- 电影选择设计：本模块建立一个 film_selector.py 文件，该文件用于完成电影选择。
- 选座系统设计：本模块建立一个 seat_booking.py 文件，该文件用于完成所选电影座位的预订，首先显示目前的座位状态，其次让预订电影的客户选第几排第几座看电影。
- 退出系统。

要求：根据以上功能说明设计电影票预订系统，并完成相应的功能。程序代码如下所示。

例 9-2

```
#infos.py 文件内容
infos = [
  {
    'name': '中国合伙人',
    'symbol': '''
+===================== 中国合伙人 ======================+

''',
    'seats': [['○', '○', '○', '○', '○', '○', '○', '○'],
              ['○', '○', '○', '○', '●', '○', '○', '●'],
              ['○', '○', '●', '○', '●', '○', '○', '○'],
```

```
            ['○', '○', '●', '○', '○', '○', '○', '●'],
            ['○', '○', '●', '○', '○', '○', '●', '○'],
            ['●', '○', '○', '○', '●', '●', '●', '●']]
  },
  {
    'name': '愤怒的黑马',
    'symbol': '''
+===================== 愤怒的黑马 =====================+

''',
    'seats': [['○', '○', '○', '○', '●', '○', '○', '●'],
              ['○', '○', '○', '●', '●', '○', '○', '○'],
              ['○', '●', '○', '○', '○', '○', '○', '○'],
              ['○', '○', '○', '○', '○', '○', '○', '○'],
              ['○', '○', '●', '○', '○', '○', '○', '○'],
              ['○', '○', '○', '○', '○', '○', '○', '○']]
  },
  {
    'name': '致我的陌生恋人',
    'symbol': '''
+====================== 致我的陌生恋人 ======================+

''',
    'seats': [['○', '○', '○', '○', '○', '○', '○', '○'],
              ['○', '○', '●', '●', '○', '○', '●', '●'],
              ['○', '○', '○', '○', '○', '○', '●', '○'],
              ['○', '○', '○', '○', '○', '○', '○', '○'],
              ['○', '○', '○', '○', '○', '○', '○', '○'],
              ['○', '○', '○', '●', '○', '○', '○', '●']]
  },
  {
    'name': '堡垒',
    'symbol': '''
+=================== 堡垒 ===================+

''',
    'seats': [['●', '○', '○', '○', '○', '○', '○', '○'],
              ['●', '○', '○', '○', '○', '○', '○', '●'],
              ['○', '○', '●', '○', '●', '○', '●', '○'],
              ['○', '○', '○', '○', '○', '○', '○', '●'],
              ['○', '○', '○', '○', '●', '○', '○', '○'],
              ['●', '●', '○', '○', '○', '●', '○', '○']]
  },
```

```
    {
        'name': '黑客帝国',
        'symbol': '''
+====================== 黑客帝国 ======================+

''',
        'seats': [['○', '●', '○', '○', '○', '○', '○', '○'],
                  ['○', '○', '○', '●', '●', '○', '○', '●'],
                  ['○', '○', '○', '○', '○', '○', '○', '○'],
                  ['○', '○', '○', '○', '○', '○', '○', '○'],
                  ['○', '○', '○', '○', '○', '○', '○', '●'],
                  ['○', '○', '●', '○', '○', '○', '○', '○']]
    },
]

#film_selector.py 文件内容
import time

class FilmSelector:
    #展示所有可选项
    def display_options(self, films):
        print("今日影院排片列表:")
        print('+=================+')
        #按行打印每部电影
        for i in range(len(films)):
            print('{} - {}'.format(i + 1, films[i]['name']))
            time.sleep(0.2)
        #打印退出选项
        print('x - 退出')
        print('+=================+')
        time.sleep(0.7)

    #获取用户的选择
    def get_choice(self, films):
        #符合要求的输入列表
        valid_choice = [str(i + 1) for i in range(len(films))]
        valid_choice.append('x')

        choice = input('你的选择是?')
        #当不符合要求时,循环获取新的选项
        while choice not in valid_choice:
            choice = input('没有按照要求输入哦,请重新输入')
        #返回用户做出的选择
```

```
        return choice
#seat_booking.py 文件内容
import time

class SeatBooking:
    #展示所有座位的预订信息
    def check_bookings(self, seats):
        print("正在为您查询该场次电影的预订状态...")
        time.sleep(0.7)
        print('从上到下为 1~6 排,从左到右为 1~8 座')
        print("=======================")
        for row in seats:
            time.sleep(0.1)
            print('  '.join(row))
        print("=======================")
        time.sleep(0.7)

    #获取符合要求的行索引
    def get_row(self):
        input_row = input("预订第几排的座位呢?请输入 1~6 的数字")
        valid_row = [str(i + 1) for i in range(6)]

        while input_row not in valid_row:
            input_row = input('没有按要求输入哦,请输入 1~6 的数字')

        row = int(input_row) - 1
        return row

    #获取符合要求的列索引
    def get_col(self):
        input_column = input('预订这一排的第几座呢?请输入 1~8 的数字')
        valid_column = [str(i + 1) for i in range(8)]

        while input_column not in valid_column:
            input_column = input('没有按要求输入哦,请输入 1~8 的数字')

        column = int(input_column) - 1
        return column

    #预订指定座位
    def book_seat(self, seats):
        while True:
            row = self.get_row()
```

```
        column = self.get_col()
        #指定座位没有被预订
        if seats[row][column] == '○':
            print("正在为您预订指定座位...")
            time.sleep(0.7)
            seats[row][column] = '●'
            print("预订成功!座位号:{}排{}座".format(row + 1, column + 1))
            break                                      #结束循环,退出选座
        #指定座位已经被预订了
        else:
            print("这个座位已经被预订了哦,试试别的吧")
            time.sleep(0.7)

    #预订最靠前的座位
    def book_seat_at_front(self, seats):
        print("正在为您预订最靠前的座位...")
        time.sleep(0.7)
        #外循环:遍历 seats 的行
        for row in range(6):
            #内循环:遍历 seats 的列
            for column in range(8):
                #若碰到没有被预订的座位
                if seats[row][column] == '○':
                    seats[row][column] = '●' #预订该座位
                    print("预订成功!座位号:{}排{}座".format(row + 1, column + 1))
                    return #结束函数的执行,返回到它被调用的地方
        print("非常抱歉,所有座已经订满,无法给您保留座位")

#main.py 文件内容

import time
from infos import infos
from film_selector import FilmSelector
from seat_booking import SeatBooking

class Controller:
    def __init__(self, infos):
        self.films = infos                                 #电影库中的所有电影
        #打印欢迎语
        self.welcome()
        #用户选择想观看的电影
        self.choose_film()
        #根据用户选择,执行不同流程
```

```
        if self.choice != 'x':
            #为指定场次预订座位
            self.choose_seat()
        #打印结束语
        self.bye()
    #用户选择想观看的电影
    def choose_film(self):
        #实例化 FilmSelector 类
        selector = FilmSelector()
        #展示所有用户可以选择的选项
        selector.display_options(self.films)
        #通过 get_choice() 方法获取用户选择
        self.choice = selector.get_choice(self.films)

    #为指定场次预订座位
    def choose_seat(self):
        #取出用户所选择的电影
        film = self.films[int(self.choice) - 1]
        #取出所选择电影的电影名、座位表、宣传画
        name = film['name']
        seats_list = film['seats']
        symbol = film['symbol']

        #打印提示信息和电影宣传画
        print('正在为您预订电影《{}》的座位...'.format(name))
        time.sleep(0.7)
        print(symbol)
        time.sleep(0.7)
        print('')

        #获取座位预订方式
        method = input('请选择座位预订方式')
        #定义符合要求的输入列表 valid_method
        valid_method = ['1','2']
        #当不符合要求时,循环获取新的选项
        while method not in valid_method:
            method = input('没有按照要求输入哦,请重新输入')
            #实例化 SeatBooking 类
        booking = SeatBooking()
        #打印所有座位的预订信息
        booking.check_bookings(seats_list)
        #方法 1:指定行列号
        if method == '1':
```

```
        booking.book_seat(seats_list)
      #方法 2:预订最靠前的座位
      else:
        booking.book_seat_at_front(seats_list)
      #打印欢迎语
    def welcome(self):
      print('+==============================+')
      print('+        欢迎来到安盛电影院       +')
      print('+==============================+')
      print('')
      time.sleep(0.7)
    #打印结束语
    def bye(self):
      print('')
      time.sleep(0.7)
      print('+==============================+')
      print('+          退出,下次见!          +')
      print('+==============================+')
#调用
s=Controller(infos)
```

上述程序的运行结果如下所示。

```
+==============================+
+        欢迎来到安盛电影院       +
+==============================+

今日影院排片列表:
+================+
1 - 中国合伙人
2 - 愤怒的黑马
3 - 致我的陌生恋人
4 - 堡垒
5 - 黑客帝国
x - 退出
+================+
你的选择是?1
正在为您预订电影《中国合伙人》的座位...

+==================== 中国合伙人 ====================+

请选择座位预订方式 1
正在为您查询该场次电影的预订状态...
```

```
从上到下为 1~6 排,从左到右为 1~8 座
======================
○ ○ ○ ○ ○ ○ ○ ○
○ ○ ○ ○ ● ○ ○ ●
○ ○ ● ○ ● ○ ○ ○
○ ○ ● ○ ○ ○ ○ ●
○ ○ ● ○ ○ ○ ● ○
● ○ ○ ○ ● ● ● ●
======================
预订第几排的座位呢?请输入 1~6 的数字 1
预订这一排的第几座呢?请输入 1~8 的数字 5
正在为您预订指定座位...
预订成功!座位号:1 排 5 座

+==============================+
+          退出,下次见!          +
+==============================+
```

9.5 本章小结

“数据结构”是计算机专业一门重要的专业技术核心课程。本课程较系统地介绍了软件设计中常用的数据结构及相应的存储结构和实现算法;介绍了多种常用的查找和排序技术,并对其进行性能分析和比较,内容非常丰富。“数据结构”课程的学习将为后续课程的学习及软件设计水平的提高打下良好的基础,是计算机专业一门核心的课程。

这门课程由于以下原因,使得掌握起来具有较大难度:

- 内容丰富,学习量大。
- 贯穿全书的动态链表存储结构和递归技术是学习中的重点,也是难点。
- 所用到的技术多,而在此之前的各门课程中所介绍的专业知识又不够,因而加大了学习难度,在解决问题时也会因此而感到困难重重。
- 隐含在各部分的技术和方法,也是学习的重点和难点。

由于“数据结构”课程的技术性与实践性,所以“数据结构课程设计”的设置十分重要。课程设计是对学生的一种全面综合训练,是与课堂听讲、自学和练习相辅相成、必不可少的一个教学环节。通常,课程设计中的问题比平时的习题复杂得多,也更接近实际。课程设计着眼于原理与应用的结合点,使读者学会如何把书本上学到的知识用于解决实际问题,培养软件工作所需要的动手能力;另一方面,能使书本上的知识变“活”,达到深化理解和灵活掌握教学内容的目的。平时的练习较偏重如何编写功能单一的“小”算法,而课程设计是软件设计的综合训练,包括问题分析、总体结构设计、用户界面设计、程序设计基本技能和技巧、多人合作,以及一整套软件工作规范的训练和科学作风的培养等。此外,还有很重要的一点是,机器是比任何教师都严厉的检查者。

图书资源支持

感谢您一直以来对清华版图书的支持和爱护。为了配合本书的使用,本书提供配套的资源,有需求的读者请扫描下方的"书圈"微信公众号二维码,在图书专区下载,也可以拨打电话或发送电子邮件咨询。

如果您在使用本书的过程中遇到了什么问题,或者有相关图书出版计划,也请您发邮件告诉我们,以便我们更好地为您服务。

我们的联系方式:

地　　址:北京市海淀区双清路学研大厦 A 座 714

邮　　编:100084

电　　话:010-83470236　010-83470237

客服邮箱:2301891038@qq.com

QQ:2301891038(请写明您的单位和姓名)

资源下载:关注公众号"书圈"下载配套资源。

资源下载、样书申请

书圈

图书案例

清华计算机学堂

观看课程直播